JN301725

放射線を科学的に理解する

鳥居　寛之
小豆川勝見
渡辺雄一郎
著

中川　恵一
執筆協力

基礎からわかる東大教養の講義

丸善出版

はしがき

　言うまでもなく，2011年3月に日本を襲った大災害は，われわれ日本人に大きな衝撃と影響を与えました．福島第一原子力発電所の事故にともなって，大量の放射性物質が東日本一帯を中心とする広い地域にばらまかれ，深刻な環境汚染を引き起こしています．何十万もの人が地震や津波のみならず，放射能のために避難を余儀なくされ，あるいは自ら移住することを選び，日常のかけがえのない生活が一変しました．東日本では誰もが環境中の放射線量に意識を尖らせ，連日報道されるなかで，いやが上にも放射線や放射性物質についての人々の関心が高まっていきました．

　放射線による人体への影響については，専門家の間でも確定的なことが言えず意見が分れたことや，そもそも国や電力会社の発表に対する不信感が広がったこともあって，過剰なまでに放射線に対する恐怖を訴えるといった反応も見られました．メディアでもたびたび特集を組んで解説がなされましたが，インターネット上には正しいものも不正確なものも，そして完全にまちがったものまで，玉石混交の断片的な情報があふれ，必ずしも国民一人一人が納得して正しい科学的知識を身につけたかどうかはなはだ疑問です．残念ながら，わが国でこれまで30年以上にわたって，放射線の基礎的知識に対する教育が十分になされてこなかったことのつけが，科学的リテラシーの欠如となって表れてしまいました．

　放射線を理解するには，物理・化学・生物学・医学・工学などさまざまな分野の知識が必要となり，すべてを網羅することが難しいことは確かで，それはメディアで発言する専門家がさまざまな分野にわたったことからもうかがえます．大学においても，系統立った授業が行われているのは一部の原子力工学科や医学系学科などに限られ，一般の学生が学べる機会は非常に少ないのが実情です．実は高等学校の物理IIの教科書の最後の方には，原子核反応や放射線の基礎についてかなり詳しく書かれたものもあるのですが，事実上ほとんど履修されていません．

　そんななか，学生たちになるべく広く体系的に学んでもらうことを目的として，

東京大学教養学部・大学院総合文化研究科に所属する著者の3人が協力して，駒場キャンパスの1・2年生を対象に，放射線の講義を新たに立ち上げました．まず2011年度の初夏に，学生の求めに応じて鳥居が7回だけ開いた自主講義「放射線学」を，正課授業として発展させ，冬学期（10月〜1月）に主題科目テーマ講義「放射線を科学的に理解する」として開講したものです．われわれ3人の教員は，粒子線物理学（鳥居），環境分析化学（小豆川），生命環境応答学（渡辺）と専門分野も違い，物理・化学・生物のそれぞれの立場から，分野間の連携をはかりつつ，多角的に講義を進めるために，何度も打ち合わせをして，入門から応用レベルまで，体系的に理解ができるように努めました．本郷キャンパスから3人のゲスト講師の先生にもそれぞれ1回ずつ講義していただき，幅広い内容をカバーできたと自負しています．

理系を念頭に，文系も含めた全科類の学生を対象にしたのですが，予想通り，最後まで履修してくれた約40名はいずれも理系の学生でした．放射線に関する科学的知識を身につけ，定性的および定量的に正しく判断する能力を養うことを目指して講義を進めたので，文系の学生には敷居が高かったかもしれませんが，単位を取った理系学生には十分納得して理解してもらえたと考えています．

本書は，このテーマ講義をベースとして，一般の方にも放射線について科学的に理解してもらおうと編纂しました．ちまたに放射線や放射能に関する書物はたくさん出版されています．しかし，内容が断片的だったり，基礎的な入門書に留まっていて，なかなか科学的に深いところまで書かれたものは見当たりません．一方で，放射線物理学や放射線医学・生物学，あるいは放射線取扱主任者試験の対策用教本などもありますが，内容が専門的すぎてハードルが高く，一般の方の手には取ってもらえないでしょう．

本書は，そんな入門書と専門書のギャップを埋めるべく，理系の大学1年生向けを念頭に書き下ろしたものです．東京大学教養学部での講義内容のうち，専門的で難しい内容（学生にあまり理解してもらえなかった部分）は適宜省略しながら，理科の好きな高校生にも十分読みこなせるレベルを目指しました．そして，放射線について科学的な知識を得たいと思う一般の皆さんに，ぜひ読んでいただきたいと願っています．多少の理科の素養は必要かもしれませんが，わかりやすくていねいに記述したつもりですので，きっと理解してもらえることと信じてい

ます．放射線の科学は，たしかに複雑で難しいのですが，著者の私たちが，全国の高校生相手の高校講座を行ったり，一般市民の方を相手にしながら講演活動を行うなかで，できるだけかみ砕いて説明するべく知恵を絞った経験が，文章のなかに活かされているはずです．

　そして，この本は，全国一斉に始まった放射線教育の現場で困っていらっしゃるであろう，小学校，あるいは中学，高校の理科の先生にもぜひ手に取って読んでほしいと考えています．将来のエネルギーを何に求めるにせよ，身のまわりの放射線の知識は必ず必要となります．本書の知識をもとに，次世代を担う子どもたちへ自信をもって教育していただきたいと思います．

　一般的な放射線の教科書とは異なり，この書籍は，なるべく福島第一原子力発電所の事故の現状に即して役に立つものにしたいという願いを込めて執筆しました．巻末にはQ＆Aも設け，皆さんの疑問・質問に答えられるようにしました．子どもを外で遊ばせてよいか疑心暗鬼になっているお母さん方，食品安全について気になっている消費者の方，そして検査機関に依頼している食品流通業界の方，がれき処理などの社会問題に関心がある方，あるいは，原子力業界にいながらも，実は放射線のことがよくわからず困っている従事者の方々．皆さんのお役に立てれば幸いです．

　ゲスト講師を引き受け，魅力的な講義をして下さった中川恵一先生（医学部附属病院放射線科），藤原徹先生（農学部応用生命化学），石渡祐樹先生（工学系原子力国際専攻）に感謝します．このうち，はじめのお二人の講義内容は本書でも1章ずつ取り上げています．なかでも中川先生は，一般の関心も高い放射線の人体への影響について，放射線医学の立場からわかりやすく解説して下さいました．重要なテーマですので，本書の執筆協力者になっていただきました．

　丸善出版の佐久間弘子さんには，本書の企画から編集にいたるまで，お世話になりました．この本を世の中に出せることを嬉しく思います．

　2012年8月

　　　　　　　　東京大学教養学部・大学院総合文化研究科
　　　　　　　　　　鳥居　寛之　　小豆川　勝見　　渡辺　雄一郎

本書の章立て

　本書は11章の本文と，Q＆A集からなっています．講義に対応するように章立てしてありますが，すべての講義回をそのまま取り上げたわけではなく，取捨選択したうえで各章を再構成しました．章ごとに独立性をもたせ，関心のある分野だけを読んでも理解できるように書いたつもりですので，必ずしもはじめの章から順番に読んでいく必要はありません．関心のある分野だけを中心に読まれるのでもよいでしょう．あるいは，Q＆Aの気になる項目をまず読み，そこから関連する章の本文を読み進めるというスタイルも想定の範囲内です．ですが，放射線がどんなものかよくわからないという方は，まずは第1章と2章を読むことをお勧めします．あとの順番は自由です．そのようなスタイルを念頭に置いたので，似たような解説が別の章で再び登場することもあります．無駄な重複ととらえず，重要なことは何度か反復することで記憶に留めてほしいという意図だとご理解下さい．

　環境中に広く汚染を引き起こし話題となっている放射性物質．そこから放出されるのがガンマ線などの放射線ですが，実は以前からわれわれの身のまわりに存在していました（第1章）．放射線が物質中でどんな作用を及ぼすか，その性質を調べる学問は放射線物理学（第2章）です．一方，放射性物質（放射性同位体）そのもの，たとえばセシウム原子核の性質を調べるのは原子核物理学（第3章）です．放射線の線量（第4章）を算出するために，検出器で測定を行うには放射線計測学（第5章）の知識が必要で，それによってどんな核種が環境中に存在しているのかといった実態を調べるのは，化学分析も駆使する環境放射化学（第6章）の仕事です．放射線が生体内に入射した場合の影響については，放射線生物学（第7章），放射線医学（第8章）の出番です．後者の知識は放射線医療にも役立っています．食品安全という意味では，放射線と植物との関係，つまり農業の問題（第9章）もあります．人間への放射性の影響をふまえ，放射線防護学（第10章）では安全のための考え方を示します．放射線がわれわれの日常

を脅かす存在として認知されざるをえない状況は残念ですが，放射線はうまく利用すればわれわれの生活に役立つ局面もあります（第11章）．その際には加速器を使って人工に発生させた放射線を使うこともあり，基礎物理学の研究にも貢献しています．

　第1章の放射線入門と2章～4章の物理分野は鳥居が，5章の放射線計測学と6章の環境放射化学は小豆川が，7章～9章の生命科学分野，10章の放射線防護学は渡辺が担当しました．このうち8章の放射線医学は中川先生の講義をもとに書き起こし，先生にご確認いただきました．11章は放射線の利用について渡辺が，後半の加速器科学について鳥居が執筆しました．5・8・10章の一部には鳥居が追記した文章も含まれています．Q＆Aは執筆者の3名で原稿をもち寄り，議論をしながらまとめました．全体の原稿も，何度も打ち合わせをして，互いの文章をチェックしつつ全体の見直しをしながら1冊の書籍として仕上げたものです．

　各章，あるいは項目のなかで発展的内容を含むものについては，＊印をつけました．少々専門的で内容が難しいと感じたら，飛ばして次に進んで構いません．その部分を読まなくても，後の章の理解に困ることはありません．

ホームページの紹介

　東京大学教養学部での講義の記録，および講義スライドは，インターネットでご覧になれます（ただし一部のスライドは受講生のみへのパスワード付き公開です）．本書に掲載した図や，より専門的な内容も含め，オールカラーで載っていますが，講義スライドの性格上，きちんとした解説文はついていません．ぜひ本書と合わせてご利用下さい．

　　　　http://radphys4.c.u-tokyo.ac.jp/~torii/lecture/

　本書に関して，内容には万全をつくして記述していますが，出版後に誤記や正確さを欠く表現が見つかることも考えられます．正誤表や付記などがあれば丸善出版のサポートページに掲載します．

　　　　http://pub.maruzen.co.jp/book_magazine/support/

目 次

1章 放射線とは？ 《放射線入門》 ——— 1

  放射線，放射性物質と放射能 ——— 1

  放射線と放射能の単位 ——— 4
    放射線の単位／放射能の単位

  身のまわりの放射線 ——— 7
    自然放射線の内訳／自然放射線量率の地域差／放射線量の違いによる健康影響／食物による内部被曝

2章 放射線の性質 《放射線物理学 Ⅰ》 ——— 17

  放射線の種類と透過力 ——— 17
    放射線の種類／放射線の速度／放射線の透過力

  荷電粒子の物質中でのふるまい ——— 24
    二次電子の生成／阻止能(エネルギー損失)・線エネルギー付与(LET)／荷電粒子放射線の減速

  光子の物質中でのふるまい ——— 31
    光と物質との相互作用／光子の減衰

  放射線と物質との相互作用のまとめ ——— 34
    物質への影響／生体への影響

3章 原子力発電で生みだされる放射性物質
    《原子核物理学・原子力工学》 ——— 37

  原子核と原子力 ——— 37
    原子力とは？／原子核とは？

  原子核の種類 ——— 40

核種の記法／核図表／原子核の分類
　放射性核種の崩壊 ———— *42*
　　崩壊と半減期／崩壊の種類／準位図と崩壊図式／崩壊系列／放射平衡
　原子核の安定性 ———— *51*
　　安定核と放射性核種／核分裂と核融合
　原子核反応 ———— *54*
　　ウラン 235 の核分裂／中性子の減速と吸収／プルトニウム 239 の核分裂／放射化
　原子力発電 ———— *58*
　　発電の仕組／放射性廃棄物

4 章　放射線量の評価* 《放射線物理学 II》 ———— *61*

　放射線量の単位 ———— *61*
　　放射線計測量／線量計測量（エネルギー変換）／線量計測量（エネルギー付与）：吸収線量／放射線防護のための線量
　放射線量の計算* ———— *68*
　　内部被曝の計算例／外部被曝の計算例

5 章　放射線の測り方 《放射線計測学》 ———— *75*

　放射線計測の原理 ———— *75*
　　放射線測定器の種類／放射線計数／エネルギー測定／ゲルマニウム半導体検出器の仕組
　食品中の放射線セシウムの γ 線測定 ———— *85*
　　「暫定基準値」から「基準値」へ／環境試料の計測／放射能（Bq）を計算するまで／放射性セシウムの内訳／検出器上で基準値はどう見える？
　放射性ストロンチウムの分析法 ———— *99*
　　β 線しか出さない放射性ストロンチウム／化学的手法によるストロンチウムの分離

目　次　xi

6 章　環境中の放射性物質　《環境放射化学》── 103

放射性物質による汚染の実態 ── 103
原発周辺の地域の実態／都市域のホットスポット

汚染土壌の形成過程 ── 114
土壌表面に存在する放射性セシウム／地表面に存在するゆえの問題点

放射性物質の「除染」── 116
除染の考え方／除染の工程

7 章　放射線の細胞への影響　《放射線生物学》── 125

地球の磁場による宇宙線（放射線）バリアー ── 125
放射線が DNA に与える影響 ── 126
DNA の基本的構造／放射線による DNA 損傷

DNA 損傷の修復 ── 130
DNA の修復の種類／DNA 修復とチェックポイント機構

DNA 損傷を抱えたままのがん細胞 ── 135
修復に失敗した細胞を待ち受ける二つの運命／リンパ球によるがん細胞の駆逐／がん組織の成長と検診との勝負

8 章　放射線の人体への影響　《放射線医学》── 139

被曝による影響の種類 ── 139
急性被曝と慢性被曝／確定的影響／確率的影響

過去の事例からの考察 ── 144
広島・長崎の被曝／チェルノブイリ原発事故

現代人の死因 ── 146
がんの発症と寿命／発がんリスクをもつ生活要因

健康診断の有用性 ── 148
がんの初期発見／他の疾患の発見

がん治療の最前線 ── 149
外科手術，化学療法／放射線治療

9章　放射性物質と農業　《植物栄養学・土壌肥料学》 ——— *153*

植物と土壌 ——— *153*
根のはたらき／植物の生育に必須な元素／元素やイオンを細胞内外へと輸送するタンパク質

セシウムという元素 ——— *157*
セシウムの化学／カリウムイオンの役割／セシウムイオンの入り込む余地

セシウム汚染と植物 ——— *159*
農地汚染／移行係数／山菜, シイタケから放射性セシウム／経根吸収と葉面吸収

暫定基準値, 基準値の意味 ——— *163*

ファイトレメディエーション ——— *164*

森林と放射性セシウム ——— *165*
土壌圏でのセシウムの動向／木材と放射性セシウム

10章　放射線の防護と安全　《放射線防護学》 ——— *167*

内部被曝と外部被曝 ——— *167*

外部被曝からの防護 ——— *167*
距離, 時間, 遮蔽の3原則／環境放射線量の見方／環境放射線量のレベル

内部被曝からの防護 ——— *171*
臓器親和性／放射性ヨウ素／放射性セシウム／内部被曝量の見積もり／食品基準値

安全のための防護の考え方 ——— *176*
線形閾値なし仮説／ALARAの原則

被曝線量の基準値 ——— *177*
国際放射線防護委員会の勧告による線量限度／国内法における線量限度／市民の考え方

11章　役に立つ放射線　《放射線の利用・加速器科学》──── 181

放射線の利用 ──── 181
放射線の減衰を利用する／医療現場での利用／微量物質の検出／工業での応用／農業への応用／物質変化の追跡

人工の放射線をつくる* ──── 189
放射線と放射能の発見／原子核物理学の黎明／粒子加速器の利用／中性子源とその利用／減速器・冷却器

Q&A ──── 199

放射線と放射性物質の物理学 ──── 199
自然放射線・放射線防護 ──── 201
放射線の人体への影響 ──── 203
放射性物質による環境汚染について ──── 212
放射線の測定・食品の安全基準 ──── 216

参考文献 ──── 223
あとがき ──── 227
索　引 ──── 229

1章　放射線とは？
《放射線入門》

放射線，放射性物質と放射能

　放射線，放射性物質，放射能という三つの言葉があるが，これらはどう違うのだろうか．まずはこの三つをきちんと区別することが，放射線を理解するためのもっともたいせつな第一歩となる．

　たとえば，福島第一原子力発電所の事故では，原発炉内の燃料棒に含まれていた放射性物質が爆発で飛び散り，風に乗って東日本各地に飛んできた．その放射性物質は放射線を出す性質があり，放射性物質から放出される放射線が，住民の

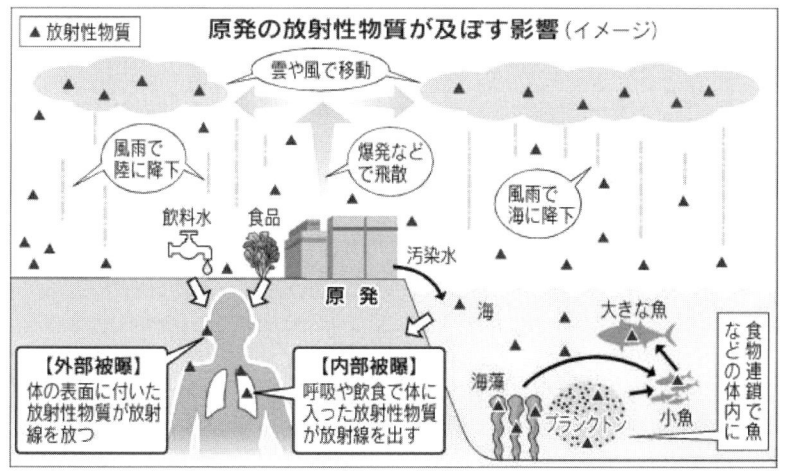

図 1.1　放射性物質の飛来・拡散と放射線による被曝の概念図（日本経済新聞 2011 年 4 月 9 日夕刊 1 面より）

被曝[1]をもたらしている（図1.1参照）．

こうした放射線はたとえ空気中でも，何キロメートルも飛ぶことはできないから[2]，原発から放射線が直接，関東地方まで届いたのではない．放射性物質とは，放射線を出す能力をもった物質であり，その能力のことを放射能とよぶ．つまり，放射能というのは物質の性質のことであって，物の名称ではない[3]．

米国とソビエト連邦のあいだで核実験が盛んに行われた1960年代の冷戦時代以来，放射能と放射線を混同する報道が目立ち，放射性物質の灰をかぶることを「放射能を浴びる」と表現したり，実際には放射線漏れ事故だった原子力船「むつ」について「放射能漏れ」と報道したりすることが常であった．福島第一原発の事故以来，放射線，放射性物質，放射能の区別に対する一般の理解は深まってきたように思われるが，それでも，依然として新聞報道などで放射線と書くべきところに放射能と記載してある例をよく見かける．放射性物質のことを放射能とよぶ慣用はある程度認めるとして（「放射能汚染」などの言葉がその例），放射線と放射能はまったく別物なので，その区別はしっかりつける必要がある．

> Point：放射性物質が放射線を出す能力のことを放射能という

わかりやすくたとえ話をしてみよう．いまここに懐中電灯があるとする．懐中電灯は光を放つ．懐中電灯が放射性物質だとすると，そこから放たれる光が放射線，懐中電灯がどれだけの強さで光を放つかといった性質が放射能に相当することになる．懐中電灯でわかりにくければ，蛍にたとえてもよい．蛍は光を出す能力（放射能に相当）をもつ．蛍が放射性物質だとすると，蛍が放つ光が放射線ということになる．原発事故によって，原子炉の中にいた無数の蛍が飛び散り，風に乗って国土にまき散らされた．いたるところで地表や水中に細かな蛍（放射性物質）が散在し，そこから発せられる光（放射線）が住民の体を照らしている状況，これがいわゆる外部被曝である．なんらかの方法でその蛍（放射性物質）を体内に取り込んでしまった場合，蛍は人の体内で一定期間光り続ける．これが内

---

[1] 放射線や化学物質に曝されることを被曝（ひばく）という．爆撃を受けたり，あるいは原爆・水爆の爆風や熱線（および放射線）を浴びるという意味の被爆とは違う字で区別する．
[2] 放射線の到達距離は，ほかに何もさえぎる物のない空気中において，最も遠くまで届くガンマ線でも平均的飛程（減衰長）は100メートルほどである（空気中で70メートル進むごとにガンマ線の強度が半減する）．
[3] 英語では，放射線 = radiation, 放射性物質 = radioactive material, 放射能 = radioactivity という．

部被曝に相当する.

> Point：外部にある放射性物質が出す放射線を浴びるのが外部被曝.
> 放射性物質が体内に入ってしまった場合が内部被曝.

　放射線にはいくつかの種類があるが，いずれも高いエネルギーをもって飛んでいる粒子または光である．放射線が物質中（人体も物質でできている）を飛んでいると，その中の原子とぶつかって吸収されたり，散乱されたり，減速されたりする．その過程で放射線は，もっている高いエネルギーを一気に，あるいは一部を徐々に失い，物質にそれだけのエネルギーを受け渡すことになる．通常の原子や分子1個1個がもつエネルギーに比べけた違いに大きなエネルギーが物質中にもたらされることが，放射線が大きな影響を与える理由であるが，詳しい話は次章にゆずる．

　放射線が物質中で運動エネルギーを失い，最終的に止まってしまえば，（止まるまでの道すがらに与えた影響は別として）それ以上は何の影響も及ぼさない．止まったものはもはや放射線ではない．だから，放射線を浴びた人に近づくと放射線がうつるなどということは絶対にない．蛍の光を浴びた人に触っても光がうつったりしないのと同じである．

　では，放射性物質（蛍）はうつるだろうか．放射性物質で汚染された土を口に入れたり，食品に少量含まれていた放射性物質を摂取してしまうということは原理的にありうる．だから内部被曝を避けるために，食品などの規制が重要な施策になり，管理の態勢がとられている．しかし，放射性物質が人から人に感染するかというと，それはまずない．母乳を介して胎児なり乳児に移行する可能性はあるとしても，それはごくわずかにすぎない．病原菌の場合なら，わずかな菌でも感染すれば体内で増殖してしまうが，放射性物質は決して増えたりしない．

　では最後に，放射能はうつるか．たとえば，放射線を浴びることによって，それまで放射能をもたなかった通常の物質が放射能を帯びて放射性物質に変わることがあるか，という問であるが，これもやはり，「うつらない」が答である[4].

> Point：放射線も放射能も，感染したりしない

---

[4] 第3章で説明する放射化という現象があるが，これは通常の放射線では起こらない．

放射線と放射能の単位

原発事故によって注目されるようになるまでなじみのなかった人も多いだろうが，放射線は以前から私たちの周囲につねに存在している．原子炉などで人工的につくられた放射性物質が発する放射線も，もとから自然界の環境中に存在する自然放射線も，放射線としては同じものである．種類やエネルギーの違いはあるが，自然界のものだからとか，人工的なものだからといった区別による性質の違いはまったくない[5]．

> Point：自然放射線も人工放射線もまったく区別なく同じ性質のもの

では，ふだん私たちの環境にはどの程度の放射線があるのか．具体的に見ていく前に，まずは，放射線の線量を表す単位，それから放射能の強さを表す単位を覚えよう（図1.2参照）．

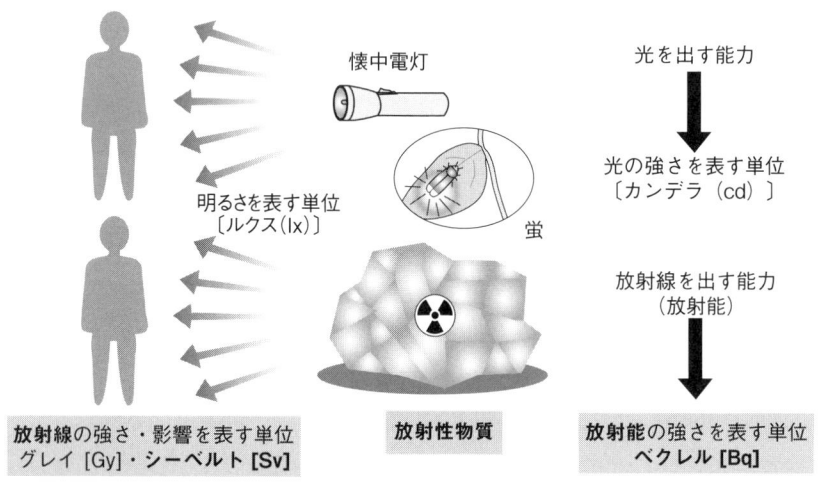

図1.2 放射線と放射能の単位

---

[5] 放射性物質（放射性核種）の種類によって，そこから放出される放射線の種類やエネルギーが決まっていて，その放射性物質が天然のものか，人工のものかには関係がない．また，放射性核種から自然に放出される放射線も，第11章で述べるように加速器で人工的に直接つくられる放射線も，自然か人工かということは関係なく，物理学的に同じものである．

放射線の単位

　放射線の量を議論するには，まず測る単位を導入する必要がある．放射線を浴びたときに人体の受ける放射線量を表す尺度として，**シーベルト**という単位が用いられ，記号 Sv で表す．詳しくは第 4 章で述べるが，シーベルトは，放射線によって人体が吸収する単位体重あたりのエネルギー（これをグレイという）に，放射線の種類に応じて生物学的影響の違いを表す係数を掛けたものである．シーベルトは人体の影響を表すには大きな単位であり，たとえば一度に全身に 4 Sv の放射線量を浴びてしまうと，半分の人は数か月以内に死んでしまう致死量である．シーベルトの 1000 分の 1 をミリシーベルト（mSv），100 万分の 1 をマイクロシーベルト（μSv）といい，通常はこれらの単位を使うことが多い．

　空間を飛び交う放射線の量を議論するときには，線量率の単位であるシーベルト毎時（Sv/h）を用いる．1 Sv/h は，その場所に 1 時間留まったとすると，1 時間で 1 シーベルトの放射線を浴びることを意味している．実際にはマイクロシーベルト毎時（μSv/h）がよく用いられる．

　困ったことに，日本ではこの「毎時」という言葉がしばしば省略して使われてしまうので，往々にして混乱を生じている．時間的に積算した値である**放射線量**と，単位時間あたりの線量である**線量率**は意識して区別する必要がある．たとえば，1 μSv/h の地点に 24 時間立ち続けたら，被曝線量は 24 μSv という計算になる[6]．

> Point：放射線量の単位は Sv．線量率の単位 Sv/h と区別すること．

放射能の単位

　放射性物質がどれほどの頻度で放射線を放出しているか，その能力を放射能ということはすでに説明した．この放射能を表す単位が**ベクレル**であり，記号 Bq で表す．この世の物質はすべてなんらかの原子から構成されていて，原子とは原

---

[6] ただし実際には，屋外の線量率がそうであっても屋内ではずっと低い線量率であると考えられるので，1 日の，あるいは 1 年の総被曝線量の推計には，1 日のうち，たとえば屋外に 8 時間，屋内で 16 時間を過ごすといった想定が用いられる．

子核のまわりに電子が回っているものである．通常の原子核は安定で変化しないのだが，なかには不安定な原子核も存在し，ある一定の時間がたつと放射線を出して崩壊する性質をもつ．放射性物質とは，こうした不安定な原子核（放射性核種）をもつ原子を含んだ物質のことを指す．1Bq とは，ある放射性物質中にあるすべての原子に含まれる原子核のうち，1秒間あたり平均1個の原子核が崩壊を起こす場合の放射能の強さを表す単位である[7]．放射性核種の濃度が同じであっても，物質の質量が倍になれば放射能も倍になる．汚染土壌や食品に含まれる放射性核種の濃度を示すために，単位質量あたりの放射能を表すベクレル毎キログラム（Bq/kg）がよく使われる．

> Point：放射能の単位はBq．原子核の崩壊が1秒に1回起こること．

1モルの原子の中にはアボガドロ数の個数の原子核が含まれる．1モルは元素に応じて数グラムから百数十グラムに相当し，アボガドロ数は 6.02×10^{23}，つまり1兆の6000億倍という莫大な数である．1Bq というのは，1秒あたりそのなかのたった1個の原子核の崩壊を問題にする単位である．放射性核種の量がそれだけ少ないということもできるし，放射線が大きなエネルギーをもつので，少数の原子核の崩壊でも問題になるともいえる[8]．

かつては放射能を表す単位としてキュリー（Ci）が用いられたが[9]，現在では用いず，

図 1.3　A. H. ベクレル（左）と M. キュリー（右）

---

[7] 1秒あたりの崩壊という英語の頭文字をとって，dps（decay per second，または disintegration per second）と表記することもあるが，Bq = dps である．

[8] 福島第一原発の事故によって環境中に放出された放射性ヨウ素は15万テラベクレルだったといわれる．テラは 10^{12} つまり1兆のことなので，15京ベクレルになる．とてつもない数に思われるが，これは質量にしてわずか30gにすぎない．たった30gであれだけの環境汚染を引き起こしたのである．8日で半減するヨウ素131に比べ，放射性セシウムは半減期が長いために，ベクレル数が少なくても放射性原子核の個数は多くなる．それでも数キログラムといった量である．ただし放出量は全体の数%で，原子炉内に残っている放射性物質はずっと多い．

[9] 単位キュリーはもともと1gのラジウム226のもつ放射能として定義されたものであるが，現在ではベクレルを基準に，$1\text{Ci} = 3.7 \times 10^{10} \text{Bq} = 37 \text{GBq}$（G はギガ＝ 10^9）と定められている．現代から見れば非常に大きな放射能を表す単位なので，ミリキュリー（mCi）やマイクロキュリー（μCi）として使

国際単位系（SI）[10]であるベクレルを使うことが推奨されている．これまでに登場した単位の名称については，19世紀末から20世紀にかけて，放射能を発見したベクレル（A. H. Becquerel）およびキュリー夫妻（P. & M. Curie）（図1.3）（第11章後半を参照），放射線の線量測定および生物学的影響の研究で功績のあったシーベルト（R. M. Sievert）にちなんで名づけられている．

身のまわりの放射線

放射線は，原発事故などにかかわらず，はるか昔からどこにでも，われわれの

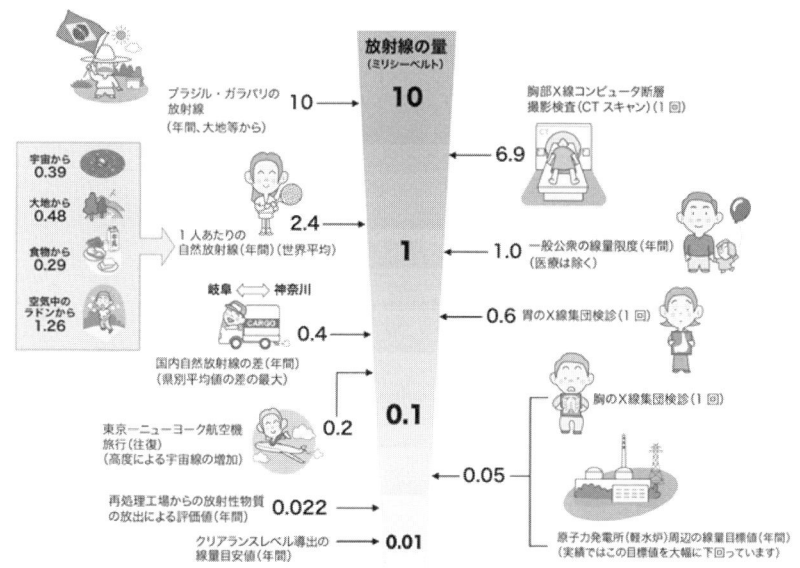

図1.4 身のまわりの放射線の実効線量（単位はミリシーベルト）．年間自然放射線の日本平均は，宇宙線から0.30，大地から0.33，食物から0.99，空気中から0.48で，計約2.1mSv（日本原子力文化振興財団「『原子力・エネルギー』図面集2010」より．出典：資源エネルギー庁「原子力2009」他．）

われることもある．
[10] 国際単位系：SI（Le Système international d'unité：フランス語）．メートル法を発展させ，キログラム，秒，アンペアなどの基本単位とその組み合わせでできる組立単位を定めている．

身のまわりの自然環境中に存在している（図1.4）．これは，土壌中に存在する天然の放射性核種のためであり，また，上空から降ってくる宇宙線のためである．そしてわれわれの体の中にも，天然の放射性核種が含まれており，日常から継続的に放射線の内部被曝をしている．

人類が自然環境から受ける放射線被曝量は世界平均で毎年 2.4 ミリシーベルトと見積もられている．日本ではこれより少なく，年間 2.1 ミリシーベルト程度である．地域や住環境によってその量は異なるものの，地球上のどこで暮らしていようとも，放射線を完全に避けることはできない．第 7・8 章で述べるように，人間をはじめとする生物は DNA の損傷という形で放射線による影響を受けるが，ある程度の損傷であれば，それを見事に修復して生命活動を維持できるしくみを備えているのである．

自然放射線の内訳

世界平均における自然放射線の内訳は，大地から 0.48 mSv/yr，宇宙線から 0.39 mSv/yr，呼吸により 1.26 mSv/yr，食物から 0.29 mSv/yr となっている．単位 mSv/yr は年間あたりのミリシーベルト量を表す．

大地からの放射線

まず大地であるが，土壌や岩石中にはウラン 238 やトリウム 232，カリウム 40 といった放射性核種が含まれ，地上に暮らすわれわれは，そこから放出される放射線を日常浴びることになる．これには土地によって大きな地域差があり，鉱石が発掘される地域や，温泉地などでは放射線量率の高いところが多い．川や海の上であれば，地面からの放射線は水によってさえぎられるので，放射線量率は低くなる．

宇宙線

宇宙線というのは，上空から降ってくる放射線のことである．銀河（太陽系外）から飛んでくるもの，太陽から飛んでくる太陽粒子線[11]，地球の磁力線に捕捉された粒子線などがあり，このうち銀河宇宙線はとくにけた外れのエネルギー

---

[11] 太陽粒子線のエネルギーと線量は太陽活動によって大きく変化し，太陽フレアが現れるとけた違いに増える．太陽からは，ほかに太陽風とよばれるプラズマも地球に降り注ぎ，大気と衝突して美しいオーロラをつくるが，太陽風のエネルギーは放射線とはよべないほど低い．

身のまわりの放射線　9

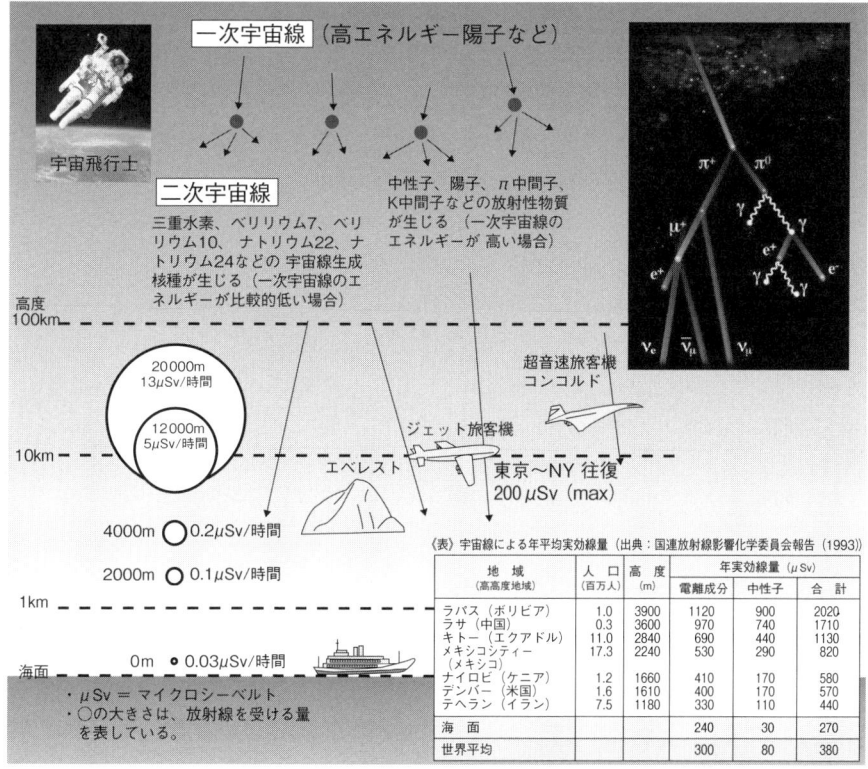

図 1.5　高度と宇宙線強度の関係（左上写真は ©NASA．右上の図は CERN ホームページより．©CERN）

の粒子を含んでいる．こうした一次宇宙線の大半は陽子である．こうした荷電粒子が上層大気で原子核反応を起こし，パイ中間子やミュー粒子，電磁シャワーなどの二次宇宙線をつくりだす．これらが地表まで到達するため，われわれも被曝を受けることになる．宇宙線の線量率は上空に行くほど飛躍的に高くなる．これは大気による遮蔽効果がずっと弱くなるからであって，われわれの住む地上では大気が宇宙線からわれわれ生物をかなりの程度守ってくれていることになる．海面上で $0.03\mu Sv/h$ だった線量率は，高度 $4000\,m$ では $0.2\mu Sv/h$，高度 $12000\,m$ では $5\mu Sv/h$ と何十倍にも増加する（図 1.5）．約 1 万 m の高度で航行する大陸間旅客機の場合では，たとえば東京とニューヨーク，あるいはヨーロッパのあいだを旅行すると，太陽活動の状況によって増減があるが，1 往復で最大 $0.2\,mSv$ ＝ $200\mu Sv$ 程度の被曝を受けることになる．これは日本で生活する人の 1〜

2か月分の線量を余計に浴びることになる．宇宙空間では被曝はより深刻であり，地上400kmの大気圏外を周回する国際宇宙ステーションでは1日あたりの線量が平均1mSv = 1000μSv，太陽の活動が活発なときにはそれよりもはるかに線量が高くなることがあり，長期滞在する宇宙飛行士の健康上も無視できない問題となりうる．彼らが半年ほどで地球に帰還するのは，被曝対策という側面もある．

空気中のラドンによる被曝

呼吸による被曝というのは，空気中に主に**ラドン222**という放射性の貴ガス（希ガス）[12]が含まれていて，これを吸い込むことにより肺が被曝することによる．ラドンはアルファ崩壊をするが，アルファ線は透過力が弱く細胞3個分ほどの距離で止まるため，被曝は肺胞の表面の細胞に限られる反面，エネルギーのすべてを数十μm程度[13]の距離で失うことになるので，細胞の受ける損傷は大きい（第2・3章で解説する）．ラドンは**ラジウム**からのアルファ崩壊によってできる．石壁やコンクリートといった壁材，あるいは土壌や岩石中に含まれるラジウムがラドンに変われば，これはガスなので空気中に染みでてくるのである．アメリカなどではとくに，地下室（ベースメント）を備えた住宅が多く，重いガスであるラドンが地下室にたまって，被曝が増える危険が指摘されている．一方で日本では，木造家屋など建材に含まれる放射性核種が少ないうえ，住宅の風通しがよく（気密性も悪く），ラドンによる被曝は比較的少ない．世界平均よりも放射線量率が少ない一番の理由はこの住環境による．

自然放射線量率の地域差

日本における地域差

日本における自然放射線の平均値は年間2.1mSv程度であって，その内訳は，大地から0.33mSv/yr，宇宙線から0.30mSv/yr，呼吸により0.48mSv/yr，食物から0.99mSv/yrとなっている．

日本国内でも，自然放射線の量は地域によってばらつきがある．たとえば一般

---

[12] 貴ガス：noble gas．従来は稀ガスまたは希ガス（rare gas）とよばれたが，2005年のIUPAC（国際純正応用化学連合）の勧告を受け，日本語でも貴ガスに表記変更することが決まった．高校の化学教科書にも数年のうちに反映される模様．
[13] マイクロメートル（μm）は1000分の1ミリメートル．マイクロは10^{-6}を示す接頭語．

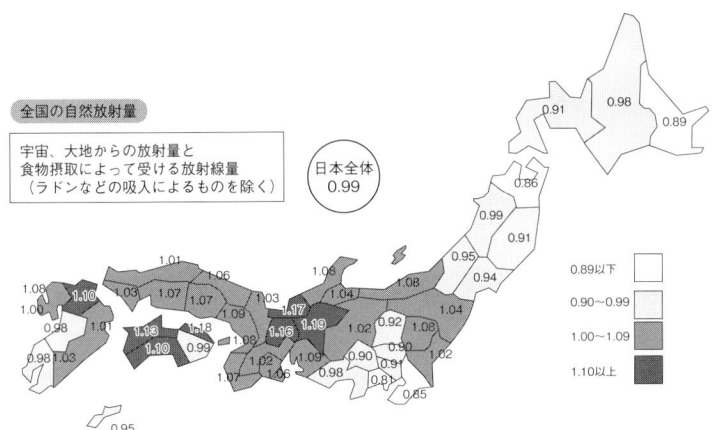

図 1.6　日本の自然放射線量率（単位はミリシーベルト／年）（放射線医学総合研究所編「身近な放射線の知識」（丸善，2006 年）より）

表 1.1　土壌や岩石中に含まれる天然の放射性物質（出典：国連放射線影響科学委員会報告（1982）など）

放射性物質の種類	放射能濃度（Bq／kg）	
	一般の土壌・岩石	花こう岩
カリウム 40	100〜700	500〜1600
ウラン 238（娘核種を含む）	10〜50	20〜200
トリウム 232	7〜50	20〜200

に西日本は東日本に比べてもともと自然放射線が多い．この違いは主に地質の違い，なかでも西日本に多い花崗岩が放射性元素を多く含むことによる．これに対し，たとえば関東地方は，太古からの富士火山の火山灰が降り積もってできた関東ローム層が，岩石からの放射線を遮蔽するため，自然放射線量率の少ない地域となっている．

図 1.6 は，全国の県単位での自然放射線量率を示している．自然放射線の一番多い県といわれる岐阜県と一番少ないといわれる神奈川県では，年間被曝量にして 0.4 mSv（400 μSv）の差があるが，県単位ではなく，個別の地域を比べると，ばらつきはもっと大きくなる．日本地質学会が公表しているデータでは，東北地方がおおむね 0.02 μSv/h 以下の空間線量率なのに対して，岐阜や新潟の一部の地域では 0.12 μSv/h を超えていることが見てとれる．

地域による差だけでなく，場所を少し移動するだけでも放射線量率は大きく変わる．花崗岩でできた立派な建物の中やそばでは，放射線量率は高くなるし，石を敷き詰めた歩道なども線量率は高い[14]．建物の中では，建材に含まれる石や砂が放射性元素を含んでいたりするための上乗せがある反面，外からの放射線が遮蔽されるので線量率が小さくなる傾向があり，とくに鉄筋コンクリートの建物内部では，木造家屋よりも遮蔽効果は大きい．同様に，トンネルの中は一般に放射線が少ない．山中のトンネルであれば，エネルギーが高く透過力の高い宇宙線でもさえぎることができる．ただし，放射性核種を多く含む岩盤の近くなど，かえって放射線量率の高いところもある．鉱山の坑道などはその典型例といえよう．結局のところ，その場所の線量率がどの程度になるのかは，実際に測定してみなければわからない．

世界における地域差

世界に目をやれば，自然放射線がはるかに多い地域があり，イランのラジウム温泉地ラムサールでは $10\,\mathrm{mSv/yr}$ 以上，地点によっては $100\,\mathrm{mSv/yr}$ 以上となる場所もあるという．ブラジルのガラパリやインドのケララ州では，海岸線付近にトリウムを含むモナザイト（モナズ石）の岩石帯および砂浜が続き，一帯は数〜数十 $\mathrm{mSv/yr}$ の高い線量率で知られている．また，中国広東省の陽江市にも自然放射線量率が $5.5\,\mathrm{mSv/yr}$ の地域がある．こうした地域は，土壌や岩石に放射性核種が多く含まれていたり，地中から噴きだしてくる温泉にラジウムなどが多く含まれていたりということが原因である．これとは別に，一般に標高が高い土地では，大気による遮蔽効果が弱まる分だけ，空から降ってくる宇宙線が増える傾向がある．

放射線量の違いによる健康影響

では，こうしたふだんから放射線量率の高い地域に住んでいる人が，そのために健康に影響が出ているか，具体的にはがんにかかりやすいのかといえば，そんなことはない．さまざまな調査研究が行われているが，いずれの住民も特段健康

---

[14] 国会議事堂，東京都庁の建物や，東京銀座の歩道には花崗岩が使われている．銀座の歩道上では，空間線量率が $0.10\,\mu\mathrm{Sv/h}$ と，隣のアスファルト敷きの車道上 $0.06\,\mu\mathrm{Sv/h}$ に比べても明らかに高くなっている．また，農地や菜園でも線量率が高いかもしれない．肥料に含まれる放射性カリウムにより，肥料自体は数千〜1万5千 $\mathrm{Bq/kg}$ もの放射能をもっている．

に問題があるという報告はない[15]．広東省陽江市については，疫学的研究が日中共同により実施されている．高自然放射線地区の住民と，30kmほどの距離に隣接し線量率が2.1mSv/yrしかない対照地域の住民とを対照し，数万人規模で長年にわたって比較したところ，がんの死亡率はまったく変わらなかったという調査結果がある．また，職業によっても，日頃放射線被曝が多い人たちがいる．空を飛んでいるパイロットや客室乗務員，放射線科医，原子力船修理造船工，原子力発電所従業員らの被曝が気になるところだが，10年間で数十mSvを被曝している彼らががんになりやすいというデータはない．低線量率・低線量[16]でのがんの可能性については，あまり神経質になりすぎる必要はないということを示唆している．このように，私たちの身のまわりには場所や環境ごとに違った強さの放射線があるが，通常の生活をするうえでは，ほとんど気にしていない．私たちは，日頃知らぬ間に，そこにあるだけの放射線とつきあってきたのである．

食物による内部被曝

食品中の放射性カリウム

われわれは日々の食物からも放射性物質を摂取している．生命活動に必須元素であるカリウムには，放射性同位体であるカリウム40（^{40}K）が0.012％の割合で含まれる．その半減期は13億年と長く，地球誕生のときに取り込まれたものがいまだに地球上の自然界に残っているのである．体重60kgの成人の場合，毎日カリウム3gを摂取し，この中に80Bqの放射性カリウムが含まれている．図1.7に挙げたように，牛肉や魚にはそもそもキログラムあたり100Bqの^{40}Kが含まれているのである．図の値は水分を含めた重量あたりの値だから，水分の少ないポテトチップスや乾物では当然ながら高い値になっている．ほうれん草が高い値になっているのは，単に，カリウム元素を多く含む食品ということにほかならない．同位体比は食品によらず一定である．

体内ではカリウムの量は平衡に達していて，毎日同量を排泄している．体内に

---

[15] ただし，がんは長寿になるほど罹患率が高くなる病気である．これらの地域がもともと平均寿命の比較的短い場所であり，がんになる前に他の病気で亡くなるので影響を考慮しきれないという意見はある．

[16] 低線量率の被曝とは長期間にわたってじわじわと少しずつ被曝すること．低線量の被曝とは期間中を積算して，トータルの被曝線量が低いこと．

は約 4000 Bq がつねに存在することになる．このほか，炭素 14，ルビジウム 87 などの放射性核種も体内にあって，放射能の合計値は約 7000 Bq となる（表 1.2）．これが平常時の内部被曝に寄与し，前述したとおり，食物に起因する年間の被曝量は 0.3 mSv 程度にのぼっている．ただし日本人は 1.0 mSv 程度と多く，これは魚介類の摂取による放射性のポロニウム 210 および鉛 210 の体内量が表 1.2 の値よりずっと多いことが近年わかってきたことに起因している．

汚染による食品中の放射性セシウム

原発事故による放射能汚染により，食品からも放射性セシウムがキログラムあたり数十 Bq 検出されるものが出ているが[17]，じつはその程度の放射能はもともと食品中の放射性カリウムがもっている．ただし，カリウムの場合は多く摂取し

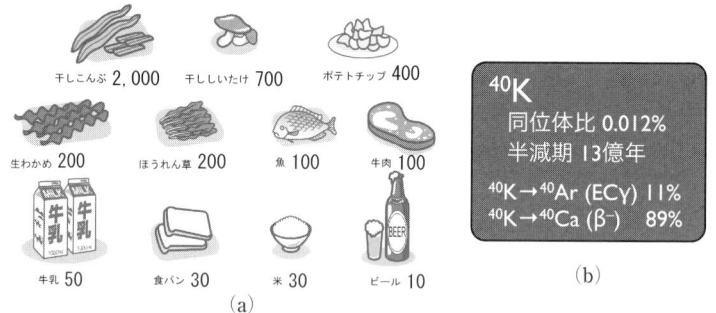

図 1.7 食物中のカリウム 40 の放射能（日本）（単位：Bq/kg）．毎日カリウム 3 g（^{40}K を 80 Bq）摂取し，同量を排泄している．((a) は日本原子力文化振興財団ホームページ「事故と放射線に関する基礎知識」，『原子力・エネルギー』図面集」より)

表 1.2 体内の放射性物質の量

放射性物質	濃度 (Bq／kg)	全身の放射能 (60 kg の人のベクレル数)
カリウム 40	67	4100
炭素 14	41	2600
ルビジウム 87	8.5	520
鉛 210 または ポロニウム 210	0.074〜1.5	19
ウラン 238	—	1.1

---

[17] 2012 年 4 月から実施されている新しい基準値は，一般食品で 100 Bq/kg を限度値としている．

たところで多く排出されるため，結局体内の平衡値はさして変わらない（だが体重が増えれば増える）のに対し，セシウムはもともと体内に存在しないため，摂取分がこれに上乗せされる，ということには注意したほうがよい．それでも，セシウムは約3か月[18]で体内から排出されるため，線量はさほど大きくならない．内部被曝を恐れる気持ちはよくわかるが，福島の家庭の食卓調査でも，食品に含まれる放射性セシウムによる被曝線量はカリウムによる線量に比べても小さいことがわかってきている．食品検査においては，個々の食材について放射能の徹底的な低減を求めるよりも，飛び抜けて高い放射能をもつ食品が市場に流通しないよう，検査態勢をしっかり整えることの方が重要である．

---

[18] セシウムが体内に留まる生物学的半減期は成人で100日程度といわれている．子どもの場合は代謝が早いため，これより短い．第10章も参照のこと．

2章　放射線の性質
《放射線物理学 I》

放射線の種類と透過力

　放射線にはいくつかの種類がある．同じ種類の放射線でも，エネルギーが違えば，物質中に与える影響も量的に異なってくる．これらの違いを超えて，まとめて放射線とよぶには，理由がある．どの放射線も，**電離作用**があるという特徴が共通している．

　ありとあらゆる物質を構成する**原子**は，プラスの電荷をもつ**原子核**のまわりを，そのプラスの電荷とつりあうだけの数の**電子**（電荷はマイナス）が回っていて，全体として電気的に中性を保っている．それぞれの原子には量子力学的に定まった軌道（準位）があり，通常の原子は，電子がエネルギーの低い内側の軌道から順番に詰まった，最も安定な原子状態（基底状態）にある．放射線はおもにこの電子にエネルギーを与える．電子が内側の軌道から外側の軌道に飛び移り，エネルギーの高い原子状態（励起状態）に遷移する現象を**励起**という．さらにもっと高いエネルギーを受けとると，電子はもはや原子核の束縛を振り切って原子から飛び出す．これを**電離（イオン化）**[1]という．電子を取られた原子はプラスの**イオン**になる．原子同士が化学結合した**分子**から電子をはぎとると，プラスのイオンができることもあるし，化学的に非常に活性なラジカルなどの活性種を生みだすこともある．

　電離や励起のしかたには放射線によってさまざまなプロセスがあって，一筋縄ではいかない複雑さが，放射線を理解するうえで難しいところだが，物質中の原

---
[1] 電離もイオン化も英語 ionization の訳語である．物理分野では電離，化学分野ではイオン化という用語を用いる．

子から電子をはぎとり，次から次へと電離するという能力が，放射線に共通する最大の特徴である．

> Point：放射線の特徴は電離作用をもつこと

放射線の種類

α線，β線，γ線，X線

放射線として典型的なものには，アルファ（α）線，ベータ（β）線，ガンマ（γ）線，そしてエックス線がよく知られている（図2.1）．これらは，発見当初正体が不明の放射線として，ギリシャ文字を順にとって α, β, γ と名づけられ，また，レントゲン（W. C. Röntgen）が発見した X 線も，正体不明という意味での命名だった．

放射線には大きく分けて，粒子と電磁波の2種類がある．α線とβ線が（通常の意味での）粒子であり，α線の正体はヘリウム原子核，β線は高速電子のことであるとわかっている．一方，γ線やX線は電磁波の一種である．すなわち光や電波と同じ仲間であるが，エネルギーがはるかに高く波長も短い．実は電磁波が波と粒子の二面性をもっているということは量子力学の教えるところだが，X線，さらにγ線においてはむしろ粒子としてのふるまいが顕著になり，これらを光子とよぶ．光の粒のようなものだと思ってもらえればそれでよい．

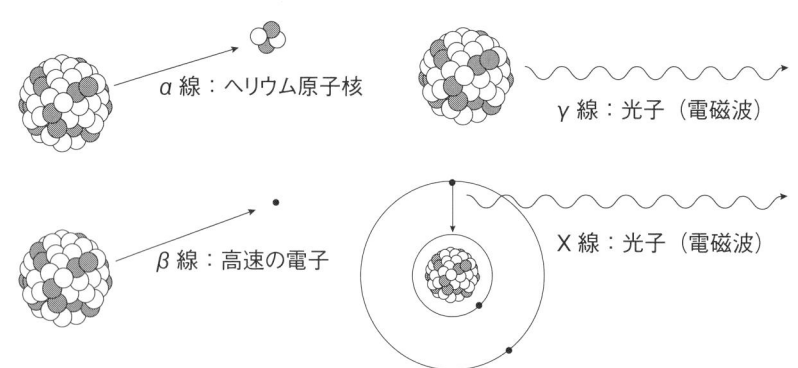

図 2.1 α線，β線，γ線は原子核の崩壊にともなって放出され，X線は原子の電子遷移にともなって発せられる（本当の原子の大きさは原子核の数万倍大きい）．

α線，β線，γ線はいずれも，不安定な原子核の崩壊にともなって放出され（次章でくわしく解説する）．そのエネルギーは数百 keV〜数 MeV である．具体的には α線は 5 MeV 程度（4〜8 MeV），β線と γ線は 1 MeV 程度（数百 keV〜2 MeV）である．ここで eV は電子ボルト（素電荷 e が 1 V の電圧により与えられるエネルギー）で，keV（キロ電子ボルト）＝ 10^3 eV，MeV（メガ電子ボルト）＝ 10^6 eV である．通常の原子の化学結合エネルギーが 10 eV 程度であるから，それに比べて数万〜数十万倍という莫大なエネルギーを，1個の粒子（または光子）が担っていることになる．これが放射線の特徴である．

> Point：α線と β線は粒子．γ線と X 線は光子．放射線は α線，β線，γ線のいずれも MeV 前後の莫大なエネルギーをもっている．

X 線は原子核ではなく，原子の電子遷移にともなって発せられる電磁波（光子）である．原子の内殻軌道の電子が弾き出され，空位となった軌道に別の電子が落ち込むときに X 線が放出される（**特性 X 線とよぶ**[2]）．エネルギーは γ線よりは小さく，数十〜数百 keV 程度である．X 線と γ線は，放出される機構の違いで区別するのが本来の分類である．実際には便宜上エネルギー領域で区別することも多いが，その境界がはっきりと決まっているわけではない．また，電子が物質中で急に止められる場合などに放出される，**制動放射**とよばれる現象による電磁波もやはり X 線とよばれる[3]．

中性子線

原子核は陽子と中性子からできている．中性子は陽子とほぼ同じ大きさと質量をもつが，電荷はゼロ．よって電気的な力は働かない．原子核内では安定に存在するが，原子核から取りだされた裸の中性子は半減期およそ 10 分で陽子に崩壊する．ウランなどの重い原子核は陽子数よりも中性子が 1.5 倍くらい多く，核分裂反応が起きると余分な中性子が飛び出てくる．原子炉内やその周囲では中性子が飛び交っていて，これを中性子線という．核分裂反応に使われるほか，中性子散乱・回折により物質の構造解析にも利用されていて，そうした研究のための小

---

[2] 特性 X 線は，原子の準位間の遷移にともなって，そのエネルギー差に相当するエネルギーをもった X 線として放出される．原子の種類によって決まったとびとびのエネルギー値をもつ．

[3] 制動放射 X 線は，連続した広いエネルギー分布をもつ．

規模な原子炉施設で実験が行われている．身のまわりの自然界にはふつう中性子線は存在しない．

陽子線，重粒子線

水素原子から電子をはぎとった原子核，つまり水素イオンとはすなわち，陽子のことである．宇宙線に含まれているほか，人工的に粒子加速器を使って電磁気の力で加速した陽子線が，原子核・素粒子物理学の研究やがん治療に用いられている．炭素など，陽子に比べて重い元素のイオンを高速に加速したものを重粒子線という．やはり原子核物理学の研究やがん治療に利用されている[4]．

宇宙線

宇宙空間から地球に降り注ぐ放射線をとくに宇宙線とよぶ．主成分は陽子であり，その他に重粒子線，電子線，γ線なども含まれている．これら一次宇宙線は上層大気で原子核反応を起こして二次宇宙線をつくる．おもにはパイ中間子（π）ができ，そのうち電荷を帯びたもの（$\pi^{\pm}$）は短寿命で崩壊してミュー粒子（$\mu^{\pm}$）となって地上まで到達する．中性のパイ中間子（π^0）はγ線に崩壊し，これは電子・陽電子・γ線を含む電磁シャワーとよばれる，滝のような宇宙線の束をつくりだす．

これらの宇宙線は私たちの体にも絶えず降り注いでおり，毎秒平均150個程度がわれわれの体に降り注いでいる．そのうちたとえばミュー粒子でいえば，上に向けてかざした手のひらの面積あたり毎秒平均1個，そのほとんどが何ごともなかったかのように私たちの体を突き抜けていることになる．

非電離放射線

これまでに述べた放射線は，いずれも物質中の原子や分子を直接または間接的に電離（イオン化）する能力をもっていて，電離放射線とよばれる．これに対して，電離能力がないか弱い（物質との相互作用の主要モードが電離でない）電磁波のことを非電離放射線とよぶことがある．具体的には近紫外線や可視光線，マイクロ波などの電波のことを指す．このうち，近紫外線は数 eV のエネルギーをもち，光電効果によって原子や分子の外殻電子を電離・励起する能力がある．よく知られているように，強い紫外線に長時間皮膚をさらすのは健康上よくない．

---

[4] 千葉にある放射線医学総合研究所には，重粒子線治療用の加速器 HIMAC（ハイマック）がある．

日焼けによって細胞のDNA損傷が起こり，電離放射線（β線）による皮膚のβ線熱傷と同様の影響を及ぼす[5].

広い意味での放射線には非電離放射線を含むが，一般に放射線というときには電離放射線のみをさすことが多い．

放射線の速度

電離放射線のエネルギーはMeV前後という高いものである．その速度は光の速度に匹敵する．α線の質量は約 $4\,\text{GeV}/c^2$ と表現することができる[6]．ニュートンの式 $T = (1/2)mv^2$ を使って計算すると，運動エネルギーが $T = 5\,\text{MeV}$ のとき $v/c = 0.05$ つまり光速の5％という結果が得られる[7]．一方で，β線の場合は電子の質量が $511\,\text{keV}/c^2$，つまり約 $0.5\,\text{MeV}/c^2$ と軽いため，同じ式で計算すると光速を超えてしまうという間違った結果が得られる．相対性理論を使って

$$T + mc^2 = \frac{mc^2}{\sqrt{1-(v/c)^2}}$$

の式から正しく計算すると，$T = 1\,\text{MeV}$ のとき $v/c = 0.94$ つまり光速の94％とわかる．γ線については電磁波なので，速度は光速そのものである．

> Point：放射線の速度は光速と比較できるほど速い

放射線の透過力

そんな高速で高エネルギーの放射線は物質中でどんな作用をするのだろうか．まずは図2.2を参照しながら，放射線の透過力を概観してみよう．

α線

α線はコピー用紙程度の紙1枚で止まる．また，空気中でも3cmほどしか進むことができない．なので外部にα線を出す放射線源（放射性物質）があって

---

[5] 紫外線ではとくにピリミジン二量体の生成によるDNA損傷が起こりやすい．

[6] 粒子の質量を表すには，kgでなく，MeV/c^2という単位を用いると計算しやすい．ここで，$c = 3 \times 10^8\,\text{m/s}$ は光速．質量とエネルギーを関係づけるアインシュタインの式 $E = mc^2$ を考えると，質量の次元はエネルギー割る c^2 だとわかる．この単位を使うと，陽子の質量は $938\,\text{MeV}/c^2$，中性子は $940\,\text{MeV}/c^2$ で，どちらも約 $1\,\text{GeV}/c^2 = 1000\,\text{MeV}/c^2$ となる．G（ギガ）は 10^9 のこと．α線の質量はこの約4倍となる．

[7] この本では，割算または分数を「/」の記号を使って表す．v/c とは v 割る c つまり c 分の v の意味である．

2章 放射線の性質

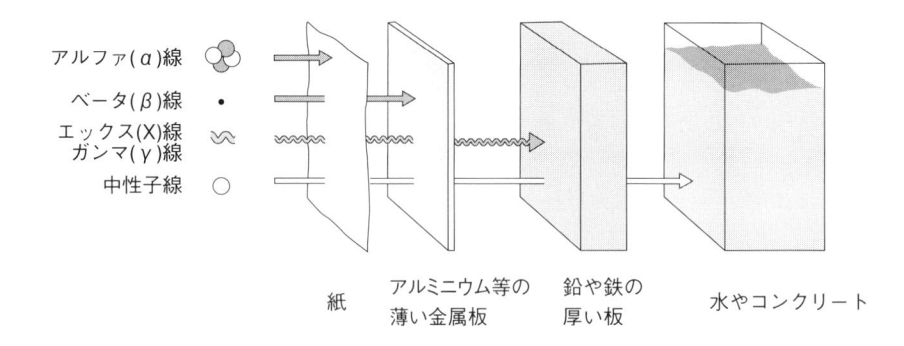

アルファ(α)線
ベータ(β)線
エックス(X)線
ガンマ(γ)線
中性子線

紙　　アルミニウム等の　鉛や鉄の　水やコンクリート
　　　薄い金属板　　　　厚い板

図 2.2 放射線の種類と透過力

も，遮蔽は容易である．α線は透過力が弱いが，それは紙厚の数十 μm という短い距離のあいだですべてのエネルギーを失うということであるから，相互作用が強いということになる．α線を出す放射性物質を万一飲み込んでしまったりした場合には内部被曝が問題になる[8]．呼吸によるラドンガスの肺への被曝については前の章で述べた．

β線

β線は連続エネルギー分布を示す（3章参照）ので，同じ核種から放出されるβ線でも高めのエネルギーのものもあれば，低いエネルギーのものもある．核種によっても，β線のエネルギー分布に大きな違いがある．それらのうち最大エネルギー1～2MeV 程度のものについて考えると，アルミニウムの板なら 2～4mm の厚みまで透過する．それ以上の厚さがあれば，すべてのβ線を遮蔽することができる．プラスチック板なら 10～15mm の厚みですべて止まる．外部被曝では皮膚に対する影響が問題となるが，体の内部まで浸透することはない[9]．β線を出す放射性物質を体内に取り込んだ場合には，内部被曝が問題になる．

γ線，X線

γ線や X 線は透過力が強く，きちんと遮蔽をしようと思えば，鉛ブロック数十

---

[8] プルトニウムなどα線を出す放射性物質が危険度が高いのは事実である．だが，原発事故においては，そうした重い元素は原発周辺地域以外にはほとんど飛散していない．物質の量を考えれば，少なくとも規制区域以外で問題になることはない．
[9] 福島原発事故の 2 週間後に，作業員が高濃度の放射性物質を含んだ水に足をつかって，β線熱傷と診断された．皮膚へのβ線被曝によってやけどのような症状が出る．

センチメートルとか、数メートル厚のコンクリート壁とかいった物質量が必要となる。原子炉や、人工的にさまざまな種類の放射線をつくりだす加速器施設では、分厚い鉄壁やコンクリートブロックが何重にも積んであるが、そうした遮蔽のためである。

γ線やX線が体に入った場合、半分以上のものは体内の物質中で反応を起こしてエネルギーを失うが、残りの何割かのものは何もせず体を貫通する。レントゲン診断に使うX線が、人体を通過してフィルムを感光させることはご存知だろう。透過力が強いということは、長距離を飛ぶあいだ、ほとんど相互作用をしないということでもある。外部被曝の（体の外にある放射性物質がγ線を放出してそれを被曝する）場合でも体内までまんべんなく被曝することになる。よって、外部被曝でも、内部被曝（γ線を出す放射性物質を体内に取り込んだ場合）でも、被曝しているときの影響はさして変わらない。ただし、一般に内部被曝は四六時中放射線を避けることができないという問題には注意が必要である。

中性子線

中性子線は非常に透過力が強い。というより、物質中でもなかなか反応を起こさない。遮蔽には大量の水やコンクリートを使う。原子炉内では大量の中性子が発生し、それが原子核反応を誘発してエネルギーを生みだすもととなるのだが、ウラン燃料棒が大量の水の中につかっているのは、燃料棒を冷却する目的のほか、中性子を減速させるためである。施設の部屋が厚いコンクリートで覆われているのも、γ線と中性子線を遮蔽するためである。

水やパラフィン、コンクリートには水素原子が含まれていて、これが中性子を減速させるのに有効である。中性子は電荷をもたないので、次節で述べるような、荷電粒子が物質中の電子を蹴散らかして減速するということが起こらない。かわりに、中性子は原子核と直接散乱することで減速する。ただし、原子に比べ原子核はずっと小さく、いわばスカスカの状態で存在しているから、なかなか衝突しない（だから反応が起こりにくい）。原子核と衝突したとき、中性子を最も効率的に止めるのは、中性子とほぼ同じ質量の陽子がよい。たとえばビリヤードの球をもう一つのビリヤード球に当てると、走ってきた方の球は散乱されて速度が遅くなる。正面衝突をすれば、もとの球はぴたりと止まり、止まっていた球にすべてのエネルギーが与えられる。これがピンポン球相手だと、ほとんど減速効果が

ない．また，ボーリングの球にビリヤード球をぶつけると，重いボーリング球はびくともせず，ビリヤード球が激しく跳ね返されるだけである．すなわち，同じ質量の球に衝突したときにもっとも効率よく減速されることがわかる[10]．水素原子の原子核つまり陽子は，中性子とほぼ同じ質量だから，中性子を減速させて遮蔽するのに効率がよいのである．弾き飛ばされた陽子の方は，電荷をもっているから，周囲の電子を蹴散らすことで容易にエネルギーを失って止まる．

> Point：α線は紙1枚，β線はアルミニウムの板で止まる．
> γ線の遮蔽には鉛やコンクリートブロックが必要．
> 中性子の減速には大量の水やコンクリートが有効．

> Point：透過力の強い放射線は相互作用が弱い．
> 短い飛距離で止まるα線とβ線は内部被曝に注意．

荷電粒子の物質中でのふるまい

二次電子の生成

　放射線のなかでも，電荷をもった荷電粒子が物質中でどんな作用を及ぼすのか，それをここで見ていこう．典型例としてα線を例にとって考える．高エネルギー荷電粒子は，光速と比較できるほどの速度で物質中をほぼまっすぐ進んでいく．物質は原子・分子からできているから，電子が豊富に存在する．その電子はマイナスの電荷をもち，高速粒子の電荷の正負に応じて電気的に引きあったり反発したりする．本来，電子は原子・分子内でプラスの電荷をもつ原子核に束縛されているのであるが，近傍を荷電粒子が高速で通過すると，その束縛を振りきるだけのエネルギーを受けとって飛びだす．ちょうど，新幹線が近くを通り過ぎるとき風圧で周囲のものがことごとく吹き飛ばされるイメージである．電子が受けとるエネルギーは，高速粒子の電荷の2乗に比例し，速度の2乗に反比例する．また，粒子の軌道からの距離の2乗にも反比例する．これが原子や分子内での束縛エネルギーより大きければ，電子は電離（イオン化）される．最外殻電子であればイ

---
[10] 興味がある方は，球の衝突問題は高校物理の知識で解けるので，計算してみるとよい．

オン化エネルギーが閾値となるが，放射線のエネルギーは膨大なので，軌道近くの原子からは，内殻電子が飛びだすこともある．軌道から遠く，電離するに至らない電子でも，励起状態に遷移するものがある．放射線の通過にともなって電離されて，物質中を飛びかう電子のことを**二次電子**という．なかでもエネルギーの高い二次電子はとくに**δ線**とよばれ，物質中でそれ自身が他の原子を電離する能力をもっている．

図 2.3 および図 2.4 に示したように，高エネルギー荷電粒子が物質中を過ぎ去ると，辺り一面はイオンと電子の海のような状況が残される．当然，分子は結合がずたずたに切れて解離し，不対電子をもつ**ラジカル**が多数生じている．ラジカルは非常に化学活性が高く，周囲の分子のいたる

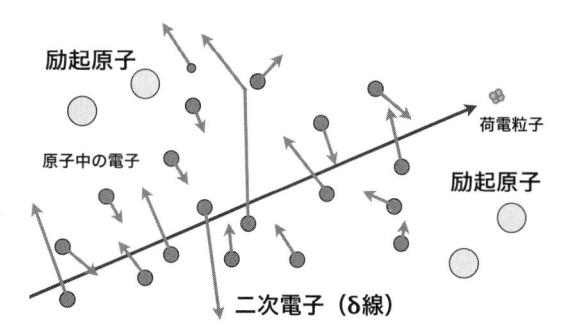

図 2.3 高エネルギー荷電粒子の通過によって，物質中の原子は電離・励起されてイオンや励起原子を生じ，運動エネルギーを受けとった電子は二次電子としてさらに別の原子を電離する．荷電粒子は，電子に与えたエネルギー分だけ減速される（電子衝突阻止能）．原子核は重いので，イオンに与えられる運動エネルギーは小さい．

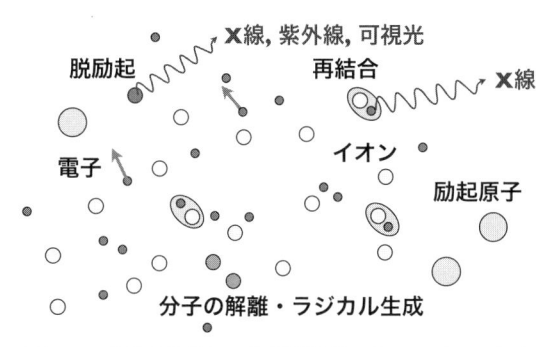

図 2.4 分子は解離し，化学活性種であるラジカルを生じる．やがて減速した電子とイオンとの再結合，また励起原子の脱励起により，X 線や紫外線が発生する．

ころに結合してしまう．電離された二次電子は周囲の原子をさらに電離し，いずれは減速して近くのイオンと**再結合**する．そうして原子に戻るときに，X 線を放出するのである．電離に至らなかった励起原子も，X 線や紫外線，可視光線を出してエネルギー的により安定な状態に戻る．これを**脱励起**という．放出された X 線はまた別の電子を弾き飛ばす．

このような状況が，α線などの荷電放射線によって物質中で引き起こされる．陽子線や重粒子線，あるいは$\pi^{\pm}$粒子や$\mu^{\pm}$粒子といった宇宙線の場合もこれと同様の状況が起こる．荷電粒子の電荷や速度が違えば，電離できる原子数など，量的な違いはあるが，いずれの粒子も周囲の電子を蹴散らしながら高速で通りすぎるということに変わりはない．

> Point：荷電粒子放射線は物質中でイオンと二次電子の海をつくる

阻止能（エネルギー損失）・線エネルギー付与（LET）

荷電粒子は，多数の電子にエネルギーを与えるわけだが，これは荷電粒子と電子とのあいだの電気的な相互作用（クーロン力）による．電子を引き寄せる反作用として荷電粒子も力を受け，その結果としてエネルギーを失う．トータルのエネルギーは保存しなくてはいけないので当然である．個々の電子に与えるエネルギーは，放射線のもつ膨大なエネルギーに比べれば微々たるものだが，相手の個数が多いので，荷電粒子はやがて減速して止まる．単位距離あたりに荷電粒子が失うエネルギー（エネルギー損失）のことを阻止能とよぶ[11]．失うエネルギーは与えるエネルギーに等しいので，作用を受ける物質の側から見た言葉としては，線エネルギー付与（LET）[12]という用語が使われる．

また，電子を蹴散らすと表現したが，実際は α 線や陽子線は電荷がプラスなので，電子を引き寄せている．だが，電子が動きはじめるころには α 線はとうの昔に通り過ぎているから，電離した電子がどちらの向きに動くかは問題ではない．実際，阻止能は（速度が遅い場合を除いて）荷電粒子の電荷の正負によらない．飛跡の単位長さあたりに電離する電子・イオン対の数を**比電離**とよび，阻止能を比電離で割った値を **W 値** という．W 値とはすなわち，一つの電離を生じるに要するエネルギーで，荷電粒子の種類やエネルギーにほとんどよらない．励起

---

[11] 阻止能：stopping power．エネルギー損失：energy loss．放射線物理学でよく用いられ，単位は MeV/cm のはずなのだが，実際には MeV/（g/cm^2）がよく使われる．これは，質量阻止能といって，荷電粒子の飛跡（軌道）上の長さについて，物質の密度を考慮し，厚みを面積あたりの質量で測っている．詳細は後述．

[12] 線エネルギー付与：LET（Linear Energy Transfer）．線というのは，飛跡の線上に沿って，といったニュアンス．単位は keV/μm がよく使われ，飛跡の長さあたりのエネルギー付与を表している．阻止能のうち，荷電粒子が電子にエネルギーを与えることで失う，電子衝突阻止能とよばれるものと，基本的に同じものである．

による損失があるため，イオン化エネルギー（物質により 5～15 eV 程度）より大きな値となる．W 値は物質にもあまりよらず W≈30 eV 程度である．5 MeV の α 線は物質中で 5000000÷30≈15 万個程度の電子・イオンのペアをつくりだす．

> **Point：荷電粒子は物質中の電子にエネルギーを付与し，自身は減速する**

これまで説明した重い粒子の場合，軽い電子との散乱によって軌道はほとんど曲げられることなく，ほぼ一直線に進むと考えてよい．一方で，β 線（電子・陽電子）の場合には，物質中の電子にエネルギーを与えて減速する機構は同じだが，蹴散らす相手と同じ質量なので，1 回の散乱で失うエネルギーが大きく，飛跡（軌道）がジグザグになることも多い．非常に大きな運動エネルギーをもつ二次電子が生成することもある．

> **Point：α 線など重い粒子線の飛跡は一直線．β 線はジグザグの飛跡も．**

高 LET 放射線と低 LET 放射線

α 線は短い距離に多くのエネルギーを付与する．単位距離あたりのエネルギー付与が大きい荷電放射線を高 LET 放射線とよぶ．α 線のほかにも，陽子線や重粒子線も高 LET 放射線である．中性子線は荷電放射線ではないが，物質中の陽子をたたいて弾き出し，その陽子が高 LET 放射線なので，結果として高い LET を与える．一方で，電子は低 LET 放射線である．γ 線や X 線は粒子ではなく光子だが，物質中の電子を弾き出し，電子は低 LET 放射線なので，結果として低い LET を与える．

荷電粒子は物質中の原子・分子を電離し，電子にエネルギーを与えることで自身はエネルギーを失って減速すると述べた．阻止能の大きさは，荷電粒子の電荷 z の 2 乗に比例し，速度 v の 2 乗に反比例する．粒子速度が速ければ速いほど，あっと言う間に物質中を通過してしまい，電子に十分なエネルギーを与える暇がない（力かける時間で決まる力積が小さい）ということを意味している．あるいは，同じだけのエネルギーを失うあいだにも，速度が速く遠くまで走ってしまうため，単位距離あたりのエネルギー付与が小さい，と理解することもできる．

ニュートン力学の範囲内で考えると，阻止能が速度 v の 2 乗に反比例するということはすなわち，粒子の運動エネルギー T に反比例し，質量 M に比例するこ

とになる．粒子放射線のエネルギーが同程度ならば，重い粒子ほど LET（飛程の単位長さあたりのエネルギー付与）が大きいということになる．陽子は電子に比べて 1836 倍（約 2000 倍）重く，α 線はそのさらに 4 倍の質量である．α 線が高 LET であって紙 1 枚で止まるのに対し，β 線（電子線）が低 LET で飛程が長いというその差はおもにその質量の違いによるもので，加えて，β 線の電荷が $z=-1$ なのに対し，α 線の電荷が $z=2$ で，阻止能はその 2 乗に比例するという効果が利いている．

> Point：α 線など重い荷電粒子は高 LET 放射線，β 線は低 LET 放射線

質量阻止能

阻止能と放射線の種類との関係はわかった．では，物質の種類が違うとき，阻止能はどう変わるだろうか．答は簡単で，「物質の電子密度に比例する」である．荷電粒子放射線は電子にエネルギーを付与することで減速するから，相手の電子が高密度でたくさんいたほうが阻止能も比例して大きくなる．原子番号 Z の大きな重い元素ほど電子の数は大きいが，それにともなって質量数 A も大きくなる．よって電子密度は，物質の密度（質量密度）に比例すると考えてよい[13]．密度の高い重い物質ほど，短い距離で荷電粒子を止めることができる．

つまり，阻止能（単位長さあたりのエネルギー損失 $=-\mathrm{d}E/\mathrm{d}x$）を物質の密度 ρ で割算して，単位密度あたりを求めれば，物質によらずにほぼ同じ値になる．これを質量阻止能とよぶ．単位は $(\mathrm{MeV/cm})/(\mathrm{g/cm}^3) = \mathrm{MeV}/(\mathrm{g/cm}^2) = \mathrm{MeV\,g^{-1}cm^2}$ となる．物質の厚みを長さで測る代わりに，単位面積あたりの質量で測ればよいことになる．

質量阻止能を式でまとめると，次のようになる．

質量阻止能 $\mathrm{MeV}/(\mathrm{g/cm}^2)$

$$-\frac{1}{\rho}\left\langle \frac{\mathrm{d}E}{\mathrm{d}x} \right\rangle \propto \frac{z^2}{v^2} = \frac{z^2 M/2}{Mv^2/2} \propto \frac{z^2 M}{T}$$

ただし z は荷電粒子放射線の電荷，M は質量，v は速度，T は運動エネルギー．

---

[13] たいていの物質でおおよそ $Z/A = 1/2$ と見なすことができる．ただし，水素だけは $Z/A = 1$ である．

> Point：物質の密度が高いほど阻止能が大きい

電子衝突以外の阻止能*

　これまで，阻止能は電子との衝突・散乱により決まると説明してきた．正確にはこれを**電子衝突阻止能**とよぶ．じつはこのほかにも，原子核との衝突・散乱による阻止能もある．しかし，電子衝突阻止能に比べれば小さいので，厳密な計算をするとき以外は無視してかまわない．

　また，高エネルギーのβ線については，減速されるのにともなって，**制動放射**[14]とよばれるX線（あるいはγ線）を進行方向に放出することがあり（少し後の図2.6参照），原子番号の大きい物質中では，電子衝突阻止能に比べて無視できない大きさのエネルギー損失になる[15]．β線を遮蔽するにはアクリルなどのプラスチック板やアルミニウム板など軽い元素でできた物質を使うのがよく，鉛を最初に使うのはよくない．余計な制動放射で，遮蔽の難しいX線を生みだしてしまうことになるからである．

　このほかに，**チェレンコフ放射**[16]という現象が起こることもある．これは陽子線や電子線など，とくに高速の荷電粒子が物質中を通るときに，その速度がその物質中での光の速度より速い場合に，チェレンコフ光という光を放つ現象である．波長の短い光が出やすく，目に見える青白い色となって観測されることがある[17]．粒子線が真空中での光の速度を超えることはありえないが，物質中では光の速度が遅くなるので，それよりも速い速度で粒子線が通過するということは可能だ．超光速の粒子が出すチェレンコフ光は円錐状に広がるが，ちょうど旅客機が超音速で進むときに立てる轟音，あの円錐状の衝撃音波と同様に考えることができる．

> Point：高エネルギーのβ線では制動放射によるエネルギー損失も大きい

---

[14] 制動放射（制動輻射）：Bremsstrahlung（ドイツ語だが，英語でもこうよぶ）．
[15] 制動放射の反応確率は，荷電粒子の質量の2乗に反比例するので，陽子線やα線などの重い粒子線ではまったく問題にならない．また，原子番号Zの大きい原子核の近くを通るほど，強い電場による制動（急加速度のブレーキ）を受ける．制動放射で失うエネルギーはZ^2に比例する．
[16] チェレンコフ放射：Cherenkov radiation．ソ連の物理学者　П. А. Черенков が発見．
[17] 原子炉水槽の青い光は，水中を高速で走る荷電粒子によるチェレンコフ光だといわれている．また，岐阜県神岡町にあるスーパーカミオカンデの実験では，巨大な水槽を使って，散乱された電子が発する円錐状のチェレンコフ光を利用することで，ニュートリノという中性の素粒子を観測している．

荷電粒子放射線の減速

飛程

　荷電粒子は物質中の電子との相互作用により，徐々にエネルギーを失って減速し，やがて止まる．このため，同じエネルギーの粒子が物質中に入射した場合，多少のばらつきはあるが，いずれもほぼ同じ距離だけ進んで止まることになる．その距離を飛程[18]とよぶ．入射エネルギーが大きければ飛程も長く，小さければ短くなる．電子の場合は散乱されやすく飛跡がジグザグになりがちなので，直線距離は大きくばらつくが，飛跡に沿った飛程の長さはやはり入射時のエネルギーに応じて決まる．

> Point：荷電粒子は徐々に減速して，ほぼ決まった飛程で止まる

ブラッグ・ピーク

　α線や陽子線など重い荷電粒子の阻止能は，速度の2乗に反比例する[19]．粒子が減速していくにともない，阻止能はどんどん大きくなり，止まる直前で最大になる．これは，粒子の飛跡の最後の部分でもっとも高密度にエネルギー付与をもたらすことを意味し，ブラッグ・ピーク[20]とよばれる（図2.5参照）．このことは，がんの粒子線治療において重要な意味をもっていて，粒子線を体内のがん組織にめがけて照射するさい，ちょうどがん病巣の位置で粒子線が止まるように，体表面から病巣までの深さを考えて粒子線の入射エネルギーを調整すればよいことを意味している．体表面から病巣までのあいだにある正常な組織に与える影響をできるだけ少なく抑えつつ，がん組織には重点的にエネルギーを与えて，がん細胞を死滅させる効果を狙うことができる．この効果は陽子線よりも，炭素イオンなどの重粒子線でより効果が大きい．

> Point：荷電粒子は止まる直前でエネルギー付与が最大になる

---

[18] 飛程（range）は阻止能の逆数をエネルギーについて積分して求めることができる．
[19] ただし，速度が小さくなれば阻止能が無限に大きくなるわけではなく，速度が光速の1%程度以下まで下がったところで最大値を迎える．このときの速度は，物質中の原子内で電子が運動している速度と同程度である．これより遅い速度では，阻止能は速度とともに比例して減少する．
[20] ブラッグ・ピーク：Bragg peak.

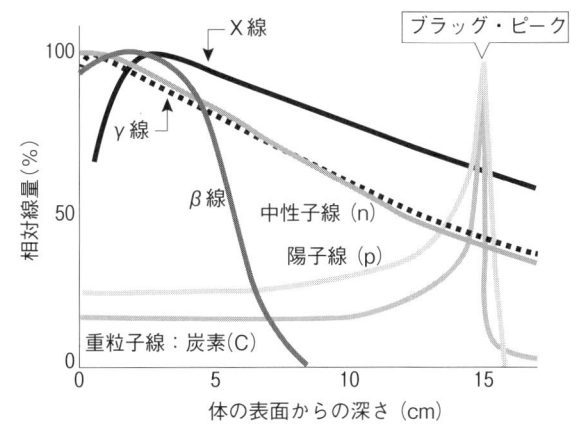

図 2.5 放射線の種類によって，物質表面からの深さと線量（エネルギー付与）の関係が異なる．図では放射線治療を念頭に，横軸に体の表面からの深さをとっているが，一般の物質中でも同様のグラフを書くことができる．陽子線や重粒子線といった荷電粒子ではブラッグ・ピークが顕著に現れ，一方 γ 線や X 線の光子では距離に応じて光子数（すなわち放射線強度）が指数関数的に減衰する様子がわかる．

光子の物質中でのふるまい

γ 線や X 線などの光子の場合は，物質との相互作用の様子がかなり異なる．荷電粒子の場合，電子を蹴散らしつつ徐々にエネルギーを失ったのに対し，光子の場合は，長い距離を走っても何も反応しなかったり，反応を起こすときには一気にエネルギーを失ったり，あるいは吸収されてしまったりする．まずはどんな反応があるのか，その過程を見ていこう．図 2.6 を参照．

光と物質との相互作用

光電効果

光子が原子から電子をたたき出し，自身は吸収されてしまう現象を光電効果[21]

---

[21] 光電効果：photoelectric effect.

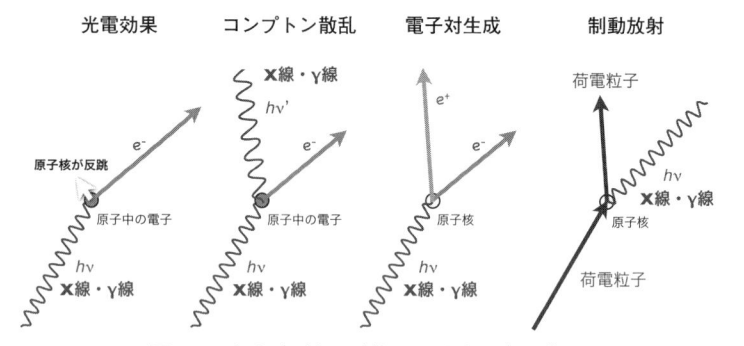

図 2.6 光子（X 線・γ 線）のかかわる相互作用

とよぶ．光子のエネルギーはすべて電子に与えられ，電子を原子の束縛から解放するのに必要なイオン化エネルギーを引いた残りが，電子の運動エネルギーになる．γ 線または X 線が吸収されてなくなる代わりに，高エネルギーの電子，つまり β 線が発生することになる．光電効果の起こる確率は物質の原子番号 Z の 4 乗〜5 乗に比例し，光子のエネルギーの 7/2 乗に反比例する[22]．よって，光子のエネルギーが低いほど遮蔽しやすく，また，なるべく原子番号の大きな元素を使った方が，遮蔽効果が高い．X 線の遮蔽に鉛が有効なのはそのためである．

コンプトン散乱

100 keV〜10 MeV 程度のエネルギーの光子はおもにコンプトン散乱[23]でエネルギーを失う．原子内の電子を弾き飛ばし，自身もエネルギーを失って散乱されるが，光電効果と違い吸収はされない．電子を飛ばす方向によって電子のエネルギーと散乱後の光子のエネルギーおよび方向が定まる[24]．光子の散乱角が小さいときは光子の失うエネルギーは少なく，エネルギー損失が大きいときは散乱角も大きい．反応確率は原子番号 Z に比例し，光子のエネルギーに反比例する．よって，γ 線の遮蔽にも Z の大きい鉛が有効である．

電子対生成

1 MeV 以上の γ 線で起こる現象に，電子対生成[25]というのがある．これは，γ

---

[22] この本では，割算または分数を「/」の記号を使って表す．7/2 は 2 分の 7 の意味である．
[23] コンプトン散乱：Compton scattering.
[24] エネルギー保存則と運動量保存則を同時に満たすために，散乱角とエネルギーの関係が求まる．
[25] 電子対生成：electron-pair creation.

線が消える代わりに電子と陽電子（電子の反粒子）をペアでつくりだすという現象である．反応確率は原子番号 Z の 2 乗に比例するため，鉛など重い物質中で起こりやすい．不安定原子核から放出される 1 MeV 前後の γ 線では効果がないが，数 MeV～数十 MeV 以上ではコンプトン散乱に代わって反応確率が一番大きく支配的になる．とくに，GeV といった非常に高エネルギーの γ 線では，γ 線が電子・陽電子のペアに変わり，それぞれが制動放射を起こして（はじめよりはエネルギーの低い）γ 線を放出し，それがまた電子対生成を起こし，といったように連鎖反応的に γ 線と電子・陽電子を生みだしていく．これを **電磁シャワー** とよび，高エネルギーの宇宙線が上層大気で反応したときにこの現象が起こる．図 1.5（1 章）の宇宙線の図を参照のこと．

光子の減衰

以上述べてきた反応はいずれも確率的に起こるので，光電効果を起こして原子に吸収されてなくなったり，あるいはコンプトン散乱を起こしてエネルギーを失い，その角度を変えて進む光子がある反面，何も反応を起こさずに直進する光子もある．物質中を進む距離が長くなるほど，入射時そのままのエネルギーで残っている光子の数が指数関数的に減ってくる（図 2.5 を参照）．光子数が $1/e$ になる[26]距離を **減衰長**[27] とよぶ．

荷電粒子の場合，エネルギーを徐々に失う阻止能を考えた．多数の粒子が入射する場合，粒子が止まるまでは，もとの放射線（一次放射線）の数は変わらずに，エネルギーだけが連続的に減っていく．一方で光子の場合は，1 回の反応が起きればもとの光子は消滅するか，または大きくエネルギーを失って散乱されて方向も変わる．反応せずに残っている光子の数がどんどん減っていく様相を観察することになる．

> Point：光子は光電効果で吸収されたり，コンプトン散乱でエネルギーを失ったりということが確率的に起こる．何も反応せず貫通する光子もある．

---

[26] e は自然対数の底．$e = 2.71828\cdots$ という数である．$1/e = 0.367879\cdots$．
[27] 減衰長：attenuation length.

放射線と物質との相互作用のまとめ

物質への影響

　すべての物質は原子や分子でできている．ここにα線やβ線といった荷電粒子放射線が入射すると，放射線のもつ MeV という莫大なエネルギーは，おもに原子や分子を電離（イオン化）し，そのときに飛び出す電子に運動エネルギーとして与えられる．電子を蹴散らす代わりに，荷電粒子自身はエネルギーを失って，α線なら細胞3個程度の飛程のあいだに，β線の場合は数 mm の距離で止まる．γ線やX線，すなわち光子の場合は，光電効果やコンプトン散乱で電子を弾き出す．光電効果ではすべてのエネルギーを電子に与えて光子は消滅，コンプトン散乱の場合は一部ないし大部分のエネルギーを電子に与えて，光子はエネルギーを大幅に失いつつ散乱される．ただし，分厚い鉛やコンクリートブロックといった物質量で遮蔽しないかぎりは，どちらの反応も起こさず物質中を貫通してもとのままのエネルギーで出てくるγ線やX線も多い．γ線やX線によって弾き出された電子はβ線と同じものであるから，これはやはり物質中の電子を蹴散らしてエネルギーを失う（なので，γ線によって物質に与えられるエネルギー付与を考えるとは結局，γ線が弾き出したβ線を考えることと同等になる）．

　このように，荷電粒子であれ，光子であれ，放射線が物質中を通ると，あたりはイオンと電子，励起された原子や分子，分子の結合が切れてできたラジカルなどの化学活性種の海となる．やがて再結合や脱励起によってX線や紫外線，可視光線などが放出され，これらはまた他の原子や分子に吸収されて電離や励起を引き起こしたりもする．励起されたのが分子の場合には，励起エネルギーが分子の振動・回転エネルギーに代わることもあり，最終的には熱になる．ラジカルは他の分子を攻撃し，つぎつぎに化学反応を引き起こすため，当初存在しなかった分子を微量ながら生みだすことにもなる．

　放射線は1個の粒子・光子がもっているエネルギー（MeV）としては，原子の束縛エネルギーや化学結合のエネルギー（eV）に比べて圧倒的に高いことがその特徴である．一方で，放射線の個数としてはベクレルが1秒あたり1回の原子核の崩壊を問題にしていることからわかるように，物質中にあるアボガドロ数

もの原子の数に比べて圧倒的に少ない．この結果，トータルとして放射線のもつエネルギーはとても小さい[28]．たとえば，1kBq = 1000Bq の ^{131}I の出す β 線をすべて甲状腺（大人の場合で 20g）が吸収したとすると，甲状腺にかぎっては線量率が当初 10μSv/h，トータルの等価線量が 2.5 mSv になるが[29]，そのエネルギーは 0.05 mJ（ミリジュール）で，温度上昇は当初 1 時間あたりわずか 10 億分の 2 ℃，数週間の積算値でも 1 千万分の 6 ℃ にすぎない．（線量の計算例は 4 章で述べる．）

生体への影響

ヒトの体もミクロレベルで見れば原子や分子でできている物質なので，放射線が体に当たって被曝するときの影響も，まずは放射線が物質に及ぼす作用を考えることになる．なかでも，遺伝情報を記述し，生体活動を支えるタンパク質の合成の鋳型となる DNA が化学的に損傷を受けることが，生物への影響の取っかかりとなる．その際，α 線などの高 LET 放射線は直接 DNA 分子をたたくことが問題とされる（図 2.7 参照）．一方で β 線や γ 線の場合は，そうした直接作用よりも，細胞中の水（細胞の成分は大半が水である）を電離・励起してできる，水素ラジカル（H・）やヒドロキシルラジカル（・OH），あるいは水和電子（e^-_{aq}）が DNA 分子に作用して損傷を引き起こすという，間接作用の効果の方が大きい．DNA の損傷とは具体的には，C, G, A, T といった遺伝情報を担う塩基の結合を変えてしまったり（二つの C または T のあいだに架橋をつくってしまうピリミジン二量体がその例），個々の塩基を変化させてしまったり（塩基に H や OH が付加したり，酸化されて環が壊れることも），塩基を喪失したり，あるいは鎖を切断してしまうなどといったことである．このうち，DNA の二本鎖を 2 本とも切断すると，とくに DNA 修復が困難になり，影響が大きいとされる．

電離・励起等の直接作用に関する物理的な過程の典型的な時間は 10^{-15}〜

---

[28] 例外は原子炉内のように放射性物質が大量に存在する場合である．福島第一原発で，全電源喪失により原子炉の冷却装置が止まって冷却水の循環ができなくなったことにより，炉内および使用済み燃料棒プールの温度が上昇して，危険な状況が何日も続いたことは記憶に新しい．放射性種の α 崩壊や β 崩壊によって生ずる崩壊熱（α 線，β 線や γ 線，あるいは中性子線のエネルギーが物質に与える熱エネルギー）がいかに膨大だったかがわかる．

[29] 全身のがんリスクに焼き直した実効線量は 0.1 mSv になる．等価線量・実効線量については第 4 章を参照のこと．

(a) 高 LET 放射線
(重イオン・α 線)

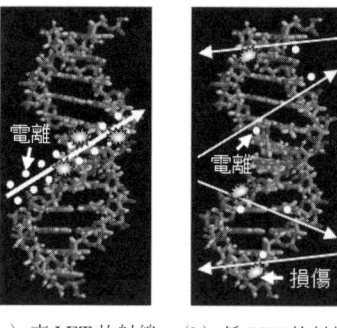

(b) 低 LET 放射線
(β 線・γ 線)

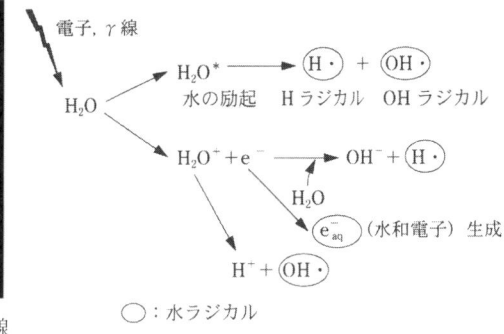

○：水ラジカル

(c) 水分子から生成するラジカル

図 2.7 放射線により直接，または水分子から生成するラジカルにより DNA が損傷を受ける．(a) 高 LET 放射線は放射線の直接作用により，荷電粒子が直接 DNA 分子をたたく．(b) 低 LET 放射線は放射線との間接作用で DNA 分子に作用する．このとき (c) のように水の電離で生じるラジカルが DNA に損傷を与える．((a)(b) は日本原子力研究開発機構放射線防護研究グループホームページより，(c) は放射線取扱者教育研究会「図解 放射性同位元素取扱者必携」(オーム社，2007 年) より)

10^{-12} 秒程度，酸化・還元反応等の間接作用に関する化学的な過程の典型的な時間は $10^{-12} \sim 10^{-6}$ 秒程度ときわめて短いのに対し，生じた損傷に対する修復など生化学反応が秒から時間の単位，さらに細胞死やがん発現等の生物学的な過程の典型的な時間は数時間から数十年といった中長期にわたることになる．DNA に損傷を受けた細胞がどうなるかといった生命科学の話は第 7 章以降に述べよう．

3章　原子力発電で生みだされる放射性物質
《原子核物理学・原子力工学》

原子核と原子力

原子力とは？

　放射線を放出する放射性物質の正体は不安定な原子核である．原子力発電とは原子核分裂反応を利用して膨大な原子力エネルギーを取りだす仕組で，火力発電のように物質の燃焼つまり化学エネルギーを利用する発電よりも，けた違いに大きなエネルギーを得ることができる．そのため，かぎりある天然石油石炭資源との比較で，ひところは無尽蔵な夢のエネルギーだともてはやされた時代もあった．しかし，原子核反応は副産物として，望ましくないさまざまな放射性核種を生みだす．何千年，何万年単位の長期にわたって放射線を出しつづける放射性廃棄物をどう処理して後世まで管理していくのか，その具体的解決法を見いだせないさなか，わが国でも原子力発電所の事故が起こってしまった．原子炉内に閉じ込められていたはずの大量の放射性物質が環境中にまき散らされ，広範囲にわたって深刻な汚染を引き起こした．

　この章では，放射線を出す性質，つまり放射能をもった原子核とはどういうものか，そして原子核分裂とはどんな反応なのか，さらには原子力発電の仕組について探っていくことにする．

原子核とは？

　われわれ自身の体を含め，おおよそこの世界の物質はすべて原子からできている．原子は物質の根源として，古代ギリシャ語で，これ以上分割することのできない最小単位という意味のアトモス[1]と名づけられた．これが英語のアトム

(atom) の語源である．ギリシャ時代は原子は哲学的思弁の対象にすぎなかったが，近代に入り，科学的にその実在が確かめられると，じつは原子は最小単位（素粒子）ではなく，原子には内部構造があることがわかるようになった．実際のところ，原子はプラスの電荷を帯びた原子核のまわりを，マイナスの電荷の電子が電気の力で引きあいながら回っている，あるいは電子の雲が取りまいているもので，原子番号すなわち原子核の電荷数（＝中性原子の電子数）が元素の化学的な性質を決めている．複数の原子が電子をやりとりすることで化学結合が生じ，多様性に富んだ幾多の分子がつくりあげられて，物質を構成しているのである．

さて，ここから先は原子の中の構造の話である．つまり，ふつうの化学反応では到達できない世界になる．その原子核は陽子（プラスの電荷をもつ）と中性子（電荷をもたない）からできている．元素を決定づける，原子核の電荷数とはすなわち陽子数のことである．するとじつは，陽子数が同じ一つの元素のなかにも，中性子数が異なる同位体（アイソトープ）が存在することになる．こうして，原子核は元素の種類を決定づける陽子数のほかに，もう一つ中性子数の違いによってさまざまな種類があることがわかった．陽子数と中性子数の和を質量数とよび，同じ陽子数 8 からなる酸素原子でも，中性子数が 10 の酸素 18（質量数が 18）は通常の中性子数 8 の酸素 16 よりも重いことが知られている．

> Point：原子は原子核と電子から，原子核は陽子と中性子からできている．元素は陽子数で，重さは質量数で決まる．

中世のヨーロッパにおいて，錬金術という術がはやって研究された．さまざまな物質を混ぜ合せて，価値の高い金（ゴールド）をつくろうという野望だったのだが，結局成功しなかった[2]．これはいまから考えると当たり前で，金という元素を合成するためには，原子核自体をいじくって陽子 79 個，中性子 118 個からなる原子核をつくりだす必要がある．ところが，物質を混ぜ合せたり熱したり溶かしたりして起こる現象はすべて化学反応の範囲内であって，要するに原子核をいじることなく，そのまわりを回る電子をやりとりさせるだけのエネルギーしか関与していないのである．化学結合にかかわる電子のもつエネルギーは電子ボル

---

[1] ατομος (atomos < a- + témnein +-os)，切る (témnein) ことができない (a-) もの (-os)．
[2] 金色の物質をつくることはできたが，黄金そのものをつくることはついぞできなかった．

原子核と原子力　39

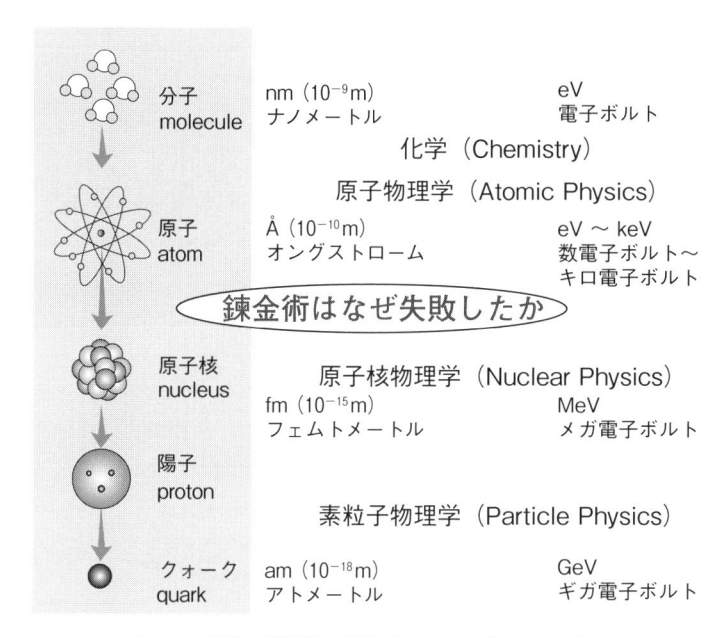

分子 molecule	nm (10^{-9}m) ナノメートル	eV 電子ボルト
	化学（Chemistry）	
	原子物理学（Atomic Physics）	
原子 atom	Å (10^{-10}m) オングストローム	eV 〜 keV 数電子ボルト〜キロ電子ボルト
	錬金術はなぜ失敗したか	
原子核 nucleus	原子核物理学（Nuclear Physics） fm (10^{-15}m) フェムトメートル	MeV メガ電子ボルト
陽子 proton	素粒子物理学（Particle Physics）	
クォーク quark	am (10^{-18}m) アトメートル	GeV ギガ電子ボルト

図 3.1　原子，原子核，素粒子の大きさとエネルギー

ト（eV）という単位で表され，一方で原子核のエネルギーはメガ電子ボルト[3]（MeV）以上の桁である．図 3.1 に示したように，原子のサイズであるオングストローム（記号Å：1Å $= 10^{-10}$m $= 0.1$nm）に比べて原子核のサイズであるフェムトメートル（1fm $= 10^{-15}$m）が 10 万倍も小さく，その中に電荷をもった陽子を，クーロン反発力に打ち勝って閉じ込めておくためにはその程度の大きなエネルギーが必要となる．錬金術は失敗したが，そこで培った技術は，のちの化学へと発展することになった[4]．

> Point：化学結合のエネルギーは eV，原子核のエネルギーは MeV．
> 化学反応で原子核を変換することはできない．

---

[3] メガは百万のこと．
[4] 錬金術 alchemy は化学 chemistry の語源となった．

原子核の種類

核種の記法

　核種（nuclide）とは，陽子数と中性子数で決まるさまざまな種類の原子核（nucleus）のことをいう．陽子数 Z，中性子数 N，質量数 A のあいだには $A = Z + N$ の関係があるから，この三つのうち二つを指定すれば核種が定まることになる．核種を表すには，以下の記法を用いる．

$$^A_Z\bigcirc_N$$　　（○のところには元素記号を入れる．Z や N は省略可．）

たとえば，セシウム 137 は $^{137}_{55}\text{Cs}_{82}$ のように記すが，元素記号 Cs と質量数 137 を指定すれば核種が決まるので，通常は ^{137}Cs とだけ書けばよい[5]．^{137}Cs は，通常の安定なセシウムの同位体である ^{133}Cs とは化学的性質はまったく同じだが，中性子の数が 4 個だけ多く不安定なために，30 年程度の時間をかけてゆっくりと崩壊する．

核図表

　さまざまな核種を 2 次元の図に配置したものを核図表という．縦軸と横軸のとり方には Z, N, A のうちから二つの座標軸を選ぶ何通りかの組み合わせがあるが，広く用いられるものとして，本書では，図 3.2 にあるように縦軸に陽子数 Z，横軸に中性子数 N をとることにする．横一列に同じ元素の同位体が並び，質量数が同じ元素は左上から右下への斜め 45 度の線上に乗ることになる．この座標軸のとり方によって，見慣れた図が違って見えたりするので，核図表を見るときにはまず注意が必要だ．

原子核の分類

同位体

　陽子数が同じで中性子数の異なる原子核同士，あるいはそれを含む原子同士を，同位体（アイソトープ：isotope）とよぶ．同位体は同じ元素である．陽子の数

---

[5] 上付数字が表記できない場合や文字が小さくなるのを避けたい場合には，Cs-137 のような表記をしてもよい．日本語ではセシウム 137 と書く．

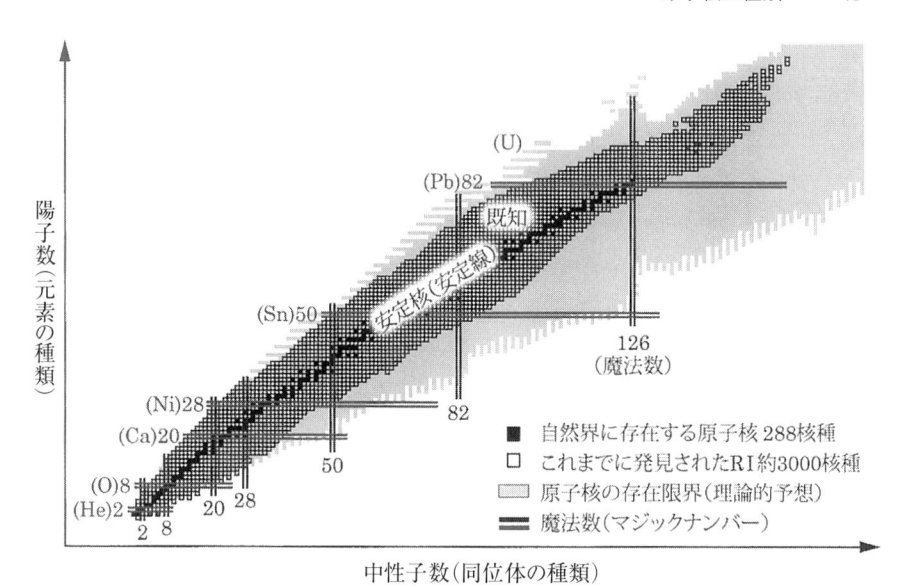

図3.2 核図表（nuclear chart）．縦軸に陽子数（原子番号 Z），横軸に中性子数 N をとってある．（岡村定矩他編「天文学事典（シリーズ現代の天文学別巻）」（日本評論社，2012）より）．

が同じなら，中性原子になったときの電子の数も同じで，化学的性質も同じである．同位体を化学的に区別したり分離分析したりすることはできない[6]．同位体のことを同位元素とよぶこともあり，法律用語にも使われているが，適切な用語ではない[7]．もともと同位体という用語は，同じ元素でありながら質量数の異なる核種に対する呼称だが，一般には同じ元素にかぎらず，さまざまな元素のさまざまな核種のことを総称して同位体とよぶこともある．放射能を有する不安定な同位体のことを放射性同位体（radioisotope = RI）という．

---

[6] 電気化学的手法で同位体を区別することができることはある．たとえば，軽水素（^{1}H）および重水素（^{2}H）を含む軽水と重水を電気分解するときに違いが見られる．だが，一般には化学的性質は同一元素の同位体間で同じである．たとえば，放射性セシウム ^{137}Cs や ^{134}Cs は，安定な通常のセシウム ^{133}Cs と化学的にまったく同じふるまいをする．

[7] 同位元素という言葉はもともと，同位体が発見されたころに，それが周期表の同じ位置を占める別の元素だと考えられたことに由来する．その後，同位体は同じ元素で質量数の違うもので，原子の種類ではなく，原子核の種類（核種）が違うものだと判明した．そのため同位元素という考えは誤りで，核種の異なる同位体のことを同位元素とよぶのは適切でない．困ったことに，放射線取扱いに関する法令などで同位元素という用語が頻繁に用いられているため，この誤解を招く用語は日本語に蔓延してしまっている．

同調体，同重体，鏡映核，同余体*

中性子数が同じで陽子数の異なる原子核同士を同調体または同中性子体（isotone）[8]とよぶが，あまり使われない用語である．質量数が同じで陽子数と中性子数が異なる原子核のことを同重体（isobar）という．とくに，陽子数と中性子数が入れ替わった核種同士を鏡映核（または鏡像核，mirror nuclei）とよび，このペアの原子核の性質を比較することは原子核物理学の研究において重要な意味をもつ．ほかに，中性子数と陽子数の差が同じ核種を同余体（isodiapher）とよぶことがある．このあと説明する α 崩壊の親核種と娘核種は同余体である．

核異性体

これまでは，陽子数や中性子数の異なる核種の話をしてきた．陽子数も中性子数も同じ原子核で，エネルギー準位が異なる原子核のことを核異性体（または異性核，アイソマー：isomer）とよぶ．原子に 1s 軌道，2s，2p，3s，…軌道などといったとびとびの準位があり，どの準位に電子が入っているかに応じて原子のもつエネルギーが異なるのと同様に，原子核にも基底状態のほかにいくつかの励起状態があって，エネルギーが異なる原子核として存在する[9]．核異性体とは，そのうち寿命がマイクロ秒程度以上の長い，安定または準安定な原子核のことを指す．

放射性核種の崩壊

放射線には α 線，β 線，γ 線などがあることを前章で述べた．ここではこれらの放射線がどういうメカニズムで放出されるのかを探っていく．

---

[8] 同調体（または同中性子体）：isotone．この命名にはちょっとしたしゃれが含まれている．同位体はギリシャ語で iso-（同じ）＋ topos（場所）という意味の言葉である．原子核研究が進展し，中性子数の等しい核種という新しい用語が必要になったとき，同位体が同じ陽子数であることを考え，その陽子を英語で proton とよんで記号 p で表す一方，中性子は neutron で記号 n で表すことから，isotope のつづりのなかの p を n に替えて新語をつくったというわけだ．日本語の訳語は，tone（トーン）の部分が音楽用語で音の高さを表すから，これを調と訳したという遊び心．

[9] 原子の準位が eV という単位のエネルギーなのに対し，原子核の準位のもつエネルギーは MeV の程度である．

崩壊と半減期

放射線のうち，α 線，β 線，γ 線は不安定原子核（放射性核種）の崩壊（壊変）[10]にともなって放出される．この核種が α 崩壊や β 崩壊を起こすと，別の核種に変わる．γ 崩壊では核種は変わらないが，原子核のエネルギー状態が変わる[11]．こうした崩壊は，おのおのの原子核に対して1回ずつしか起こらない．そして崩壊がいつ起こるかは，確率的にしか決まらない．なので，目の前の1個の原子核がいつ崩壊を起こすかはまったくの偶然による．しかし，崩壊確率そのものはきちんとプログラムされたかのように定まっているので，多数の原子核を集めて測定していれば，ある決まった時間のあいだに崩壊する個数の割合はきっと決まる．単位時間 dt あたりに崩壊する原子核の個数 $-dN$ は，それまでに崩壊せずに残っている個数 N に比例し，

$$-\frac{dN}{dt} = \lambda N$$

と書ける．この微分方程式は簡単に解けて，はじめの個数を N_0 とするとき

$$N = N_0 e^{-\lambda t}$$

となる．つまり，個数は指数関数的に減少していく（図3.3）．λ を崩壊レート（崩壊の速さ）とよび，その逆数 $\tau = 1/\lambda$ を崩壊の寿命という．これは個数が

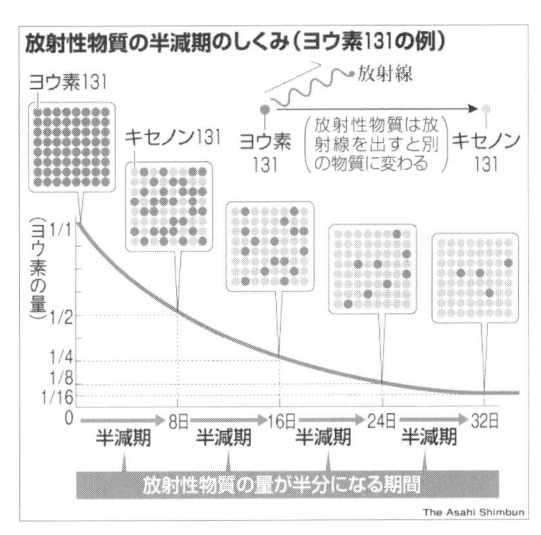

図 3.3 放射性ヨウ素 131 は半減期 8 日で β 崩壊してキセノン 131 の安定な原子核になる．半減期ごとにヨウ素 131 の原子核の個数が半減し，1 か月でもとの 16 分の 1 というように急速に減少する．(2011 年 5 月 5 日朝日新聞朝刊 3 面より)

---

[10] 放射化学の分野などでは核種が変わる観点から壊変という用語が用いられるが，物理分野では反応そのものに着目して崩壊という．ただ，どちらも英語 decay の訳語なので同じ意味である．本書では用語として崩壊を用いる．

[11] エネルギー状態が違うだけの原子核のことも，別の核種だとよぶ流儀もある．

$1/e = 1/2.71828\cdots$になるまでの時間だが，わかりにくいので，個数が半分になるまでの時間を半減期と定義している．寿命 τ は半減期の 1.443 倍である[12]．

> Point：個々の放射性原子核は勝手なタイミングで1回だけ崩壊する．
> 多数集めると，半減期のあいだに半数が崩壊するのがわかる．

崩壊の種類

α 崩壊

重い原子核は往々にして不安定であり，α 線を出してより軽い原子核に変化する．このことをアルファ崩壊（またはアルファ壊変）という．α 線とはヘリウムの原子核のことだが，貴ガス（稀ガス）としてのヘリウムという元素の化学的な性質とは関係がない．原子核の構造として，陽子 2 個と中性子 2 個が合わさった，質量数 4 の原子核が非常に安定であるため，重くて不安定な原子核から，核子[13] 4 個分がひとまとまりになって飛び出していく現象である．残された原子核は，もとの原子核にくらべて陽子数 Z が 2，中性子数 N が 2，合せて質量数 A が 4 だけ小さい値になる．原子核反応の式では，

$$^{A}_{Z}\mathrm{N} \rightarrow {}^{A-4}_{Z-2}\mathrm{M} + {}^{4}_{2}\alpha$$

と表される[14]．N や M のところには，該当する元素記号を記す．

β 崩壊

ウラン 235 など重い原子核が核分裂してできる分裂片（核分裂生成物）は中性子過剰核であることが多い．中性子が多すぎる原子核は，中性子が電子（β 線）を放出して陽子に変化することで，より安定な原子核になる．これをベータ崩壊とよぶ．β 崩壊では中性子数が 1 減る代わりに，陽子数（原子番号）が 1 増える．質量数は変わらない．また，電子と同時に，反電子ニュートリノ[15]とよばれる中性で質量の非常に軽い粒子も放出される．反応を式で書けば，

$$^{A}_{Z}\mathrm{N} \rightarrow {}^{A}_{Z+1}\mathrm{M} + {}^{0}_{-1}\beta^{-} + \bar{\nu}_{\mathrm{e}}$$

---

[12] $1/(\ln 2) = 1.442695\cdots$．ここに $\ln x$ は自然対数 $\log_e x$ のこと．
[13] 核子（nucleon）とは，原子核を構成する陽子または中性子の総称である．
[14] α の陽子数 2 や質量数 4 はわかりきっているので通常は省略して書く．
[15] ニュートリノ（neutrino）は日本語で中性微子とよばれることもある．

となり，変化する粒子だけに着目した反応の素過程は

$$n^0 \to p^+ + e^- + \bar{\nu}_e^0$$

と表される．粒子の記号は陽子 p，中性子 n，電子 e，反電子ニュートリノ $\bar{\nu}_e$ である（通常は電荷の記号 +，0，− は省略して記す）．なお，（反）ニュートリノは電気的に中性なだけでなく，原子核の粒子ともほとんど相互作用しない．物質中をただすり抜けていくだけなので，まったく何の影響も及ぼさない[16]．

β 崩壊は反応後の粒子が三つになる．これを三体崩壊という．原子核 M は重いので，反跳を受けても運動エネルギーはほとんどもたず，β 崩壊によって解放される原子核のエネルギーは，ほとんどが電子と反電子ニュートリノとに与えられる．この二者でエネルギーをどのように分配するかは任意なので，電子（β 線）だけに着目すると，個々のエネルギーはまちまちで，後の図 3.4 に示すように連続した広い分布（エネルギースペクトル）をもつ．放出される β 線を測定しても，それがどんな核種から放出されたものかを同定することはできない．

γ 崩壊

励起状態にある不安定または準安定な原子核が，γ 線を放出して，よりエネルギーの低い状態に変化する現象を γ 崩壊という．原子核の陽子数や中性子数は変化しない．核分裂などの原子核反応，あるいは α 崩壊や β 崩壊の結果生ずる原子核の多くは励起状態にあり，引きつづいて γ 崩壊するものが多い．励起状態の寿命が短ければ，ほぼ瞬時に γ 線を出すことになるが，寿命が長い場合には，その励起状態は核異性体としてしばらく存在し，時間差をおいたあと γ 線が放出されることになる（この場合をとくに核異性体転移とよぶ[17]）．γ 崩壊を式で示すと，

$$^A_Z N^* \to ^A_Z N + ^0_0 \gamma$$

となる．原子核 N の励起状態を N^* と記した．励起状態の寿命が長い場合には，準安定状態を示す記号として質量数に文字 m を添えて表す[18]．

---

[16] 太陽の中心部からは核融合反応で生じた膨大な量のニュートリノが放出されており，これが地上のわれわれにも（夜は地球を通り抜けて地面の下から）常時降り注いでいる．1 秒間にわれわれの体を突き抜ける太陽ニュートリノの数は数十兆個に及ぶが，体内の原子・原子核と反応するのは生涯のあいだに 1 個あるかないか程度にすぎない．

[17] 核異性体転移：IT（Isomeric Transition）．

[18] m は準安定状態 metastable state の頭文字．

例として，セシウム 137（^{137}Cs）は最大エネルギー 0.5140 MeV の β 線を出してバリウム 137 の準安定な励起状態（^{137m}Ba）に崩壊するが，これは 2.55 分の半減期で γ 崩壊（または核異性体転移）を起こして 0.6617 MeV の γ 線を放出し，安定なバリウム 137（^{137}Ba）に変わる（図 3.4 を参照）．この γ 線を検出してエネルギー分析することで，もともとの親核種であったセシウム 137 の存在を同定することができる．

> Point：α 崩壊では原子番号が 2，質量数が 4 減る．
> β 崩壊では隣の同重体に変化する．γ 崩壊では核種は変わらない．

> Point：β 崩壊は三体崩壊なので，β 線は連続したエネルギー分布をもつ．
> γ 崩壊は核種ごとに γ 線のエネルギーが定まり，分析して同定が可能．

その他の崩壊過程*

(a) β^+ 崩壊

核分裂生成物には含まれないが，陽子過剰核といって，陽子数が多くて中性子数のバランスが悪い不安定な原子核というものも存在する．こうした原子核は，β 崩壊（より正確には β^- 崩壊：ベータマイナス崩壊と読む）とは逆に，電子の代わりにその反粒子（質量が同じで電荷が逆のもの）である陽電子と，反電子ニュートリノの代わりに電子ニュートリノを出すことで，原子番号が 1 個だけ減った，同じ質量数の原子核に変わることがある．これを β^+ 崩壊（ベータプラス崩壊）という．

$$^A_Z M \rightarrow \ ^A_{Z-1} N + ^0_1 \beta^+ + \nu_e$$

素過程で表せば，陽子が 1 個，中性子に変化することとなり，

$$p^+ \rightarrow \ n^0 + e^+ + \nu_e^0$$

となる．β^+ 崩壊をする核種の例としては，ナトリウム 22 がよく知られている．

陽電子は物質中で電子と出会うと 2 本の γ 線を出して消滅する（粒子・反粒子の対消滅）．この 511 keV の γ 線を観測することで，陽電子の消滅位置を調べる技術は，陽電子断層撮影法[19]（PET）としてがん等の放射線診断（核医学検

---

[19] 陽電子断層撮影法：PET（Positron Emission Tomography）．

査）に使われ，医療の現場で役立っている（第 11 章参照）．

(b) 軌道電子捕獲，内部転換

　陽子過剰核内の陽子が，陽電子を放出して β^+ 崩壊をする代わりに，原子の軌道電子を捕まえて中性子に変わるという反応を起こすこともある．これを軌道電子捕獲[20]（EC）という．また，励起状態の原子核が，γ 線を出して γ 崩壊をする代わりに，軌道電子にエネルギーを与えてエネルギーの低い状態に移ることがある．この過程を内部転換[21]（IC）とよび，放出される電子のことを内部転換電子という．

準位図と崩壊図式

　核種のエネルギーを準位の上下の位置で表した図を準位図という．これに崩壊の矢印を書き加えたものが崩壊図式（または壊変図式）である．図 3.4 にセシウム 137 の崩壊図式を示す[22]．^{137}Cs は 94.4％の確率（**分岐比**[23]）で ^{137m}Ba に β 崩

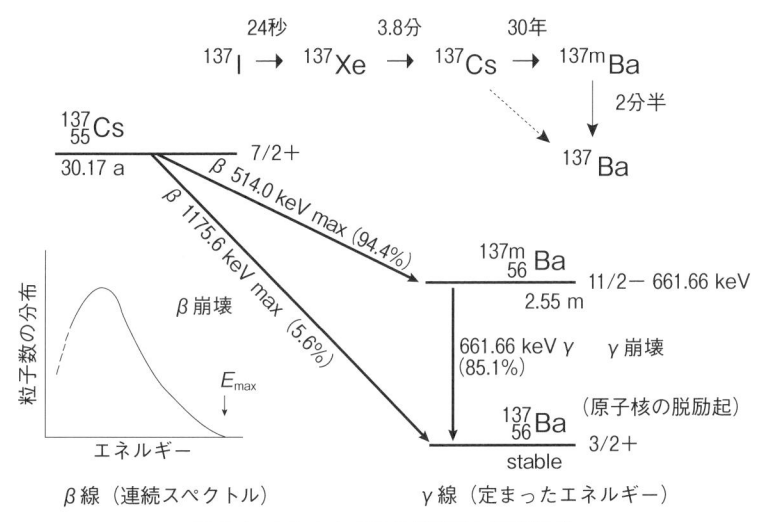

図 3.4 セシウム 137 の準位図と崩壊図式

---

[20] 軌道電子捕獲：EC（Electron Capture）．
[21] 内部転換：IC（Internal Conversion）．
[22] 7/2 + とか 11/2 - とかいった表記は原子核のスピン・パリティ状態を表し，661.66keV というのはバリウム原子核の準安定（metastable）励起状態 ^{137m}Ba のエネルギーを表したもの．30.17a の a は年（ラテン語で annus，またはフランス語で an の頭文字），2.55m の m は分（minutes）で，ともに崩壊の半減期を示している．年を表す記号としては，y とか yr（英語 year の略）と書くことも多い．
[23] 崩壊が 1 通りではなく枝分かれがある場合，それぞれの分岐に崩壊する割合を分岐比という．

壊し，^{137m}Ba のうちの 90%[24]（全体の 85.1%[25]）のものがさらに γ 崩壊して，半減期 2.55 分で安定な基底状態の原子核 ^{137}Ba になることを示している．ただし，^{137}Cs のうち 5.6% のものは直接 ^{137}Ba に β 崩壊する．この両方の分岐を合せて考えて，セシウム 137 の半減期は 30.17 年であることがわかる．

崩壊系列

α 崩壊系列

原子番号の大きい重い原子核は α 崩壊を起こして，より軽い原子核に変わる．もとの原子核を親核種，変わったあとの原子核を娘核種とよぶ．往々にして娘核種も放射性核種であるため，安定な核種に行きつくまで，連鎖的に崩壊をくり返すことになる．この一連の系列を崩壊系列という．1 回の α 崩壊で質量数が 4 だけ小さくなることを考えれば，崩壊系列には質量数を 4 で割ったあまりの数に応じて 4 種類あることがわかる．それぞれトリウム系列（$A=4n$），ネプツニウム系列（$4n+1$），ウラン系列（$4n+2$），アクチニウム系列（$4n+3$）とよばれる．図 3.5 にウラン系列を示す．ウラン 238 を起点として，さまざまな長さの半減期をもつ核種を経て，最終的には安定原子核である鉛 206 まで行きつく．このうち，途中のラジウム 226 はラジウム温泉にも含まれるし，医療用や夜光塗料として昔

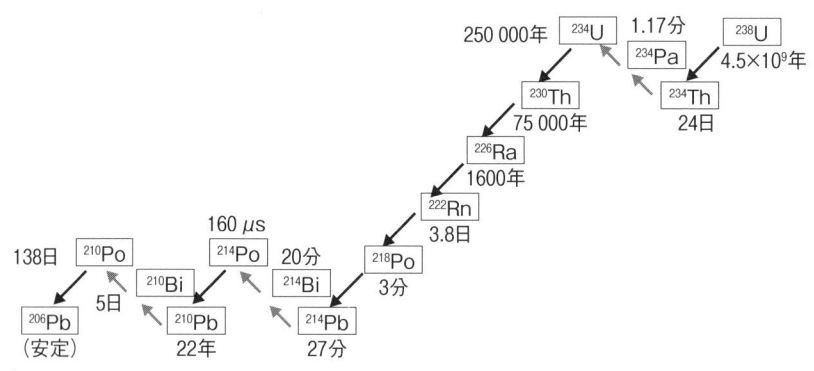

図 3.5 α 崩壊のウラン系列（主要な系列のみ示し，わずかな分岐を省略した．）

---

[24] ^{137m}Ba の原子核のうち残りの 10%は，内部転換（IC）により軌道電子にエネルギーを与えて，これを内部転換電子として放出し，原子核自身は基底状態に落ちる．
[25] 原子核の崩壊に際して，特定の γ 線が放出される確率（ここでは 85.1%）を**放出率**という．

使われていた[26]．また，その娘核種であるラドン 222 およびそれ以下の娘核種は，第 1 章で述べたように，呼吸による肺の内部被曝が問題となる．α 崩壊は核図表で右上から左下に至る斜め 45 度の線上を進むが[27]，系列の途中で分岐があったり（図では省略），β 崩壊を経由したりしているため，ジグザグになっている．

β崩壊系列

核分裂生成物は中性子過剰核であることが多く，β 崩壊を起こして原子番号の 1 だけ小さい同重体に変化する．しかしこの娘核種もまだ中性子過剰であれば，さらに β 崩壊を起こす．一般に陽子と中性子数のバランスが安定線から離れている核種ほど寿命が短いので，β 崩壊によって安定な原子核に近づくほど寿命が長く（崩壊が起こりにくく）なる．

たとえば，ヨウ素 137 は半減期 2.4 秒でキセノン 137 に β 崩壊し，そこから 3.8 分でセシウム 137 に変わる．これら途中の核種が話題に上らないのは，寿命が短く，環境中に放出される前に次の核種に変わってしまっているからである．一方でセシウム 137 は環境を広く汚染してしまい，バリウム 137 に β 崩壊する半減期が 30 年もあることが問題となっている．一方，ヨウ素 131 の系列では，アンチモン 131 から 23 分でテルル 131m，そこから 30 時間でヨウ素 131[28]，そして 8 日で安定なキセノン 131 へと β 崩壊する．半減期が 29 年あるストロンチウム 90 はイットリウム 90 に β 崩壊し，そこからさらに 2.7 日で安定なジルコニウム 90 に変わる．

> **Point**：放射性核種の娘核種も放射性であれば，安定な核種に行きつくまで崩壊をくり返しながら，つぎつぎと別の核種に変わる

放射平衡

α 崩壊のウラン系列を見ると，起点となるウラン 238 の半減期が 45 億年と非常に長いため，系列上の核種は自然界（地球上）につねに存在していて，その存

---

[26] 2011 年 10 月には，東京都世田谷区の民家や店舗の敷地で放射線量が高い場所が見つかり騒動になったが，いずれも発見されたラジウム 226 が原因だとわかった．
[27] α 崩壊が核図表の上で斜めに進むのは，本書のように陽子数と中性子数を座標軸にとったときだけであることに注意．
[28] テルル 131m からは，一部のものが基底状態テルル 131 に γ 崩壊したあと，25 分でヨウ素 131 に β 崩壊するという分岐もある．

在比が一定している．これを放射平衡という．すなわち，ウラン 238 は人間が問題とする数十年とか数千年とかいう期間のあいだには，単位時間あたり一定の個数が崩壊していて，崩壊系列の途中にある核種も，それぞれの親核種からの崩壊で増える数と，自分の娘核種に崩壊する数とがつりあっているために，増減がなく，一定量を保っている，ということである．β 崩壊の場合も，比較的長い半減期をもつ核種の崩壊先（娘核種）が短い半減期で，さらに次の核種に崩壊していくような場合は，期間を限ってみれば放射平衡が達成されていることがある．

親核種と娘核種の個数をそれぞれ N_1，N_2 とし，崩壊レートを $\lambda = 1/\tau$ とすると，核種の個数の時間変化は次の式で書ける．

$$\frac{dN_1}{dt} = -\lambda_1 N_1$$

$$\frac{dN_2}{dt} = \lambda_1 N_1 - \lambda_2 N_2$$

この式の解は娘核種の個数 N_2 について

$$N_2 = \frac{\lambda_1}{\lambda_2 - \lambda_1} N_{10} (e^{-\lambda_1 t} - e^{-\lambda_2 t}) + N_{20} e^{-\lambda_2 t}$$

となる．ここで，N_1，N_2 の初期条件 $t = 0$ での値を N_{10}，N_{20} とした．

$\lambda_1 < \lambda_2$ の場合，つまり $\tau_1 > \tau_2$ で親核種の寿命が娘核種の寿命より長い場合，ある程度の時間（娘核種の寿命の数倍程度）が経過したあとは，

$$N_2 = \frac{\lambda_1}{\lambda_2 - \lambda_1} N_{10} e^{-\lambda_1 t}$$

と近似できるようになる．つまり，親核種の崩壊の結果として娘核種の個数が保たれている状態となり，娘核種の個数変化は，親核種の寿命で決まるゆっくりした崩壊の様相を見せることになる．このような場合を**過渡平衡**とよび，なかでも $\lambda_1 \ll \lambda_2$（$\tau_1 \gg \tau_2$）で τ_1 がとても長い場合，娘核種はほとんど時間変化せず一定値 $N_2 = \lambda_1 N_{10} / \lambda_2$ をとるように見える．これを**永続平衡**とよぶ．なお，以上では簡単のため親核種と娘核種を 1 種類ずつ取りあげて計算したが，実際の崩壊系列では複数の核種のあいだで何段にもわたって崩壊が起こるので，厳密な解析のためには，複数段にわたる微分方程式を立てる必要がある．

注意すべきは，娘核種の個数の時間変化が自らの寿命で決まるわけではない点である．とくに原発事故の後，数日から数週間がたった時点でさまざまな核種の放射能測定がなされたが，それを事故当初の値にさかのぼって計算する際に，崩壊系列上の放射平衡を正しく考慮せず，とんでもなく高い値を発表してしまうと

いうミスが見受けられた．第5章で述べるように放射線を測定して核種の放射能を見積もる場合には，このことにとくに注意が必要である．

　放射平衡を理解するには，川の流れに例えてみればよい．源となる大きな湖があって，ここから一定量の水が絶えず下流に流れていく．流れた先に池があって，ここが次の娘核種である．たまっている池の水の量が核種の存在量に相当する．その核種の半減期が短ければ，それは崩壊が起こりやすいということであるから，下流の川幅が広いと考えることができる．すると，流れてきた水はほとんど池にはたまらずに，そのまま下流に流れていく．しかし，平衡が成り立っていれば，上流からくる水の量と下流に流れていく水の量は同じになるから，池の水量は変化しない．さて，そのまた下流に半減期が比較的長い核種の池があったとすると，そこから先の川幅が狭いので，その池にはたくさんの水がたまって大きな池になっている．池がある程度の規模になったところで，狭い川幅であってもそれなりの水量になって流れでることになるから，上流から流れてくる水量と釣り合ったところで平衡に達し，その池の大きさ（核種の存在量）のところで一定が保たれる．このように，崩壊系列上において，核種の存在比は崩壊の速さに反比例，つまり半減期に比例する．

> Point：放射平衡は川の流れに例えるとわかりやすい．途中の核種は，上流から供給されるので，存在量が時間とともに指数関数的に減少するわけではない．

原子核の安定性

安定核と放射性核種

　放射性核種とは，不安定な原子核のことだと述べた．では，そもそも安定な原子核とはどんなものだろうか．原子核の安定性は何で決まるのだろうか．

　それぞれの元素にはいくつかの同位体があり，陽子と中性子の数によって安定なものと不安定で放射性のものとがある．たとえば，炭素では中性子が6個の ^{12}C と中性子が7個の ^{13}C とが安定同位体（安定核）である．安定同位体が1種類しかない元素は26種類あり，たとえばベリリウム（$^{9}_{4}Be$）やフッ素（$^{19}_{9}F$），ナ

トリウム（$^{23}_{11}$Na），アルミニウム（$^{27}_{13}$Al），コバルト（$^{59}_{27}$Co），ヨウ素（$^{127}_{53}$I），セシウム（$^{133}_{55}$Cs），金（$^{197}_{79}$Au）などである．安定同位体が一つもない元素もある．β崩壊するテクネチウム（$_{43}$Tc）とプロメチウム（$_{61}$Pm），およびα崩壊するビスマス（$_{83}$Bi）以上の原子番号の元素がそれである．一方で，スズのように安定同位体が10個もある元素（$^{112}_{50}$Sn，$^{114}_{50}$Sn，$^{115}_{50}$Sn，$^{116}_{50}$Sn，$^{117}_{50}$Sn，$^{118}_{50}$Sn，$^{119}_{50}$Sn，$^{120}_{50}$Sn，$^{122}_{50}$Sn，$^{124}_{50}$Snが安定）も存在する[29]．地球上に天然に存在する安定な原子核は約300種類だが，理論的には1万種類もの原子核（核種）が存在すると考えられ，そのほとんどが不安定な放射性同位体（RI）である．このうち3000種近くが実験的に見つかっている．

原子核は密度が一定で，その半径は質量数Aの1/3乗に比例することが知られている．核子間では，陽子か中性子かにかかわらず同様に核力[30]が働き，核子同士をつなぎ止めている．この力は10^{-15}m = fm（フェムトメートル）程度の近距離しか働かないのが特徴で，これは原子を形づくるために原子核と電子とのあいだに働く電気的な力（クーロン力）のポテンシャルが距離rに反比例しつつ遠くまで届くのと対照的である．核力のポテンシャルは，ウッズ–サクソン型とよばれる箱形に近い形をしていて，これに加えて，プラスの電荷をもった陽子同士にのみ働く電気的反発力（クーロン斥力）を合せたものが，図3.6に示した原子核のポテンシャルエネルギーとなる．

この図でわかるように，同じエネルギー（フェルミ・エネルギーという）のところまで陽子（p）と中性子（n）を詰めていったとすると，電気的反発のない中性子の数が少し多めに入ることになる．つまり，一般に原子核は中性子が少し多めなものが安定していて，とくに質量数の大きい原子核でその傾向は顕著になる（安定核で一番重

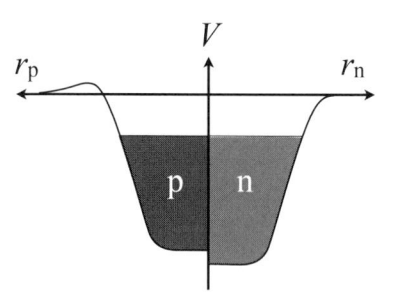

図 3.6 原子核中の陽子と中性子のポテンシャル

---

[29] 一般論として陽子数が偶数の元素は同位体の数が多く，同様に中性子が偶数の核種は同調体の数が多い．陽子同士，中性子同士ペアを組める偶数の核種の方が安定になりやすい．安定核の6割を，陽子数も中性子数も偶数の偶偶核が占める．ともに奇数の奇奇核で安定なのは$^2_1$H，$^6_3$Li，$^{10}_5$Be，$^{14}_7$Nの四つしかない．

[30] 原子核を結びつける核力を生みだしているのは「強い相互作用」という名の力で，これは量子色力学という理論で記述される．

い鉛 208 は $^{208}_{82}\text{Pb}_{126}$)．一方，軽い原子核では陽子と中性子の数の差は，安定核の場合，ないかまたは小さい（たとえば炭素 12 は $^{12}_{6}\text{C}_{6}$)．この様子を核図表に記すと，図 3.2 に示したように，原子番号が大きくなるにつれて斜め 45 度より右にずれていく黒い四角の列が安定核ということになる．その他の核種は放射性で，安定核のラインから遠く外れるほど不安定で，崩壊レートが速く寿命が短い．

鉛より原子番号の大きな重い原子核はすべて放射性で，α 崩壊を起こす．これは主に，陽子の数が多いとクーロン力による反発が大きくなり，大きな原子核の結合を完全には維持できなくなるからである．ただし，ウラン 238（半減期 45 億年）など，実質的に安定と見なしてよいほど寿命の長いものも多い．

> Point：重くて安定な原子核は，陽子より中性子が多い．

核分裂と核融合

図 3.7 は安定核などについて核子あたりの結合エネルギーを質量数に対してプ

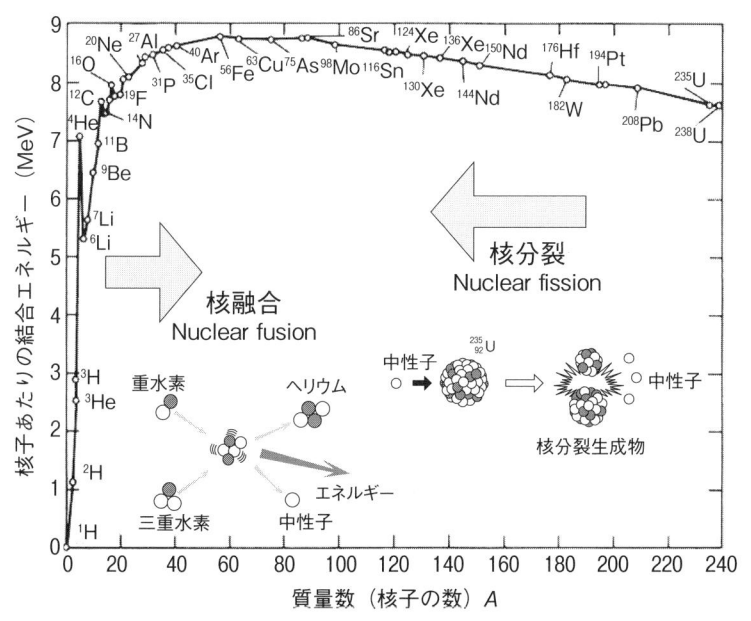

図 3.7 核子あたりの結合エネルギーを質量数に対してプロットした図

ロットしたものである．すべての原子核のなかでもっとも結合エネルギーの大きい核種は鉄 56 (^{56}Fe) である．これに比べるとウランは結合エネルギーが小さい．原子核が二つのかけらに割れる核分裂反応が起これば，より結合エネルギーの大きな核種に変わるため，その差分だけエネルギーを取りだすことができる．このエネルギーを発電に利用するのが原子力発電である．

反対に，原子番号や質量数の小さい原子核は，やはり核子あたりの結合エネルギーが小さい．なかでも，水素の同位体[31]である軽水素 (^{1}H)，重水素 (^{2}H)，三重水素 (^{3}H) は顕著で，一方ヘリウム 4 の原子核 (^{4}He つまり α 粒子) は結合エネルギーがそれよりずっと大きく，とくに安定である．太陽の内部では，水素の原子核からヘリウム原子核を合成する核融合反応が連鎖的に起こっていて，太陽が光り輝く膨大なエネルギーを生みだしている．核融合は次世代のエネルギー源として注目されるが，人工的に反応を起こさせるためには高温・高圧のプラズマ閉じ込めの実現が必要で，過酷な条件に耐える壁に要求される材質性能がきわめて厳しいなど技術的ハードルは高く，今後数十年は研究開発が必要であろう．

原子核反応

ウラン 235 の核分裂

日本やそのほか多くの国の原子力発電ではウランの核分裂を利用している．ウラン 235 (^{235}U) に低速の中性子をぶつけて核反応を起こすと，ウラン 236 になるはずであるが，これが安定に存在しえず，すぐさま真二つに分裂する．これにより，210 MeV という高いエネルギーが，大半は核分裂片の運動エネルギーとして放出される．二つの分裂片は同じ質量ではなく，90〜100 近傍の質量数と 135〜145 あたりの質量数に分れることが多い[32]．前者の典型例が ^{90}Sr，後者が ^{131}I や ^{137}Cs である．ウランのように重い原子核は中性子数が陽子数の 1.5 倍

---

[31] 重水素を D (deuterium)，三重水素を T (tritium) の記号で表すことがある．
[32] このことを非対称分裂とよぶ．原子核の準位構造の関係で，陽子数 Z あるいは中性子数 N が魔法数とよばれる数の原子核が比較的安定であることと関係があるといわれている．原子核の**殻模型**から導かれる**魔法数**は 2，8，20，28，50，82，126 であり，このうち，$Z \approx 28$，$N \approx 50$ の近傍が $A \approx 95$ で，$Z \approx 50$，$N \approx 82$ の近傍が $A \approx 140$ ということになる．ただし，原子核分裂反応については，反応の中間で変形した原子核の状態についての考察が必要で，分裂の非対称性について，理論的にいまだきちんとは解明されていない．

原子核分裂反応

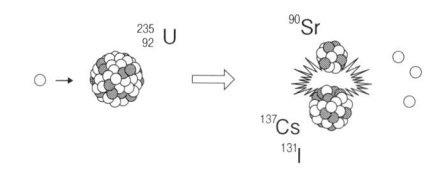

$n + {}^{235}U \rightarrow X + Y + n + n \; (+n) + $ エネルギー(210 MeV)

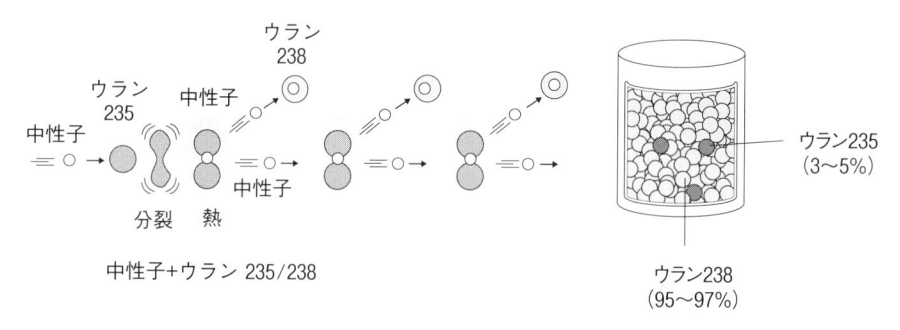

図 3.8 ウランの核分裂反応

以上ある．これに対し，ストロンチウムやセシウムの安定同位体ではこの比が 1.2〜1.4 である．よって，核分裂生成物はたいがい不安定な中性子過剰核であり，β 崩壊を起こす放射性同位体である．

図 3.8 に示すように，核分裂に際して，さらに余った中性子が 2〜3 個，単独で飛び出してくる．この中性子のうち，平均して 1 個がさらに別の ${}^{235}U$ 原子核に吸収されれば，連鎖的に反応が維持継続することになり，これを**臨界**とよぶ．残りの中性子はウラン 238（${}^{238}U$）や燃料棒内にある別の元素の原子核に吸収されたり，外へ失われたりする．天然のウラン鉱石は 99.3％が ${}^{238}U$ の同位体であり，核分裂を起こす ${}^{235}U$ はわずか 0.7％しか含まれていない．この濃度では多くの中性子が ${}^{238}U$ に吸収されて失われ，臨界の達成は難しい．原子力発電に使う核燃料は，${}^{235}U$ の濃度を同位体比で 3〜5％に高めた低濃縮ウランであり，これは，揮発しやすい六フッ化ウラン（UF_6）を気体拡散または遠心分離して得る．

原子爆弾（原爆）などの核兵器もウランなどの核分裂反応を使うが，${}^{235}U$ の

濃度を 90% 以上に高めた高濃縮ウランを搭載している．核分裂で発生する 2〜3 個の中性子がそのまま次の反応に使われ，中性子数が瞬時にして爆発的に増えることにより，破壊的な威力を生みだす点で，原発とは異なっている．

中性子の減速と吸収

核分裂反応で生じた高速の中性子[33]はそのままではなかなか原子核に吸収されない．臨界を起こさせるには，中性子を減速して低エネルギーにする必要があり[34]（高速増殖炉は別），その**減速材**としては軽い原子核をもつ元素，とくに水素が有効である（その理由は第 2 章でビリヤードの球突きをたとえにして述べた通り）．通常の水素（^{1}H）を含む水（^{1}H$_2$O）を減速材に使うのが**軽水炉**，重水素（^{2}H = D）を含む水（D$_2$O）を減速材に使うものを**重水炉**とよぶ．

原子炉では核分裂片や中性子の運動エネルギーが，減速される過程で炉内の原子核に与えられ，最終的には熱となって周囲を温める．また，核分裂片として生じるさまざまな不安定原子核（放射性核種）も，β 崩壊・γ 崩壊によってエネルギーを放出し，β 線や γ 線のエネルギーはやはり最終的には熱（**崩壊熱**）となる[35]．核分裂反応によって取りだされる莫大なエネルギーのうち，発電に利用で

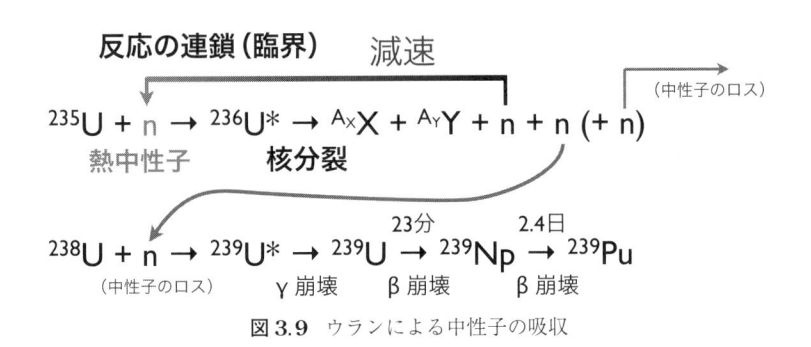

反応の連鎖（臨界）　　**減速**

^{235}U + n → ^{236}U* → ^{A_X}X + ^{A_Y}Y + n + n (+ n)　　（中性子のロス）

熱中性子　　**核分裂**

　　　　　　　　　　　　　　23分　　2.4日
^{238}U + n → ^{239}U* → ^{239}U → ^{239}Np → ^{239}Pu
（中性子のロス）　　γ 崩壊　　β 崩壊　　β 崩壊

図 3.9　ウランによる中性子の吸収

---

[33] 核分裂で生じる中性子線のエネルギーは平均 2 MeV．1 MeV 程度をピークに，数 MeV の分布をもつ．
[34] **熱中性子**といって，室温程度の温度に相当するエネルギーである．数十 meV（meV = 10^{-3} eV はミリ電子ボルト）まで減速された中性子が，ふわっと原子核に触って吸収される．
[35] 中性子線や β 線といった放射線のエネルギーは，1 個の粒子のもつエネルギーとしては膨大だが，しょせんは放射線は 1 個，2 個とベクレル単位で数える程度の個数であり，周囲の物質を構成するアボガドロ数程度もの原子数を考えると，トータルのエネルギーとしては微々たるものだと，2 章では述べた．しかし，原子炉内のように莫大な量の放射性核種が存在する場合は話が別であり，発生する膨大な熱量に対して，それを十分に冷却維持することが，原子炉を制御するために絶対必要である．

きるのは約3割で，残りは熱となって炉内を温める[36]．発生する膨大な熱量を冷却するために**冷却材**が必要だが，軽水炉や重水炉では，水が冷却材の役割を兼ねている．

　原子炉の運転制御には，**燃料棒**のあいだに制御棒を挟みこみ，これを出し入れすることで臨界を維持しつつ，中性子数が増えすぎて連鎖反応が暴走しないように制御している．**制御棒**には中性子を吸収しやすく，かつ放射化しにくいホウ素（^{10}B）やカドミウム（^{113}Cd）を含む化合物が使われている．冷却水にホウ酸水（ホウ素を含む）を混ぜることがあるが，同様の理由による．

> Point：低速中性子をウラン235が捕獲吸収することで，核分裂反応が連鎖的に持続する現象を臨界という．低濃縮ウランが必要となる．

プルトニウム239の核分裂

　原子炉内で中性子が^{238}Uに吸収されれば，図3.9に示した2度のβ崩壊を経てプルトニウム239（^{239}Pu）を生じる．ウランを燃料とした軽水炉でも，長期間の運転中に^{239}Puが蓄積するが，この核種も中性子を吸収して核分裂反応を起こし，実は発電量に対し平均3割の寄与がある．これとは別に，**使用済み核燃料**を**再処理**[37]してプルトニウム含有量を4〜9%に高めた**MOX燃料**（酸化ウラン・酸化プルトニウム混合物）を軽水炉で発電に利用することを，和製英語で**プルサーマル利用**という[38]．これにより，**核燃料サイクル**が実現される．

放射化

　安定な原子核が中性子や高エネルギー粒子線を吸収して核反応を起こし，放射性核種に変わることがある．これを放射化とよぶ．数十MeV以上のγ線もまれに放射化を引き起こすことがある．放射線が放射能を生みだすことを意味してい

---

[36] 原発1基の発電能力が100万kW（キロワット）= 1GW（ギガワット）にも達するから，放出する熱もすさまじい．

[37] 原子炉の運転により燃料中に蓄積する核分裂生成物の中には，^{135}Xeなど中性子の吸収断面積が莫大なものがあって，原子炉運転の妨害となる．このため燃料体は適当な時期に一部ずつ交換し，取りだした燃料棒に化学的処理を行って，核分裂生成物の分離と，残留ウラン燃料および生成したプルトニウムの回収を行う．これを核燃料再処理という．

[38] 福島第一原発では3号機でMOX燃料を使っていた．しかし，ウラン燃料を使った場合でも，運転中の燃料棒の中には1%程度のプルトニウムが蓄積している．

るが，放射化が問題となるのは中性子線が飛びかう原子炉内部や，数十 MeV 以上の高エネルギー粒子を扱う加速器施設などにほぼ限られる．放射性セシウムなどから出る γ 線や，殺菌目的で食品に照射されることがあるコバルト 60 からの γ 線（11 章参照）では放射化は起こらない．

原子炉内部では，さまざまな原子核が中性子を吸収することにより，多種多様な核種が生じる．核分裂反応により直接生じるのではなく，放射化により生成するものを放射化生成物という（5 章参照）．

> Point：放射化とは原子核反応により放射性核種が生じること．
> 原子炉や加速器以外ではふつう問題とならない．

原子力発電

本書は放射線がテーマであり，原子力発電については詳しく立ち入ることはしない．以下に，発電の仕組と，放射性廃棄物処理の課題について，ごく簡単に述べるにとどめる．

発電の仕組

原子核の核分裂反応によって得られる大きなエネルギーを利用する原子力発電であるが，エネルギーを電力に変換する方法は火力発電の場合となんら変わらない．エネルギーはいったん熱として取りだされ，高圧の水を熱するのに費やされる．福島原発のように**沸騰水型原子炉（BWR）**の場合は 70 気圧，290℃，**加圧水型（PWR）**の場合は 160 気圧，330℃ で，炉心を冷やすこの一次冷却水とは別に二次冷却水を発電に用いるという違いはあるが，いずれも熱された循環水が蒸気となってタービンを回して発電する仕組である．火力発電との違いは，化学的燃焼エネルギーが 1 原子あたり数 eV なのに対し，原子力発電では 1 原子核あたり数百 MeV とけた違いに大きいことが特徴である．このため，100 万 kW の発電所を 1 年間運転するために必要な燃料を質量（重さ）で量ると，原子力発電の濃縮ウランの場合 21 トンなのに対し，火力発電の燃料は 100 万トン規模の量が必要となる[39]．

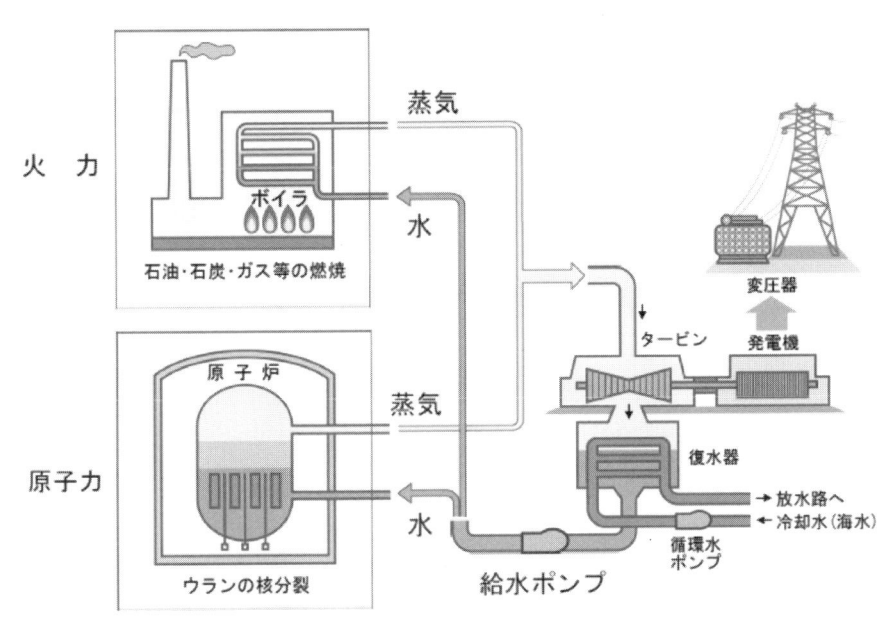

図 3.10 火力発電と原子力発電の違い．火力発電は化学的燃焼を利用し，原子力発電は原子核反応を利用する．下の図は沸騰水型原子炉の場合．（電気事業連合会「『原子力・エネルギー』図面集」より）

放射性廃棄物

再処理の過程では，使用済み燃料棒を溶かした硝酸などの廃液が，高い放射能をもつ**高レベル放射性廃棄物**となる．これをガラスと溶かし合せたガラス固化体は，冷却のために地上で 30～50 年間保管貯蔵される．その後は，地下 300m より深い安定した岩盤の地層中に空洞を掘削し，容器に密閉しかつ複数の障壁を施して埋設処分（**地層処分**）される予定になっている．しかし，半減期が何万年という長期間に及ぶため，適切に処分あるいは管理できるかということは社会的な課題であり，この最終処分地の選定にはどの国も難航しているのが実情である．**高速増殖炉**による核燃料サイクルでは，高速中性子の吸収による核反応によって，半減期の長い核種から短い核種あるいは安定な核種への**核変換処理**ができると期

---

[39] 天然ガスで 97 万トン．石油は 131 万トン，石炭なら 236 万トンである．

待されている．半減期の長い核種を大幅に減らせる可能性があるのだが，高速増殖原型炉「もんじゅ」の二次冷却系ナトリウム漏れ事故以来，安全性への懸念が高く，実現に否定的な意見が多くなっている．

4章　放射線量の評価*
《放射線物理学 II》

　この章では，放射線量の単位について詳しく解説し，後半では実際に線量計算の例を示すことで，放射能の単位ベクレルと放射線量の単位シーベルトの間の換算について考えていく（あまり興味のわかない方や，内容がやや専門的で難しいと感じた方は，この章，とくに後半の計算部分は，飛ばして次に進むとよい）．

放射線量の単位

　放射場には多様なエネルギーの多種の放射線（粒子線および光子）がさまざまな方向を向いて飛び交い，それぞれの強度で存在している．これを一つの物理量で表すのは一筋縄ではいかない．さまざまな放射線量の単位が存在し，目的に応じて使い分ける必要があって，これが放射線量を議論するときに複雑で難しいところである．

放射線計測量

　放射線計測量[1]としては**粒子フルエンス**と**エネルギーフルエンス**が定義される．前者は単位面積あたりの粒子数であり，放射線の方向が一定であれば，それに垂直な単位面積を貫く粒子数を数えればよい．一般にはさまざまな方向から放射線が飛んでくるため，どの方向から見ても同じ単位断面積をもつ球を考え，それを貫く粒子数として粒子フルエンスを定義する．単位は cm^{-2} が使われる．エネルギーフルエンスは，粒子ごとにエネルギーが違うことを考慮したものである．単位断面積をもつ球を貫くエネルギー，つまり個々のエネルギーと粒子数の積の総

---
[1] 放射線計測量：radiometric quantity.

和として定義される．単位はたとえば MeV cm^{-2} を使う．これらの計測量は時間を区切らず，時間について積分された量になっている．単位時間あたりの量を議論したいときは，**粒子フルエンス率**［cm^{-2} s^{-1}］および**エネルギーフルエンス率**［MeV cm^{-2} s^{-1}］を用いる[2]．

線量計測量（エネルギー変換）

　放射線計測量は，放射線そのものを測る物理量である．放射線は周囲の物質中でつぎつぎに反応を起こしてさまざまな二次粒子を発生させる．この，物質に対する作用，いわば粒子の海の状態を記述するのが線量計測量[3]である．このうち，エネルギー変換を考えた物理量として，非荷電粒子線については**カーマ**が，荷電粒子線については**シーマ**が定義されている[4]．カーマは非荷電粒子線が物質中のある場所で発生させた二次荷電粒子のエネルギーの総和を，その場所の物質の質量で割った（微分した）もので，単位は J/kg が用いられる．物質の単位質量あたりのエネルギー J/kg という単位には**グレイ (Gy)** という特別な名称と記号が与えられている．一方，シーマは荷電粒子線が電子との散乱で失った運動エネルギーを物質の質量で割った（微分した）ものとして定義され，単位はやはり J/kg = Gy を使う．

　このほかに，光子（X 線・γ 線）に用いられる**照射線量**がある．これは歴史的に，X 線やγ 線の測定に古くから電離箱が用いられていたことに由来している．電離箱とは，放射線が空気を電離することによりイオンと電子の対をつくりだし，それを電極に電圧をかけて回収し，電荷量を測ることで放射線量を測定する装置である．照射線量は，光子が乾燥空気中で相互作用してつくりだす電荷量を空気の質量で割った（微分した）量として定義される．単位は質量あたりの電荷[5]，たとえば C/kg を用いる．歴史的には**レントゲン (R)** という単位が用いられた

---

[2] 高エネルギー物理学やビーム物理学の分野では，粒子ビームの流束をフラックスとよぶ．一定方向の放射線については，粒子フルエンス率とフラックスは同じものだと考えてよい．ただ，一般に流束というと，さまざまな物理的次元で定義される量なので，注意が必要である．

[3] 線量計測量：dosimetric quantity.

[4] カーマ kerma (kinetic energy released in material/matter)，シーマ cema (charged particle energy imparted to matter).

[5] 電荷量の SI 単位（国際単位系の単位）クーロン（C）は電流量アンペア（A）と時間秒（s）の積である．C = A s.

が，$1R \approx 2.58 \times 10^{-4} C/kg$ に相当する．

これらの線量計測量に対して，単位時間あたりの値（時間微分）を議論するときには，**カーマ率やシーマ率，照射線量率**が使われる．

線量計測量（エネルギー付与）：吸収線量

放射線によって物質が受ける影響を議論するには，物質に与えられるエネルギーを考えるのがよい．吸収線量とは，単位質量あたりに物質が受けとったエネルギーで定義される量で，放射線の種類によらず適用できる定義になっている．カーマやシーマと単位も同じで，定義も似ているので混乱しがちであるが，それらが入射する放射線の作用について考えているのと対照的に，吸収線量は影響を受ける物質の側からの視点になっている[6]．吸収線量の単位は $J/kg = Gy$ である[7]．

> Point：吸収線量 Gy は放射線によって物質に付与されるエネルギー

放射線防護のための線量

放射線の生体への影響

これまでに述べた放射線量は，物理学的に定義されている．しかしながら，放射線を被曝した場合の生物学的影響を見積もるには不十分である．放射線の生物学的影響については，第7・8章で詳しく述べるが，簡単に言えば，イオン化された原子や，分子の解離によって生じた活性化学種ラジカルが細胞核内の DNA と反応して損傷を与えることに起因している．

生成するイオンやラジカルの量は，吸収線量に比例すると考えられるが，問題はその密度である．とくに α 線の場合，紙1枚で止まると述べた．この厚みは細胞3～4個分程度に相当する．α 線のもっている 5MeV 程度ものエネルギーがすべて，わずか数個の細胞に与えられ，イオンやラジカルが局所的に高密度で生

---

[6] たとえば，γ 線が物質中でコンプトン散乱を起こして二次電子線を発生させた場合，その電子線のエネルギーをシーマに算入されるが，電子が物質中で止まらずに飛び出した場合，その物質の吸収線量に算入されるのは，電子が物質中で電離を起こして失ったエネルギーのみで，残りの，物質から飛び出るときのエネルギー分は物質には付与されないので，算入しない．巻末の文献リストに載せた「わかりやすい放射線物理学」（多田順一郎著）に詳しい説明がある．
[7] かつては吸収線量の古い単位として**ラド（rad）**が用いられ，米国ではいまだに使われているが，1Gy = 100rad で換算できる．

4章　放射線量の評価*

- 物質が吸収したエネルギー（単位質量あたり）
  吸収線量　D [J/kg]＝[Gy] グレイ
- 放射線の種類による生物学的影響の違いを考慮
  等価線量　H_T [J/kg]＝[Sv] シーベルト

放射線加重係数

放射線の種類・エネルギーの範囲	放射線加重係数 w_R	
	ICRP1990年勧告	ICRP2007年勧告
光子（X線・γ線）：すべてのエネルギー	1	1
電子（β線）およびミュー粒子：すべてのエネルギー	1	1
中性子：10keV 未満 10keV〜100keV 100keV〜2MeV 2MeV〜20MeV 20MeV 超	5 10 20 10 5	右図を参照
反跳陽子以外の陽子：エネルギー　2MeV 以上	5	2（正負パイ中間子も）
アルファ粒子（α線）	20	20
核分裂片	20	20
重原子核	20	20

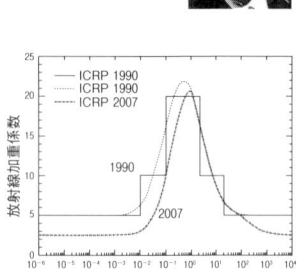

- 全身被曝での影響に換算（臓器ごとに加重係数をかけて合算）
  実効線量　E [J/kg]＝[Sv] シーベルト

図 4.1　放射線防護のための放射線量の単位

成するわけである．電離の起こる密度を計算してみると，2nm（ナノメートル＝10^{-9}m）程度の間隔になり，これは DNA の二重らせんの間隔に等しい．そのため，α線のように高い線エネルギー付与（LET）[8]を与える粒子線が DNA を横切るとき，二本鎖の両方ともが切れてしまう確率が高くなってしまうと考えられる．一方で，β線やγ線など低 LET 放射線の場合には，電離が起こるのがもっとまばらなので，DNA 鎖の 1 本だけが切れることはあっても，二本鎖切断は起こりにくい．同じ吸収線量を被曝した場合，臓器単位など，マクロな大きさでみれば，どちらも同じだけのイオンやラジカルが生成することになるが，ミクロレベルでは，α線の場合は局所的に特定の細胞に集中的に，β線やγ線の場合は広く浅く多くの細胞が被曝することになる．DNA 修復は二本鎖切断の方が圧倒的に困難で，修復誤りも起こりやすいため，生物学的にはα線の方が影響が大きい．放射線の種類による生物学的影響の大きさを表す量を**生物学的効果比**

---

[8] 線エネルギー付与とは，単位距離あたりに放射線が物質に与えるエネルギーのこと．LET（Linear Energy Transfer）．2章参照．

(RBE)[9]とよび，基準となるX線との比較で，同等の生物学的効果を与える吸収線量の比として定義される．たとえば，10分の1の吸収線量で同じ効果がある場合，その放射線は生物学的影響がX線より10倍大きいわけなので，RBE = 10となる．

等価線量

放射線が人体に及ぼす生物学的影響を考慮に入れた放射線量が等価線量である．細胞に対する生物学的研究，実験動物に対する研究，人の疫学的調査のデータなどに基づき，国際放射線防護委員会（ICRP）は放射線防護のための**放射線加重(荷重)係数** w_R を定めている．等価線量[10]は，吸収線量に放射線加重係数を掛算して求める．単位は**シーベルト**で，記号 **Sv** で表す[11]．種類の異なる放射線が混在している場合は，放射線ごとにそれぞれの平均吸収線量に放射線加重係数を掛算し，足し合せる．防護の観点からは，安全をみて大きめの係数をとるほうがよく，w_Rはさまざまな研究から得られているRBEの値のおおむね最大値を選んで決めてある[12]．図4.1にその値を示す．β線とγ線は $w_R = 1$，α線は $w_R = 20$，中性子線はエネルギーに応じて2.5～約20となっている．つまり，β線とγ線の場合は，等価線量シーベルトの値は吸収線量グレイの値に等しい．

> Point：等価線量 Sv は生物学的影響を考慮した放射線量．
> β線・γ線では吸収線量 Gy に等しいが，α線では20倍．

実効線量

同じ強さの放射線被曝をした場合でも，全身に浴びた場合と，体の一部だけ浴びた場合とでは，その影響度合は当然異なる．吸収線量は体重キログラムあたりの吸収エネルギーとして定義され，等価線量はそれに放射線加重係数を掛けたも

---

[9] 生物学的効果比 RBE（Relative Biological Effectiveness）．
[10] 等価線量：equivalent dose.
[11] 古い単位の**レム (rem)** は 1Sv = 100rem で換算できる．
[12] 厳密にいえば，等価線量（や実効線量）は，放射線防護の目的で使われる線量であって，リスクを見積もるためのものではない．たとえば，α線の放射線加重係数が20だというのは，生物学的研究の知見から鑑みて，同じ吸収線量のγ線に比べて生物学的効果比（RBE）が最大で20倍である可能性が考えられるので，安全サイドに立った予防策として，その最大値を危険度の係数として線量計算をする，という意味である．実際の危険度は20倍より小さいことが考えられる．なので，同じ吸収線量のとき，α線はγ線より20倍危険と考えられるので注意すべし，というコメントは正しいが，逆に，γ線がα線より20倍安全だから安心してよい，というコメントは間違いである．

のだから，等価線量とは放射線の強さを生物学的影響を考慮して表す量である．γ 線を全身にくまなく被曝するような場合は，放射線の強さはどこもほぼ同じだから[13]，たとえば全身に 100 mSv を被曝するということは，どの臓器もそれぞれ 100 mSv を被曝することを意味している．

人体が部分的に被曝する場合の効果を全身に対する一様な被曝の影響に焼き直した線量を実効線量とよぶ．表 4.1 に，臓器ごとに定められた**組織加重（荷重）係数** w_T を示す．たとえば肺の係数は $w_T = 0.12$ である．過去の疫学データと照らし合せると，ある一定線量を全身に被曝をしたときに，将来肺がんになるリスクが，全身でなんらかのがんになるリスクのうち 12% を占め，肺がん以外のがんが残りの 88% であることを意味している．肺だけに同じ等価線量の被曝をした場合，肺がんになるリスクは同じだが，肺がん以外のがんは関係ないので，がん全体としてのリスクは全身被曝の場合の 100 分の 12 である．具体例として胸部に CT スキャン（X 線コンピュータ断層撮影検査）を受けた場合を考えると，肺だけでなく，骨髄や乳房，皮膚の一部なども被曝するので[14]，それらの組織加重係数を足し合せると全身の 4 分の 1 程度になる．実効線量も等価線量と同じ単位シーベルト（Sv）で表すので，単にシーベルトといった場合，どちらを指しているか注意が必要である．1 回の胸部 CT スキャンで浴びる等価線量は 30 mSv 程度だといわれているが，これを全身での値に焼き直すと実効線量 7 mSv ということになる．甲状腺の組織加重係数は最新の 2007 年の ICRP 勧告では 0.04 である．ヨウ素は体内に吸収されると甲状腺に集まるが，放射性ヨウ素による甲状腺等価線量がたとえば 50 mSv だったとすると[15]，実効線量は $50 \times 0.04 = 2$ mSv と

---

[13] γ 線の外部被曝を考えたとき，体を貫通するあいだに，直進する γ 線のフルエンスが減っていく一方で，コンプトン散乱で方向とエネルギーを変えた γ 線が増えていく（ビルドアップ）ため，厳密な線量計算は複雑で，本当は皮膚と内臓とで線量が同じではない．それでも，入射 γ 線の減衰長が数十 cm 程度で，多くの γ 線がなにも反応せず体を貫通すると考えると，等価線量は体の部位にかかわらずだいたい似たような値になる．

[14] 組織加重係数は，それぞれの組織まるごとに対して定義されているので，組織のさらに一部だけ被曝する組織については，その割合を掛算する．たとえば皮膚の一部であれば，皮膚全体に対する組織加重係数 0.01 のうち，被曝部位の面積分だけの寄与を考える．あるいは，片方の肺だけを被曝するような場合は，肺の組織加重係数 0.12 の半分を，0.06 として計算する．

[15] 旧ソ連（現ウクライナ）で 1986 年に起こったチェルノブイリ原発事故では，周辺地域で食品規制がなされず，地元の牛乳を飲みつづけた住民が甲状腺に等価線量 500〜2000 mSv という多量の被曝を受けた．数 Sv に達した子どもも多く，小児甲状腺がんの原因となった．（第 8 章，10 章を参照．）福島での甲状腺被曝は完全に把握できているわけではないが，調査された範囲で等価線量の最高値は 100 mSv 未満，子どもの最高は約 50 mSv だったと報道されている．WHO（世界保健機関）の発表した推定値

表 4.1 臓器ごとの組織加重係数．国際放射線防護委員会（ICRP）の勧告値を載せた．

器官・組織	組織加重係数：w_T	
	1990 年勧告	2007 年勧告
生殖腺	0.20	0.08
骨髄（赤色）	0.12	0.12
結腸	0.12	0.12
肺	0.12	0.12
胃	0.12	0.12
膀胱	0.05	0.04
乳房	0.05	0.12
肝臓	0.05	0.04
食道	0.05	0.04
甲状腺	0.05	0.04
皮膚	0.01	0.01
骨表面	0.01	0.01
脳	—	0.01
唾液腺	—	0.01
残りの器官・組織	0.05	0.12
合計（全身）	1.00	1.00

計算される．放射性ヨウ素による甲状腺以外の被曝はほとんど無視できる．

体内も含め全身が一様に被曝するような場合には，実効線量と等価線量は同じ値になる．環境中にまんべんなく広がる放射性物質からのγ線によって（空間線量が体の場所によらず同じだけ）全身に外部被曝するような場合，あるいは体内にほぼ均等に存在する放射性カリウムから出るβ線によって内部被曝するような場合がそれにあたる．

> Point：実効線量 Sv は全身被曝に焼き直した線量．部分被曝の場合は等価線量 Sv と値が異なるので，区別することが大切．

預託線量

一般に，外部被曝に関しては放射線源（放射性物質）から距離をとったり遮蔽したりする，あるいは被曝する時間を限ることで被曝量を減らすことができる[16]．

もおよそこの範囲内だが，ただし，福島県浪江町の乳児だけは最高 100〜200 mSv と推定されると発表している（2012 年 5 月現在）．

放射線源を体内に摂取しないというのは放射線防護の大原則であるが，放射線物質を体内に取り込んでしまった場合には，遮蔽・距離・時間といった対策をとることができない．内部被曝を評価する目的には，預託線量[17]が用いられる．体内摂取した放射性物質から将来にわたって放出されるすべての放射線を，摂取した時点で被曝したと見なして計算をする．ベクレルからシーベルトへの換算には，放射性崩壊による物理学的半減期および，放射性物質が体内から排泄されるまでの生物学的半減期[18]も考慮のうえ，大人は50年間分，子どもや乳幼児は70歳になるまでの期間分の積分をする．

> Point：内部被曝を評価する預託線量 Sv は，生涯にわたる被曝を積算して計算してある

放射線量の計算*

実際にどのようにして放射線量を推計するのか，その簡単な例を挙げることで，放射能ベクレルと放射線量シーベルトとのあいだの換算がどうなっているか，イメージをつかんでもらうこととしよう（ある程度の物理および数学的知識が必要となるので，難しい方はこの節はまるごと飛ばしてかまわない）．

内部被曝の計算例

内部被曝については，どれだけの量（何ベクレル）の放射性物質をどういう経緯で摂取したかに応じて，預託線量がいくら（何シーベルト）になるか，その換算係数が公表されている．表 4.2 に実効線量係数の例を示す．この数値は放射性核種の種類によってことなるうえ，摂取の経緯や，成人か子どもかでも違っているため，どういった理由でその換算係数が求められているか，一般にはブラック

---

[16] 放射線防護は放射線源が正しく安全に管理されていることを前提に考えられていた．原発事故で放射性物質が環境中にばらまかれた場合，汚染の多い地域ではいたるところに放射線源が存在する状態なので，日常生活のなかで距離をおいたり遮蔽したりすることは容易ではない．それでも，除染された表層土を集めて隔離したり，地中に埋めて遮蔽したりすることは有効な対策となる．また，室内，とくにコンクリート作りの建物内では遮蔽効果があるため，屋外に居る時間をなるべく短くすることも被曝量を減らす方策である．

[17] 預託線量 committed dose には預託等価線量と預託実効線量がある．

[18] セシウムの生物学的半減期は3か月程度である．子どもの場合はそれより短い期間で排出される．

ボックスに感じてしまう．実際には，体内で放射性物質がどのように輸送されて循環し，どの組織（臓器）にどの程度蓄積するか，そしてどの程度の時間で排出されるか，といった人体モデルを立ててシミュレーションを行い，あるいは実際にファントムとよばれる人体模型をつくって測定をする．その結果としてそれぞれの組織が受ける放射線量を計算するという作業によって，換算係数（**実効線量係数**）が決められている．人体モデルは最新の生物学的・医学的知見をもとに改良が加えられ，それに応じて換算係数も改訂される．

> Point：内部被曝の場合，Bq と Sv との換算には，放射性核種ごとに決められた実効線量係数を使えばよい．

表 4.2 さまざまな放射性核種に対する実効線量係数の例．上表は各核種の成人に対する値，下表は I-131 の経口摂取についての各年齢層に対する値．

核種	半減期	経口摂取（Sv/Bq）	吸入摂取（Sv/Bq）
C-14	5730 年	5.8×10^{-10}	5.8×10^{-9}
P-32	14.3 日	2.4×10^{-9}	3.4×10^{-9}
K-40	12.8 億年	6.2×10^{-9}	2.1×10^{-9}
I-131	8.04 日	2.2×10^{-8}	7.4×10^{-9}
Sr-90	29.1 年	2.8×10^{-8}	1.6×10^{-7}
Cs-137	30.0 年	1.3×10^{-8}	3.9×10^{-8}

経口摂取	乳児（3 か月）	幼児（1 歳）	子供（2-7 歳）	成人
I-131	1.8×10^{-7}	1.8×10^{-7}	1.0×10^{-7}	2.2×10^{-8}

放射性ヨウ素による甲状腺被曝

実際の複雑なシミュレーションについては専門書にゆずるとして，ここでは原発事故の初期に問題となったヨウ素 131 の甲状腺被曝について，簡素化した計算を紹介したい．放射性ヨウ素のうち ^{131}I の被曝線量が問題になるが，半減期は 8 日である．事故から何か月もたてば放射性ヨウ素はほとんどなくなってしまうので，原発からの新たな放出がないかぎり，新たな被曝は起こらない．事故の初期に周辺地域にいた人々が，空気中から吸い込んだり，食物から取り込んだりして被曝したことが問題となった（10 章参照）．

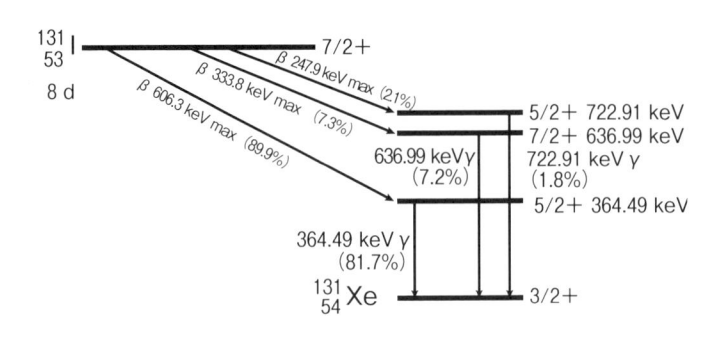

図4.2 ヨウ素131の崩壊図式（簡略化してある）

ヨウ素は人間の生命活動にとってほとんど使われることのない元素である。ただ，体内で唯一必要としている組織があって，それが喉のところにある甲状腺である。ここで作られる甲状腺ホルモンは体内で代謝の亢進作用を担う。このためヒトの体は，ヨウ素を摂取すると甲状腺に集めてため込むようにできている。

表4.2に示されたI-131の欄の，経口摂取，つまり食物を通じて体内に取り込んだ場合の実効線量係数を，実際に計算して確認してみよう。

図4.2に^{131}Iの崩壊図式を示した。β線の最大エネルギーが247.9 keV, 333.8 keV, 606.3 keVなどいくつかの分岐があり（括弧内の89.9％などは分岐比），その行き先の準位によって，続いて放出されるγ線のエネルギーも異なっている。ここの括弧内にある81.7％などの数値は放出率（5章参照）とよばれ，原子核の崩壊に際してそのエネルギーのγ線が放出される確率を表している。β線の最大エネルギーの平均値を分岐比の重み付けをつけて計算すると0.574 MeV = 9.2×10^{-14} Jであり，エネルギースペクトルの平均値はその半分程度として5×10^{-14} Jとなる[19]。1 Bqの^{131}Iがあるとすると，8.04日ごとの半減期[20]を何度も経てほぼすべて崩壊し終えるまでに崩壊数は8.04 d × 86400 s/d / ln 2 = 1000000つまり100万回起こる。体内に経口摂取したヨウ素が甲状腺に取り込まれる割合は成人の場合，約20％と見積もられる（残りは排泄される）。β線のエネルギーはすべて甲状腺組織に吸収されると考えられる一方，γ線が小さい組織で反応を起こす確率は小さく，ほとんど無視してよい。成人の甲状腺は約20 g，β線の放射線加重係数は1であるから，吸収線量＝等価線量は

$$5 \times 10^{-14} \text{ J/Bq} \times 1000000 \times 0.2 \div 0.02 \text{ kg} \times 1 = 0.5\, \mu\text{Sv/Bq}$$

と計算される。甲状腺の組織加重係数を0.04として実効線量は$0.5 \times 0.04 = 0.02\, \mu$Sv/Bqとなる。こうして表4.2の値$2.2 \times 10^{-8}$ Sv/Bqとほぼ一致する結果が得られた。

---

[19] β崩壊のエネルギーは電子と反ニュートリノに分配されるため，電子（β線）のもつエネルギーは分布をもつ。（反）ニュートリノは，地球をも難なくすり抜けるほど相互作用が弱く（物質との反応確率が低く），人体が（反）ニュートリノのエネルギーを吸収することはない。

[20] 一度甲状腺に取り込まれたヨウ素が体外へ排泄される生物学的半減期は長いので，実効的な半減期は，放射性ヨウ素が放射線を出して非放射性核種に変わるまでの物理学的半減期にほぼ等しい。

食品中の放射性カリウムによる全身内部被曝

第1章で解説したように,わたしたちの体内には普段から約4000Bq(体重60kgの人の場合)の放射性カリウム(^{40}K)が存在し,それによって内部被曝を受けている.その線量率をここで計算してみよう.

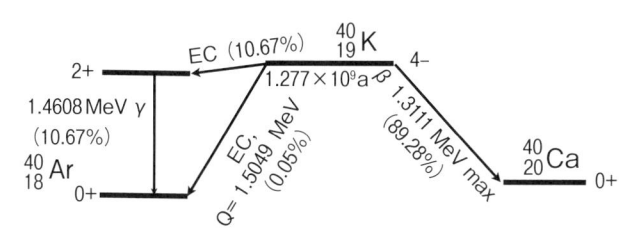

図4.3 カリウム40の崩壊図式

図4.3にカリウム40の崩壊図式を示す.カリウム40は89.3%がβ崩壊してカルシウム40になり,β線のエネルギーは最大値が1.311MeV,平均値で0.52MeV.残り10.7%は1.461MeVのγ線を出してアルゴン40に変わる.β線のエネルギーはすべて体内で吸収される一方,1.5MeV程度のγ線の減衰長は体の主成分である水で20cm弱で,エネルギーは体内で3分の1程度しか吸収されない.多くのγ線は反応を起こさずに体を通り抜けて出てくる.この条件で計算すると,崩壊1回あたりの平均吸収エネルギーは

$$0.893 \times 0.52\,\mathrm{MeV} + 0.107 \times 1.461\,\mathrm{MeV} \div 3 = 0.52\,\mathrm{MeV}$$

で,エネルギーの単位を$1\mathrm{eV} = 1.6 \times 10^{-19}\mathrm{J}$で換算し,体重を60kgとして吸収線量を計算すると,1Bqあたり

$$0.52\,\mathrm{MeV} \times 1.6 \times 10^{-13}\,\mathrm{J/MeV} \div 60\,\mathrm{kg} \times 1\,\mathrm{Bq} \times 3600\,\mathrm{s/h} = 5 \times 10^{-12}\,\mathrm{Sv/h}$$

となる.4000Bqを掛けて,年間の線量に直すと,約0.18mSv/yrと計算される.カリウム以外の被曝も合せて考えると,1章に示したように,われわれは食物から年間0.3~0.4mSvの内部被曝をしている.

なお,ヨウ素の場合は実効線量係数と比較したが,この係数はあらたに体に取り込んだ放射性物質から受ける被曝量の積算値(預託線量)を計算するためのものなので,体内に常時存在するカリウムからの被曝量の計算には使えないことに注意.

放射性セシウムによる内部被曝

福島に住んでいる方は大人も子どもも多少のセシウムを体内に摂取してしまっていて,事故から半年後の調査時点では,人によって体重1kgあたり数ベクレルの放射能がホールボディーカウンター(WBC:全身計数器)から検出されている.体内の平衡値としてのベクレル数が同じなら,セシウムでもカリウムでも影響はだいたい同じであることが計算してみるとわかる.セシウムはナトリウム

やカリウムと同じアルカリ元素なので，その化学的性質は似ている．体内でも，カリウムと同様に全身の筋肉などにまんべんなく取り込まれ，特定の臓器に濃縮して蓄積されるわけではないと考えられている．動物の例であるが，東北大学は福島第一原発の 20 km 圏内で殺処分された牛について，臓器ごとに放射性セシウムの蓄積状況を調査していて，実際に体内にまんべんなく分布している様子がわかってきている．ヒトでの実証は難しく，チェルノブイリ原発事故での限られた調査から危険性を説く人もいる．膀胱炎の症状が出る可能性を指摘する声も一部にある．しかしながら，もともと体内にまんべんなく存在する放射性カリウムによる線量の方がずっと大きいことを考えると，微量の放射性セシウムにより特別に何かの症状が起こることは考えにくい．今後の研究でデータが集まってくれば，真偽のほどが明らかになるであろう．ただし，つねに安全サイドに立って，無理のない範囲内で被曝量をなるべく低く抑えるよう努力するべきことは，放射線防護の基本の考えである[21]（第 10 章参照）．

外部被曝の計算例

体の外にある放射性物質から放射線が出ていて，それを体に浴びる場合が外部被曝である．α 線は空気中で数 cm の飛程しかないので外部被曝は問題にならず，β 線も皮膚組織に多量の被曝をする場合以外は気にしなくてよい．原子炉のそばや加速器施設以外では中性子線が出ていることもない．外部被曝の場合は，通常 γ 線や X 線が問題となる．これらの放射線は体を貫通する大きな透過力をもつため，被曝は体内に及ぶ．外部というのはあくまで，放射線源（放射性物質）が体外にあるという意味であって，γ 線や X 線そのものは体内を通るのである．

放射線は四方八方に等方的に広がるため，その強度は線源からの距離の 2 乗に反比例して減る[22]．線源から距離を取るというのは放射線防護の鉄則である．しかし，環境中が放射性物質で汚染されてしまっている状況では，屋内に入るなどして遮蔽をしないかぎり，どこへ移動しても線源から逃れられない．屋外での空

---

[21] ALARA の原則といって，被曝は合理的に達成できるかぎり低く保つべき（As Low As Reasonably Achievable）というのが放射線防護の基本的考え方である．

[22] 事故当時，この「放射線は距離の 2 乗で減る」ということを勘違いして，「放射性物質も距離の 2 乗で減る」と思い込んでいた人は，物理学者にも多くいた．実際には，環境中に放出された放射性物質はプルームとよばれる雲になって風に乗って運ばれるから，均等に距離の 2 乗で拡散するという描像は正しくない．

間線量率の計算には，周囲に広がるすべての放射性物質からの寄与を積算する必要がある．

> Point：外部被曝の場合，放射線量は線源からの距離の2乗に反比例する

環境中の放射性セシウムによる外部被曝

見渡す限り平らな土地で，地面表面が一様な面密度の放射性物質で汚染されているとする．辺りに放射線をさえぎる建物もないとして，この場所の空間線量率を求めてみよう．まず図4.4にあるように，それぞれの地面上のそれぞれの位置から放出される放射線の量を，距離の2乗分の1の比率で積分することで，粒子フルエンス率を求めることができる．このとき重要なのは，γ線が空気中でも減衰することである．減衰を考慮しない場合，はるか遠距離からの寄与がどこまでも加算され，積分は発散してしまう．セシウム137から放出される0.6617 MeVのγ線の場合，空気中での減衰長はおよそ100 mである．図中の数式では，一度散乱されたγ線は消えて線量に寄与しないと仮定して計算している．実際には，コンプトン散乱による低エネルギーのγ線（ビルドアップ束）による効果を加味する必要があり，以下の計算より5割増くらいになる．

放射性物質の面密度をp [Bq/m^2]とする．地面から高さh [m]の位置での粒子フルエンス率$\dot{\Phi}$は図中の式で表されるが，ここで$\eta = 0.851$は，図3.4（3章）に示したようにγ線の放出率．また，$\mu_{\rm air}$は0.6617 MeVのγ線に対する空気中での減衰定数で，減衰長の逆数．この積分は解析的に解けないので数値計算することになるが，指数関数の計算を省略する代わりに，積分の上限を半減長$L_{\rm air}$（減衰長$\mu_{\rm air}^{-1}$の$\ln 2 = 0.692$倍で，空気中では約70 m）に設定することで，かなりよい近似式が得られる．粒子フルエンス率にγ線のエネルギーとエネルギー吸収係数を掛けたものが等価線量率になる[23]．こうしてベクレルからシーベルトへの換算係数がわ

$$\dot{\Phi} = \int_0^\infty \frac{e^{-\mu_{\rm air} r} \eta p}{4\pi r^2} 2\pi x \, dx = \frac{\eta p}{2} \int_h^\infty \frac{e^{-\mu_{\rm air} r}}{r} \, dr$$

$$\dot{\Phi} \approx \frac{\eta p}{2} \int_0^{L_{\rm air}} \frac{x}{x^2 + h^2} \, dx$$

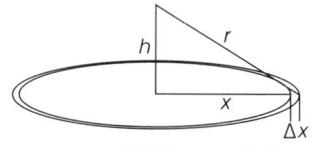

p：放射能の平面密度 [Bq/m^2]

$$\int_0^{L_{\rm air}} \frac{x}{x^2+h^2} \, dx = \frac{1}{2} \ln(x^2 + h^2)\Big|_{x=0}^{L_{\rm air}} = \frac{1}{2} \ln[(L_{\rm air}/h)^2 + 1]$$

図4.4 放射性物質が地面表面に一様に存在する場合の空間線量率の計算例

---

[23] 等価線量率と粒子フルエンス率のあいだの比例係数は^{137}Csの場合，3.5×10^{-16} Sv m^{2}と計算される．

かるが,いくつかの補正を加えて国際原子力機関(IAEA)が求めた値は^{137}Csについて 2.1 $(\mu \text{Sv/h})/(\text{MBq/m}^2)$ となっている.

つまり,土壌表面に $1\,\text{m}^2$ あたり100万Bqのセシウム137があるとき,高さ1mでの空間線量率が毎時 $2.1\,\mu\text{Sv}$ になるということである.それから,先の式に代入するとわかるように,空間線量率は高さ1mであっても,子どもの場合に考慮される50cmであっても,さして変わらない.また,除染によって半径10m程度の地面から放射性物質を完全に除去できたとしても,それより遠いところからの寄与があるため,空間線量率は半分程度にしか落ちない.劇的に減らそうと思ったら,約100m先まで除染しないといけないのである[24].なかなかたいへんだということがこの簡単な計算からもうかがえる.

> Point:放射性物質が地面に一様に広がる場合,空間線量率は遠方からの寄与が大きいため,除染は容易ではない

---

[24] ただし,周囲に住宅が密集して遮蔽効果が期待できる場合は当てはまらない.

5章　放射線の測り方
《放射線計測学》

放射線計測の原理

　放射線は目に見えない．感じることもできない．人間の五感でとらえることができないからこそ，怖いと感じる．ヒトの感覚器でとらえることはできないが，人間の叡智をもって開発した放射線検出器は，非常に高い感度で放射線をとらえることができる．化学物質のたった1個の分子を検出することは難しいことではあるが，放射線はたとえ1粒子（または1光子）でも，場合によっては100％近い効率でとらえることができる．この異様なまでの感度の高さは，やはり，放射線のもつ高いエネルギーが理由であり，第2章で説明したような，放射線と物質との相互作用をたくみに利用して測定できる機器が何種類もある．残念ながら，種類やエネルギーの違う放射線について，その違いを考慮しつつ線量を出してくれる万能な放射線測定器など存在しない．放射線の種類に応じて，また用途によって，適切な測定装置を使い分けなくてはいけない．本格的な測定装置は，使い方を誤るとまるでけた外れの間違った測定になることもしばしばなので，体温計のように，だれでも手軽に使いこなせるという代物ではないが，一般の人でも気軽にだいたいの線量を調べられる簡便な測定器も普及しつつある．この章では，放射線の測定原理と，実際の測定現場の様子について述べる．

放射線測定器の種類

　放射線測定器は，測定原理に応じて何種類かに分けることができる．もっとも簡単なものは，放射線の軌跡を見る装置である．泡箱や霧箱は簡便に放射線を目に「見える」ようにしてくれる．このうち霧箱は，アルコールの蒸気を液体窒素

やドライアイスで冷やし，過飽和状態をつくる．そこに放射線が通ると，電離作用でできる空気のイオンが引き金になって，凝結が起こる．要するに飛行機雲のように軌跡が浮かび上がるという装置である．測定器というよりは人気の高い科学演示実験用である．

測定器として最初に開発されたのは，気体の電離を利用する装置．**電離箱**，**比例計数管**，**GM管（ガイガー–ミュラー管）**はいずれも，濃度の薄いガス中に放射線が入ったときに，中でガス分子が電離してできる電子とイオンを，電極に電圧をかけて集め，その電荷量を測定することで放射線量を測る．GM管は高電圧によって電子が増幅され，検出感度が高い特徴がある．

次には，**シンチレーションカウンター**がある．放射線で励起された分子が脱励起（2章参照）するときに，可視光や紫外光の光を出しやすい透明な蛍光物質（シンチレーター）を使って，光で放射線を検出する装置である．シンチレーション[1]とは，放射線によって蛍光発光する現象のことをさす．その光は，光電子増倍管[2]によって電子に変換され（光電効果），電極で増幅された電子を電流パルスとして取りだすことができる．無機物のシンチレーターでは **NaI（Tl）** といって，ヨウ化ナトリウムの結晶にタリウムという金属を添加したものがよく使われる．有機物のシンチレーターでは，プラスチックシンチレーターといって，ポリスチレンなどに蛍光分子を溶かし込んだ板を使う．安価で成形が容易という利点がある．液体シンチレーターとして，有機溶剤に蛍光分子を溶かし込んだ液体を使うこともある．詳細は後述するが，液体シンチレーターは放射性ストロンチウムの分析で活躍している．

最近では，半導体を利用した検出器が重宝される．中でも，**ゲルマニウム（Ge）検出器**は，放射線のエネルギーを精度よく測定することができる．昨今では食品の放射能測定によく利用されているが，研究用のものは2000万円以上するため高価な測定機器であり，またバックグラウンドノイズを減らすため，液体窒素で常時77K（マイナス196℃）に冷却する必要がある．

空間線量率を時々刻々と監視したり，あるいはもち運んでさまざまな場所の線

---

[1] シンチレーション（scintillation）を起こす透明な物質をシンチレーター（scintillator）という．
[2] 光電子増倍管：photomultiplier tube（PMT）．略称フォトマル．素粒子物理学への応用例として，ニュートリノの観測で有名なスーパーカミオカンデ実験では，巨大な光電子増倍管で，ニュートリノに弾かれた電子の発する微弱なチェレンコフ光をとらえる．

量率を測定したりする用途に使われる放射線検出器をとくに**サーベイメーター**[3]とよぶ．その中身には，GM 管か，NaI（Tl）または CsI（Tl）シンチレーションカウンターが使われていることが多い．一方で，中長期にわたる被曝管理には，**個人線量計**を使う．これは，放射線 1 個 1 個を検出することはできないが，数か月程度の期間のあいだに浴びた放射線量を測定して記録するもので，被曝のおそれがあるときは常時着用するものである．放射線の写真作用（銀塩フィルムの銀イオンが放射線で銀粒子として析出する）を利用したフィルムバッジが以前は主流だったが，最近はコバルトガラスに放射線が当たることで発光中心が生じて着色することを利用した**ガラスバッジ**などがよく使われている．原子炉や加速器などの放射線管理施設で働く作業員や研究者のために，数時間から数日のあいだの被曝管理に使う**ポケット線量計**は，以前は電離箱式のものが，現在はおもに半導体検出器を使ったものが用いられている．

> Point：放射線測定器にはさまざまな種類があり，用途に応じて使い分ける

放射線計数

　放射線の測定方法には 2 通りの考え方がある．一つには，放射線の粒子または光子を一つひとつ数えるものである．放射線計数という．もう一つは，それぞれの放射線のエネルギーをきちんと測るものである．当然，後者の方がより多くの情報を得ることができるが，その分だけ測定が複雑または難しくなる．

　放射線計数は，第 4 章で述べた放射線計測量でいうと，粒子フルエンスを計測することに相当する．いろいろな方向から，種類を問わず，単位時間あたりにいくつの放射線が飛んできているかを数えるものである．放射線の計測は一般に検出感度が高い．たとえば GM 管とよばれる検出器では，入射した β 線は 100% に近い検出効率でとらえることができる．しかし，残念なことに，どの放射線に対しても万能というわけにはいかない．γ 線に対しては感度が悪く，入射する向きにもよるが，1% 程度からせいぜい 10% 以下の検出効率しかない．また，α 線

---

[3] 福島第一原子力発電所事故の以前では，サーベイメーターはモニタリングポストのような空間線量率の監視にも使われるが，それよりも放射線管理区域内で「汚染の確認」のために用いることが一般的であった．管理区域内では高い放射能を有する試料を取り扱うため，それらを拡散させないようにサーベイメーターでつねに確認する．

を検出することはほとんど無理である．なので，測定する環境中にどんな種類の放射線が飛びかっているかがわからなければ，その数を求めるのすらあやしいのである．

> Point：計数とは放射線の数だけをカウントする測定法．放射線の種類やエネルギーによって検出効率が違う．

計数から空間線量率への換算

かりに測定しているのがすべて β 線だとわかったとすると，数えたカウント数がそのまま粒子数（粒子フルエンス）だと考えてよい．一方，すべて γ 線だとわかっている場合には，カウント数を検出器の検出効率で割算することによって，空間中の粒子数を求めることができる．ところが，この検出効率というのは，γ 線でもエネルギーが違えば変わってくる．それは，2章で述べたように，γ 線が物質と相互作用する（光電効果やコンプトン散乱といった）反応の確率が，エネルギーに依存して異なるからである．

多くの簡易型線量計には，空間線量率をシーベルト単位で表示する機能がついているが，シーベルトで表される等価線量・実効線量を直接測っているわけではない．単に，カウント数から空間線量率への換算を行っているのだが，放射線の種類だけでなく，そのエネルギーもわかっていないと，換算計数が定まらず，計算することができない．そこで，これらの線量計では，「測定しているのはすべてセシウム 137（^{137}Cs）の核種から放出された γ 線である」という大胆な仮定をしている．そのことを示すように，検出器には「^{137}Csγ」と表記されているはずだ．図 3.4（3章）にあるように，^{137}Cs の原子核の出す γ 線のエネルギーは 661.7 keV だとわかっているので，この γ 線に対する検出器の検出効率があらかじめ求められていれば，その値を使って空間線量率を計算できる．しかし，測定するなかに ^{137}Cs の γ 線以外の放射線が含まれる場合は，答が間違ってしまうことになる．

よくある間違いは，放射能汚染を調べる目的で空間線量率の測定に使うサーベイメーターにアルミのふたをせず，γ 線を測っているつもりで，実は β 線も同時に測定してしまっている例である．環境中の放射性物質の大半が ^{137}Cs だという状況だとしても，この核種は γ 線を出すほかに，β 線も同時に放出している．β

線に対する測定感度はγ線よりけた違いで高いので，そうやって数えたカウント数を空間中の線量率に換算してしまうと，とんでもなく高い数値になってしまう[4]．さらに，^{137}Cs から放出される 1 個のβ線と 1 個のγ線が体に与えるエネルギー付与もまったく違うから，計算はまるででたらめになってしまうのである．アルミのふたをかぶせて測定すれば，β線は 3mm 厚のアルミで遮蔽されて止まるので，正しくγ線だけを測定することができる．

> Point：線量を直接測れる万能の測定器は存在しない．測定方法が正しくないと，けた外れの間違った値が出る．

統計の問題

放射線のカウントには統計学の知識が必須である．というのは，放射線は決まった数のものが規則的に放出されて空間を飛んでいるわけではなく，1 個 1 個の放射線がいつ放出されるか，いつ観測されるか，といったことはランダムに，まったくの偶然によってしか決まらないからである．かりに 5 秒間だけ測定して，たまたま 1 個の放射線を観測したとしても，毎分 12 個かというとそうはいえない．次に観測されるのは 1 分後かもしれないのだ．けれども，長い時間測定を行って，たくさんのカウント数をためれば，平均的に毎分何個の放射線が観測されるのかということを安定して求めることができる．たとえば 1 時間測って，計数が 600 カウントだったとすると，平均で毎分約 10 カウントだということができる[5]．統計学によると，こうした計数はポアソン分布に従うことが知られていて，600 カウントという計数に対する不確かさ（誤差）[6]は $\sqrt{600} = 24$，計数率の不確

---

[4] たとえば，661.7keV のγ線の検出効率が 1%だとすると，ある測定時間中に検出器を貫くγ線が 100 個あったとしたとき，実際に検出されるのは 1 個にすぎない．なので線量計内部では，換算するときに 100 倍して空間中の粒子フルエンスを求め，そこからさらにシーベルトに換算して表示している．ところが，同時に放出された 100 個のβ線が，遮蔽されずにすべて検出器内部に到達したとすると，測定時間中のカウント数は 100 になる．計数のための検出器は粒子の種類を識別することはできないから，これをγ線だと誤認して 100 倍すると，10000 個のγ線が空間中にあるはずだと計算してしまう．

[5] 平均で毎分 10 カウントといっても，個々の放射線はきちんと 6 秒間隔で観測されることはない．次に観測されるのが 2 秒後かも 15 秒後かもしれないが，5 分待っても 1 個も観測にかからない，ということは考えられない．

[6] 不確かさ（ふたしかさ：uncertainty）とは，測定値に対して，合理的に結びつけられうる値のばらつきを特徴づけるパラメータ．従来の誤差（error）の考え方に代わる概念だが，研究者のあいだでもまだ普及していない言葉であるし，一般には誤差のことだと理解してもらえばよい．くわしくはパリティ誌（丸善）2008 年 6 月号の記事「不確かさの考え方と取り扱い方」（鳥居著）を参照．

かさは毎分 24/60 = 0.4 となるから，計数率（単位時間あたりのカウント数）は 10.0 ± 0.4 cpm（cpm は 1 分間あたりのカウント数を表す）[7]と求められる．このように，なるべくたくさんのカウント数を観測することで，測定の精確さが増す．

> Point：少ないカウント数では値の信頼性が低い．測定精度を上げるには，時間をかけて統計数をためる必要がある．

バックグラウンドの問題

測定されたカウント数がすべて，測りたい放射線に由来するものであればよいのだが，実際には別のものが混じっていることが往々にしてある．たとえば，放射性セシウムを含む試料の放射能を調べる場合，試料以外から飛んでくる放射線によるカウント数の寄与（これをバックグラウンドとよぶ）を考慮して，試料を置いたときと置かずに計数したときとの差し引きをして計算する必要がある．バックグラウンドは同じセシウムからの放射線とはかぎらない．環境中に存在する，カリウム 40（^{40}K）やウラン，トリウムとその娘核種などの天然の放射性核種から，または原理上のノイズが原因かもしれない．バックグラウンドの計数も試料の計数も，値が統計学的にばらつくので，もし両者の差が小さいような場合は，対象物の放射線量を精度よく求めるのは困難になる．わずかな放射能を精度よく測定しようと思ったら，できるだけバックグラウンドの少ない環境下で長時間安定して測定をしなくてはならない．

> Point：試料の測定はなるべくバックグラウンドが少ない環境下で測定をし，バックグラウンドを差し引く．放射能が小さいほど，測定は困難になる．

エネルギー測定

個々の放射線を，そのエネルギーを測りながら検出することにはメリットがある．とくに，γ 線では，エネルギーを知ることで，その放射線がどんな核種から放出されたものかを同定することもできるので，試料中あるいは環境中に含まれる放射性核種の種類がわかり，放射能の大きさを求めることができる．放射線の

---

[7] cpm（counts per minute）．

測定で放射性物質の放射能がわかるのである．一方でβ線の場合は，もともとエネルギーは定まらず分布をもっていた（3章参照）．なのでそのままエネルギーを測るだけでは，核種を同定することは不可能に近い．ストロンチウム（^{89}Sr，^{90}Sr）のような，β線しか出さない放射性核種の検出が難しいのはそこに理由がある．

エネルギースペクトル

測定した放射線のエネルギーを横軸に，縦軸にカウントされた数を示したヒストグラムをエネルギースペクトル[8]とよぶ．図5.1に例を示す．

電離箱やGM管が計数しかできないのに対し，ヨウ化ナトリウム（NaI）検出器やゲルマニウム（Ge）検出器は放射線のエネルギーを測定できる装置である．荷電粒子線に対してはほぼ100％の検出効率で，γ線は物質との反応確率が低く透過力が高いため，すべてのγ線を検出することはもとより望めないが，原子番号が大きい元素を含むため，検出効率は10％〜30％と比較的高い．検出器の有感領域に入射したγ線が光電効果を起こせば，そのすべてのエネルギーは1個の電子（β線）に与えられ，発生したβ線は二次電子を生み出し，すべてのエネルギーをNaI結晶やGe半導体に与えて止まる．与えられたエネルギーは，最

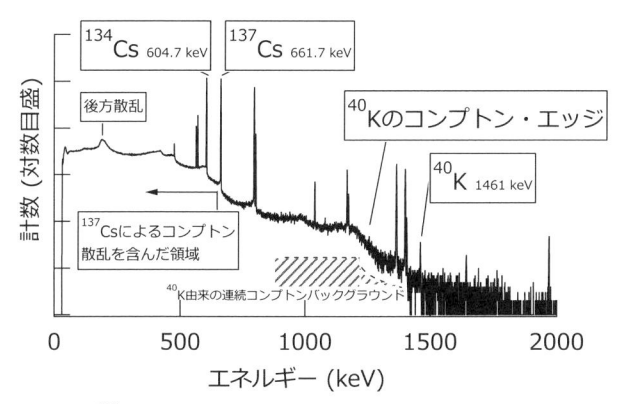

図5.1 ^{137}Csを含んだ試料をゲルマニウム半導体検出器で測定したγ線スペクトル．縦軸の1目盛は10倍を示す．それぞれの核種の光電ピークには低エネルギー側にコンプトン・エッジが観測され，それ以下のエネルギーで連続コンプトンが観測される．

---

[8] エネルギースペクトル：energy spectrum.

終的にその強度に比例した電圧信号に変換されて記録される．

エネルギー分解能

　このようにして入射する粒子のエネルギーを知ることができるが，得られる信号が完全にエネルギーに比例するとはかぎらない．まったく同じエネルギーのγ線を検出した場合でも，実際に得られる信号の大きさには幅（ばらつき）が出てしまう．これを分解能といい，分解能の高い装置ほど，わずかなエネルギーの差も区別して観測することが可能となる．たとえば，NaI検出器の分解能に比べて，Ge半導体検出器は圧倒的に分解能に優れた検出器である．特定の放射性核種から放出されるγ線（何本か種類があるときはそのそれぞれ）のエネルギーは，原子核の性質によって，はっきりと定まっている．しかし，エネルギー分解能が悪い検出器の場合，読みとったγ線のエネルギーに幅が生じてしまうため，どの核種からのγ線か特定することが難しくなってしまう．そうなると試料に含まれている核種が何であるのか特定できない．Ge半導体検出器の分解能はすばらしいが，しかし，非常に高価な機器でもある．そのため，NaI検出器を使うのか，あるいはGe半導体検出器を使うのかは，試料に含まれる核種の数やγ線の強度（放射能）によって判断しなければいけないので，十分な経験が必要になる．

> Point：γ線のエネルギーを測定することで，それを放出した放射性核種を同定することができ，放射能も計算できる．分解能が悪ければ，別の核種と区別がつかず困ることがある．

光電ピークとコンプトン・エッジ

　γ線のエネルギーを測定する場合，γ線が検出器内のど真ん中で光電効果を起こせば，そのエネルギーが100％とらえられると考えてよいから，ある1種類の放射性核種から放出されたγ線は，エネルギースペクトル上に，それぞれの核種に固有のエネルギーをもつピーク（光電ピーク）として現れる．放射性核種の種類が違えばエネルギーのピークも異なり，場合によってはエネルギーの違う2本以上のγ線を出す核種もあるが，そのピーク強度の比率も原子核の物理学的性質で決まっている．ところが，γ線がコンプトン散乱（2章参照）を起こす場合には，γ線は電子にエネルギーの一部を与え，自分自身はその分だけエネルギーを失って散乱されるが，消滅はしない．このとき検出器で観測されるエネルギ

ーは，電子に与えられたエネルギーだけである．電子（β線）は検出器内で止まり，そのエネルギーはすべて物質に与えられて電気信号に変換される．しかし，散乱されたあとのγ線はおおかたの場合そのまま検出器から出ていってしまうから，そのエネルギーはもち逃げになって観測にかからない．

図 5.1 は ^{137}Cs と ^{134}Cs を含む土壌を Ge 検出器で測定したときのスペクトルである．鋭い光電ピークの左側（低エネルギー側）に，崖のような盛り上がりがあって，それがゆるやかに左に続いているのがわかる．これらはすべてコンプトン散乱された電子を観測したものである．そのなかで一番エネルギーの高い崖の部分をコンプトン・エッジ（コンプトン端）とよぶ．コンプトン散乱で得られる電子のエネルギーの最大値がここに相当する．

何種類かのγ線が環境中に混じって存在している場合，たとえば ^{40}K からの 1.461 MeV のγ線もあるなかで ^{137}Cs からの 0.6617 MeV のγ線を観測したい場合，前者の方がエネルギーが高いため，^{137}Csγ は ^{40}Kγ のコンプトン散乱がつくりだすバックグラウンドの上に光電ピークが乗ることになる．そのため，^{137}Csγ のカウント数（つまりエネルギースペクトル上でピークの面積）を求めようと思ったら，必ずこのバックグラウンドを差し引くという処理が必要になってくる．スペクトル上でバックグラウンドをつくりだしているのは ^{40}K からのγ線だけとはかぎらないが，そのバックグラウンドの由来が何であれ，考え方は同じに処理することになる．

> Point：特定核種のγ線について，エネルギースペクトル上で光電ピークの面積（カウント数）を求めるときは，他の核種のコンプトン散乱に由来するバックグラウンドを差し引く必要がある

ゲルマニウム半導体検出器の仕組

Ge 半導体検出器の要：Ge 結晶

γ線を正確に測定するには Ge 半導体検出器が最も適している[9]．Ge 半導体検

---

[9] Ge 半導体検出器を販売する会社は数多くあるが，Ge の結品を製造している会社は世界で 3 社しかない．これには高純度の Ge 結品を作成するには高い技術が求められるためだとされる．Ge 検出器を HPGe 検出器と表記することがあるが，これは Hyper-Pure Ge 検出器の略称である．

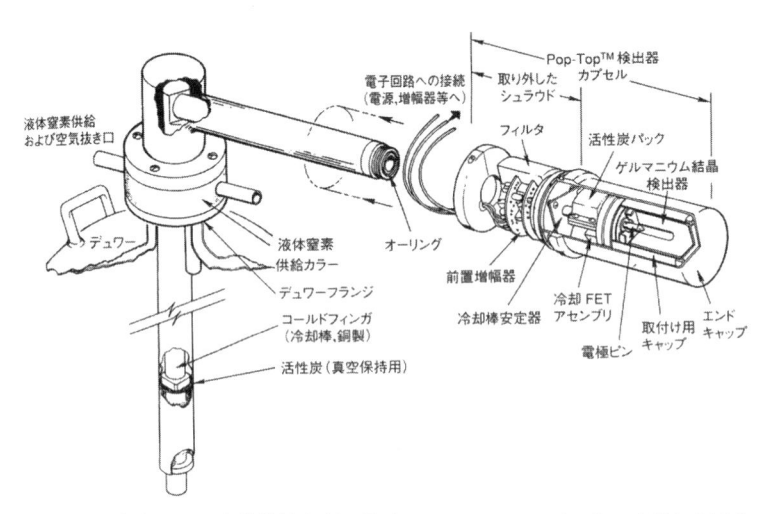

図5.2 一般的なGe半導体検出器の構造．エンドキャップの先に試料を設置する．(G. Gilmore 他著，米沢仲四郎他訳：「実用ガンマ線測定ハンドブック」図3.17（日刊工業新聞社，2002）より）

出器にも多くの種類が存在する[10]が，基本的な構造は同じだ．検出の要になるGeの結晶はエンドキャップ（アルミニウム製）の中に納められている．キャップの中は高真空になっている[11]が，γ線の透過をさえぎってはいけないので，その厚さはできるだけ薄くつくられている．そのため試料と検出器を密着させるときには十分に注意しなければいけない．さらに近年では，Ge半導体検出器の周辺にNaIシンチレーションカウンタを配置して，Ge結晶から散乱するコンプトン連続バックグラウンドを排除するシステム[12]も構築されているが，まだ市販品として売り出されているものは少ない．

正孔電子対と移動度

なぜゲルマニウムなのであろうか．Ge結晶はγ線を受けとると，その結晶の中に電子正孔対を生成する．正孔とは価電子帯から伝導体に電子が運ばれた場合にあいてしまった点のことを指す．γ線を検出する半導体ではこの正孔と電子の

---

[10] p型・同軸型などが挙げられる．とくにp型にBe（ベリリウム）窓を使用したGe半導体検出器は低エネルギーのγ線の検出に優れている．
[11] 水蒸気で傷むので，Ge結晶のまわりは必ず真空に引く．
[12] コンプトン・サプレッションシステムといい，驚異的な低バック環境を実現できるが非常に高価である．

表 5.1 Si と Ge の特性

	原子番号	移動度（正孔）($cm^2V^{-1}s^{-1}$)	移動度（電子）($cm^2V^{-1}s^{-1}$)
Si	14	480	1350
Ge	32	42000	36000

移動度が高ければ高いほど好ましい．表5.1にはSi（ケイ素）とGe（ゲルマニウム）の特性について挙げた．この点ではケイ素も優秀な半導体検出器になりうるのであるが，γ線の検出には原子番号が小さく低エネルギー光子の観測にしか用いることができない．それに対してGeは正孔電子対の移動度も高く，また原子番号も大きく，γ線の吸収係数も大きい．難点はGe結晶の作成には高度な技術が必要で，たいへん高価になってしまうことである．

> Point：Ge半導体検出器はGeの結晶がγ線を電気信号に変換する効率が非常に高い特性を利用している

食品中の放射線セシウムのγ線測定

「暫定基準値」から「基準値」へ

　2012年4月1日から施行された厚生労働省の省令によって，食品・飲料水などに含まれる放射性セシウムの基準値が引き下げられることになった．この日付より以前は暫定基準値とよばれていたが，この日を境に，暫定の文字が外れることとなった．たとえば，米などの「一般食品」は500Bq/kg（暫定基準値）から100Bq/kgに基準が変更された（表5.2）．このことにより放射線測定の現場では，これまでよりシビアな測定条件を考えなければいけない．なぜなら，500Bq/kgから100Bq/kgへの変更は，ただ単純に閾値が変更になったということではない．より測定が難しくなる「低線量の領域」に足を踏み入れているからである．そのため，測定には試料の特性も考慮した慎重な操作が求められる．

　ここで測定する放射線の量について考えよう．一つの原子が変化する際に1個の放射線が放出されるものである．いわば，放射線量を測定するのは原子の数を

1個1個数えるようなものである．それに対して，われわれが生活している世界は，コップ1杯180mlの水であっても10モルの分子，$6 \times 10^{23} \times 10 = 6 \times 10^{24}$の数の分子が含まれる．放射線の測定とはその中に溶けているかもしれない，何個という原子からの放射線を測定することに相当するのだ[13]．何回も計らないと，計るたびに値はある幅で上下する．ペットボトル2000mlを考えると，規制値20Bq以下であることを確認する=コップ1杯の中に2Bq以下を確認することに相当する．たとえば，ペットボトルに20個の小さなボールが入っていたとしても，コップ1杯水を入れた際に，いつも2個入るとはかぎらないであろう．厳しくすればするほど，思っているほど正確に値を出すことはできない．測定目標の値を小さくすることは，通常の測定と異なることを理解したい．何倍かの時間をかけて測定しないと，正確な値を得ることはできない．さらにそのための測定機器が限られているような状況では，むしろ測定されずに市場に出てしまうことがないようにしたいものである．

表5.2 食品中の放射性セシウムの新基準値[14]

食品群		新基準値 （平成24年4月より） 単位 Bq/kg
飲料水	直接飲用する水のほかお茶も対象	10
牛乳	加工乳なども対象．チーズなどは一般食品に該当	50
乳児用食品	乳児向け食品	50
一般食品	上記を除く食品．ただし，乾燥キノコなどは「乾燥状態」と「水に戻した状態」の双方を測定	100

環境試料の計測

事故から1年が経過して，福島第一原子力発電所から放出された核種の中でも，半減期の短い「短寿命核種」は崩壊し尽したため，環境に残っている核種のほとんどは半減期の長い「長寿命核種」である．とくに近年では放射性セシウム（半

---

[13] 1Bqの^{137}Csは約14億個の原子が存在していることと同じである．「億」という単位はとても多く見えるが，アボガドロ数から比較すればごくごくわずかである．
[14] 「食品中の放射性物質の新たな基準値について」厚生労働省医薬品局食品安全基準審査課（平成24年4月）．

減期は ^{134}Cs で約 2 年，^{137}Cs で約 30 年）による内部被曝の影響について関心が高まっている．その一例として食品（たとえば給食）に含まれる放射性物質の測定がある．福島県南相馬市をはじめ，多くの自治体では，給食の「丸ごと検査」というものがスタートしている．これは給食に供されたすべての食材を撹拌して測定容器に入れそのまま放射線（この場合は γ 線）を測定し，放射性セシウムによる日常的な内部被曝量の推定を算出することを目的としている．このような分析は測定する放射能レベルが一般食品の新たな基準値（100 Bq/kg）よりもさらに低い 10 Bq/kg 以下であることが多い．このような測定を正確に行うためには NaI（ヨウ化ナトリウム）検出器をはじめとしたシンチレーション検出器では到底対応することができない．そのため，高精度で放射線の計測が可能な Ge 半導体検出器を用いることになる．

これまで述べてきたように γ 線を検出すること自体はすでに確立している技術である．しかし，環境試料ならではの放射線計測の特徴やポイントを詳しく解説する[15]．

試料容器

測定する環境試料は U-8 容器やマリネリ容器とよばれるプラスチック製の容器に入れる．Ge 半導体検出器では γ 線を測定の対象とするため，容器の素材はプラスチック程度のものであれば大きな遮蔽要素にはならない[16]．マリネリ容器は検出器のまわりを取り囲むような特殊な形状であるため検出効率の向上，あるいは検出限界の大幅な低減を期待することができるが，高価であるため使い捨ての使用法には向かない（図 5.3 参照）．その一方，U-8 容器はそれほど大容量ではない（底面積 21 cm^2，高さ 6.2 cm）が，安価で大量に使用できるため，数多くの試料を測定する場合には U-8 容器が適している．図 5.4 には U-8 容器に土壌を入れた様子を示した．東京大学アイソトープ総合センター[17]で測定に用いている汎用性の Ge 半導体検出器では U-8 容器に標準試料を入れて γ 線を測定し，後述する各係数の補正を行っている．

---

[15] Ge 半導体検出器にも高い検出効率を誇る井戸型・汎用的な同軸型，平板型など複数の種類があるが，今回は最も一般的な平板型のものを想定している．
[16] β 線や α 線は γ 線と異なり，プラスチックは遮蔽要素になってしまう．そのためそれらの放射線を測定するときには，別の手法を用いる．
[17] 東京大学アイソトープ総合センター（http://www.ric.u-tokyo.ac.jp/）．

図 5.3 マリネリ容器（左）と U-8 容器（右）[18]

図 5.4 U-8 容器に土壌を入れた様子．2011 年 6 月に行われた文部科学省による福島県全域を対象とした土壌調査で撮影．

γ 線測定までの準備

測定の前に検出器内に汚染があるとバックグラウンドを高めるばかりではなく，計測そのものが不正確になってしまう．そのため最初に高感度の GM 計数管で検出器内部に汚染がないことを確認したのち，検出器が液体窒素によって十分に冷却されていること，また測定時間内に液体窒素が干上がることのない量がある

---

[18] 長野県ウェブサイト（http://www.pref.nagano.lg.jp/kankyo/kansei/houshanou/houshanou.htm）．

かを念入りに確認する．汚染検査は測定を行ううえで非常に重要な手続きである．

次に，標準線源によるエネルギーと検出効率の補正（校正）を行う．とくにエネルギー検出効率補正は示される結果に直接影響するため重要な項目になる．Ge 半導体検出器にかぎらないが，高いエネルギーをもつ γ 線は検出器（正確には Ge 結晶）を「素通り」してしまう確率が高い．そのため，高いエネルギーになればなるほど検出効率が低く，逆に低いエネルギーのものは拾いやすいという特徴がある．そのため，せっかく検出器に入ってきた γ 線でもそのエネルギーによって検出効率が異なることに注意しなければならない．

試料側にも前処理が必要だ．容器に入れた試料はあらかじめよく撹拌されていることが肝要になる．とくに土壌の場合，放射性セシウムを含む放射性物質は人為的な攪乱（掘り返したり埋めたり）がなければ，土壌の最表層 $1～2\,cm$ に吸着している．スコップなどで掘り起こした土を，堆積していたそのままの状態で容器に入れて γ 線の計測をしてしまうと，もっとも放射性セシウムが存在している最表層が検出器側に接している場合とそうでない場合では，検出器までの距離が変わってしまう．たかが数 cm と思われるかもしれないが，この差は大きい．そのため，測定前にはよく試料を撹拌して放射性物質を容器内で完全に一様にする[19]．

次に試料が容器の「どの高さまで充填されているのか」を把握する必要がある．つまり，試料の高さによって検出器からの距離が変わってくるため，容器いっぱいまで試料が満たされている背の高い試料と容器にほんの少ししか入っていない試料では，両者が単位体積あたり同じ濃度の放射能を有していたとしても，きちんと補正をかけないと示される値はまったく違う値になってしまう．放射線源（試料）を懐中電灯だと思えばイメージがつけやすいだろう．懐中電灯のもともとの光の強さ（放射能）が同じでも，光源までの距離によって見える明るさ（検出器がとらえた γ 線）が違うことと同様である．

その次に試料の形態に着目する．環境試料には水や土壌，植物や食品など多くの種類があるが，試料の形態，つまり固体なのか液体なのか，固体ならその水分の含有量はどの程度なのか，空隙はどの程度なのかといった事情を考慮する．た

---

[19] U-8 容器に土壌を入れ，数百回振盪（しんとう）すると完全に放射能が一様になることが知られている．

図 5.5 灰化した稲わら．このあと乳鉢を使ってさらに粉砕する．大型の試料（果実や魚や肉など）も稲わらと同様に灰化して測定することが多い．

とえば「米」の測定であれば，粒と粒のあいだに空隙が存在するため，測定後に容器を振ってしまえばまた異なる空隙が形成される．そのため厳密には，振る前と後では空隙の位置が変わり γ 線の通りやすさが変わってしまうため，完全に同一のスペクトルは得られない．牛肉や牛乳の汚染の原因となった「稲わら」の場合はどうだろう．稲わらは密度が小さいので容器に入れることができる体積が限られている．そのため，稲わらのままの状態では高精度で放射能を求めるには膨大な時間を要してしまう．このような場合には灰化して試料を炭にしてしまう方法をとる．図 5.5 には灰化した直後の稲わらを示した．灰化することで体積は元の 10 分の 1 以下になることから，効率よく放射線を測定することが可能になる．

水分は γ 線の遮蔽要素

試料に水分があると γ 線の遮蔽効果が高くなってしまうので，見かけの放射能は小さくなる．試料に水分が多く含まれている田んぼの土壌のような試料は事前に極力乾燥させておく．乾燥によって体積が小さくなることも期待できるため，より正確に γ 線を測りやすくなる．やむを得ず濡れた土をそのまま測る場合や，水そのものの場合には水に標準線源を溶解した標準溶液などで入念に校正をしておく必要がある[20]．

> Point：試料は可能なかぎり「均一」にして「乾燥」状態にして，かつ「た
> くさん」あるとγ線を正確に測りやすい

バックグラウンド低減のための遮蔽材の選定*

（あまり興味のわかない方や，内容が専門的で難しいと感じた方は飛ばして次に進むとよい．）

　測定の準備について述べてきたが，高い精度で放射線を計測するためにさらに必要となる点もある．その中でもとくに重要なのが，検出器の外部から入ってきてしまうγ線の遮蔽である．そのためγ線を遮蔽する遮蔽材選びにも慎重さが求められる．一般的にγ線は厚い鉄板などで遮蔽できるという文言をよく見かけるが，遮蔽材の中でも比重の大きな素材がとくに好まれ，その代表が鉛だ．しかし，市販の鉛には天然由来の放射性同位体 ^{210}Pb が少なからず含まれる．この核種は 46.5keV のγ線を放出するため，測定上のバックグラウンドを高めてしまう原因の一つになる．このようなエネルギーの低いγ線であればそれほど大きな影響は受けないが ^{210}Pb の娘核種である ^{210}Bi のβ崩壊に由来する制動放射線（第2章参照）が測定に与える影響が大きい．これを防ぐためには鉛遮蔽の内側に純度の高い銅（無酸素銅）を設置し，内部遮蔽をする．また，試料から放出されたγ線が鉛原子に吸収されると，光電効果やコンプトン散乱によって原子の内殻電子が弾き飛ばされ，引き続いて X 線が放出されることがある．この中でも Kα 線の領域がちょうど Ge 半導体検出器で拾えてしまう境界に相当する．この X 線は原子準位間のエネルギー差に相当する決まったエネルギーをもち，特性 X 線とよばれる．無酸素銅はこうした X 線を遮蔽する役割もあるのだ．また鉛と銅のあいだに鉄を遮蔽に用いることもある．じつは，この鉄の素材選びにも一工夫が必要になる．なぜなら，第二次世界大戦後の溶鉱炉では炉の損傷具合を炉の稼働を止めることなく確認することができるように，あらかじめ放射性物質（コバルト60：^{60}Co）を炉に入れておくことが主流となっていることから，製品として出荷される「鉄」にはごくわずかな ^{60}Co を含んでいるためだ．この

---

[20] 各自治体の水道局が行う放射能検査の場合，水道水を数十リットル蒸発させ，残った残渣に対して放射能の測定を行うことが多い．時間と手間を要する測定であるが，もとの水に換算したとき，検出限界値は非常に小さな値として示される．

鉄を用いた遮蔽環境では残念ながら低バックグラウンド環境には到達できないことが多い．そのためきわめて高い精度で放射線を測定する環境では^{60}Coが含まれていない，つまり，戦前につくられた鉄を遮蔽に用いる．日本の場合では，第二次大戦中に瀬戸内海の安芸灘で沈没した戦艦「陸奥」を引き上げて，それを切り出した鉄を遮蔽に用いることがよく知られている．一例を挙げれば，長崎大学のヒューマンカウンター（いわゆるホールディーカウンター）は，その測定室の遮蔽にその鉄を大量に用いている[21]．

しかし，このように鉛や鉄や銅を使って内部遮蔽をかけても，まだ妨害要因がある．大気中に数 Bq/m^3 の濃度で存在する**ラドン**（^{222}**Rn**）である．そのため，遮蔽材と試料のあいだの空隙を発泡スチロールなどでできるだけ埋めておくという工夫も必要になってくる．さらに宇宙線の影響をできるだけ小さくするため，測定室そのものを大深度の地下に設置するという大技もある[22]．このようにさまざまな妨害核種に起因するバックグラウンドを低減させるということがいかに難しいかご理解いただけると思う．

> Point：高精度で測定を行うためにはしっかりとした遮蔽が欠かせない．ただ鉛で覆えばよいというわけではない．

放射能（Bq）を計算するまで

ピーク面積の計算

測定開始から数時間が経過し，解析に十分耐えるγスペクトルが得られた．図 5.1 でも示したように，γ線スペクトルは横軸にエネルギーを縦軸にカウントを示したものである．環境試料の放射線を測定するときにはエネルギーの上限を 4 MeV 程度にしておけば，ほとんどの核種に対応することができる．今回は最も測定が簡単な ^{137}Cs の算出について見てみよう．図 5.6 にはγ線スペクトルのなかで，661.7 keV 近傍を拡大している．^{137}Cs から ^{137}Ba に崩壊する過程で放出されるγ線は 1 種類のみで，そのエネルギーは 661.7 keV である．エネルギー校正

---

[21] 長崎大学大学院医歯薬学総合研究科原爆後障害医療研究施設のウェブサイト内にヒューマンカウンターの遮蔽環境について詳細な説明がある．
[22] 国内では金沢大学低レベル放射能実験施設（LLRL）の尾小屋地下実験施設が有名である．

さえきちんと行われていれば，どの測定器で測定したとしても^{137}Csが存在すれば必ずこのエネルギーを中心としたピークになるはずである．したがって，スペクトル中に661.7keVに明瞭なピークがあれば，この試料には^{137}Csが含まれていそうだと，ひとまず判断することができる．そこで，このピークの面積を計算する段階に入ろう．ピークは計測時間，つまりγ線の収集時間のあいだに少しずつ大きくなってきたものであるから，ピークの面積を計測時間で割れば，単位時間あたりの崩壊数が計算できそうだという見通しがつく．図5.6のスペクトルを見てみると，観測されるピークには若干の広がりがある[23]．ここでわれわれが求めたいのはバックグラウンド（B，C，D）の領域から飛び出している分，すなわちAの面積である．A（正味の面積，ネット面積）を求めるためにはまず，バックグラウンドを含めた全体の面積（$A+B$，グロス面積）を求め，そこからバックグラウンド分（B）を差し引くことにする．最初に，全体の面積（$A+B$）を求めるために，対象とする領域（この場合，ピークを中心に前後4チャネル分）のカウント数をすべて足し合せる．そのあとBを求めるのであるが，ここの面積の算出にはピークの前後のバックグラウンド，すなわちCとDの面積をもとに計算される[24]．したがってAの面積は次の式で表現される．

$$A = (A+B) - B = (A+B) - \alpha C - \beta D \quad (ただし，\alpha, \beta は定数)$$

したがって，Aの面積を求めるためには，ピークの前後の面積が非常に重要になってくることがわかる．ピークがバックグラウンドよりもはるかに大きい場合にはさほど問題にならないが，バックグラウンドからわずかに頭をのぞかせるピークの場合は注意が必要である．ここで求められたAを測定時間（秒）で除して，検出効率と放出率[25]で補正することによってはじめてベクレル(Bq)という単位で放射能が示される．さらにサンプルの重量で規格化すれば単位重量あたりの濃度，すなわちBq/kgが示されることになる．また，ここで示される値は測定

---

[23] 観測されるピークの半値幅がGe半導体検出器の性能を評価するうえで重要な指標になる．たとえば一般的なカタログには^{60}Coに由来する1333keVに観測されるピークの半値幅が記載されていることが多い．
[24] 本章で取り上げた例はCovell法に基づき計算方法を単純化したものであり，実際にはピークの形状によって一つひとつ解析方法が異なる．詳細については「文部科学省　放射能測定法シリーズNo.7 ゲルマニウム半導体検出器によるγ線スペクトロメトリー」の9章以降を参照されたい．
[25] 核種が崩壊するときにそのエネルギーの放射線をどの割合で放出するかという係数．

開始時刻から測定終了時刻までの崩壊数を単位時間あたりで示したものである．サンプル採取から測定までの時間差を考慮し，核種に応じて，β崩壊系列における核種の崩壊に対する時間変化を考えて放射能の補正を行う必要がある[26]．

測定誤差と検出限界

このピークから求められた核種の測定誤差，検出限界も同じような考え方で示すことができる．**測定誤差（σ）** は次の式で示される．

$$\sigma = \sqrt{(A+B)+\alpha^2 C+\beta^2 D} \quad (ただし \alpha, \beta は定数)$$

さらに**検出限界**（Detection Limit；DL）は測定誤差の3倍として示すルール[27]が一般的であるので，次のように示すことができる．この式からも検出限界を下げるためには，いかにバックグラウンドを小さくする必要があるか次の式で明確に示されている．

$$DL = 3\sigma = 3\sqrt{(A+B)+\alpha^2 C+\beta^2 D} \quad (ただし \alpha, \beta は定数)$$

ここで示されているように検出限界とは A や B の領域のほかにもピークの前後にある C や D の領域の面積にも左右される．A と B の領域はまさにそのピークそのものの大きさであるから，対象とする試料から放出される γ 線がごくわずかであれば，検出限界もおのずと下がってくる．逆に高い放射能を有する試料なら，検出限界も相対的に上昇する．たとえば，原発周辺数 km で採取された土に含まれる ^{137}Cs は数百万 Bq/kg をしばしば観測するが，この場合の検出限界は数千 Bq/kg 程度になる．

食品などの放射能測定では，しばしば「検出限界1Bq/kgの測定機器」という文言をカタログなどで見かけるが，厳密にはこの解釈にも注意が必要だ．検出限界値が1けた Bq/kg ということは，もともと検出されるピークの大きさが非常に小さいばかりでなく，C や D の面積も小さくなくてはいけない．これらの面積が小さくなるためには，検出器まわりの遮蔽環境がしっかりしていなければいけない．さらに長時間測定することで相対的に σ が下がってくる．さらに試料重量が重たくなればなるほど示される放射能は下がる．つまり「検出限界

---

[26] 核種の量が時間とともにどう変化するかについては，第3章を参照．
[27] 参考論文：J. A. Cooper：Nucl. Instr. Meth., **82**, 273（1970）．

1Bq/kgの測定機器」とは，いつでもどんな試料でもこの値で測れるということではなく，ベストエフォートでこの値が示されるという意味だ[28].

> Point：検出限界は「相対的」なもの．放射線を測定する機器の絶対的な性能を示す指標ではない．

実際のγ線スペクトルからピーク面積を求める際には，ピークが重なって示されたり，バックグラウンドの影響を受けているものもあるため，5章で紹介した方法ですべて解析できるわけではないが，基本的な考え方は同じである．今後はさまざまな場面でGe半導体検出器を用いた放射性物質の測定値を目にする機会があるかと思うが，示された放射能の数字だけではなく，検出限界や測定誤差にも注目する必要がある．

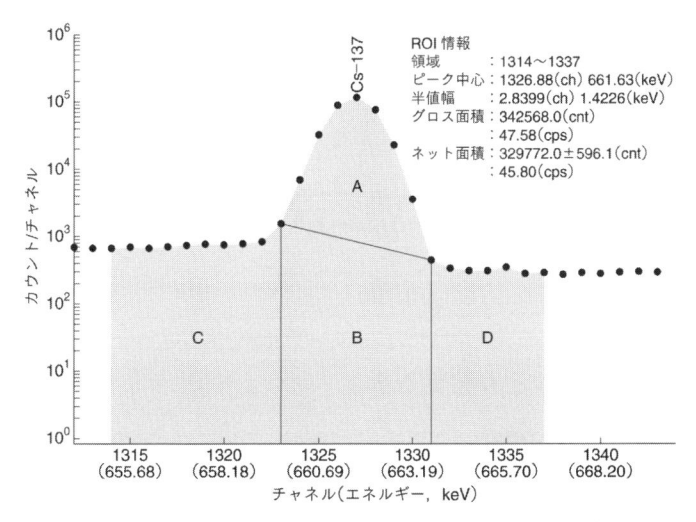

図5.6 γ線スペクトルにおける661keV近傍の拡大図．縦軸（カウント数）が指数表示になっていることに注意．（小豆川勝見：科学，**82**（5），483（岩波書店，2012）より）

---

[28] たとえば「条件次第で検出限界1Bq/kgが限界」などと表記があれば理解しやすい．

> Point：検出限界を小さくしたいなら，ピーク前後のバックグラウンドを可能なかぎり下げることが重要．「しっかりとした遮蔽」が必須．

放射性セシウムの内訳

　福島第一原子力発電所の事故以降，「放射性セシウム」とは，^{137}Cs と ^{134}Cs の放射能を足し合せたものを示すことになっている．これまで記述してきたように ^{137}Cs は ^{235}U の核分裂生成物[29]である．それに対して，^{134}Cs は放射化生成物[30]である．核分裂生成物は ^{235}U の核分裂で直接生成される核種であるのに対して，放射化生成物の生成過程は若干複雑だ．^{134}Cs の場合，まず ^{235}U の核分裂生成物として非放射性である ^{133}Cs が生成される．その後，^{133}Cs は高速中性子が軽水[31]で減速された熱中性子によって放射化され，^{134}Cs となる．放射化されるのに使われた中性子は，^{235}U が臨界[32]に達している状態であれば，^{133}Cs の周辺に大量に存在する．逆に言えば，未臨界の状態では ^{134}Cs が新たに生成されることはない．当然のことではあるが，^{137}Cs，^{134}Cs が生成する過程は，本来すべて原子炉の燃料棒の中で行われるものであり，通常であればこれらの核種が原子炉外で検出されることはない．福島第一原子力発電所の事故では，^{137}Cs に対する ^{134}Cs の放射能比が事故当時 1.2 から 1.0 程度という特徴がある[33]．今後は ^{134}Cs の半減期が ^{137}Cs と比較して短いことから，時間とともに ^{137}Cs が環境中で卓越する核種となることが予想される．

検出器上で基準値はどう見える？

試料の問題

　では放射性セシウム「100 Bq/kg」の基準値は測定の現場でどのような意味をもつのであろうか．図 5.7 に Ge 半導体検出器の遮蔽カバーを外した状態を示した．Ge 半導体検出器は，矢印で示した高純度 Ge 結晶に向かって放出された γ

---

[29] 核分裂生成物：fission product.
[30] 放射化生成物：activation product.
[31] 質量数 1 の水素と酸素で構成された水（^{1}H$_2$O）を軽水とよぶ．質量数 2 の水素，すなわち重水素と酸素で構成された水（^{2}H$_2$O）は重水とよばれる．
[32] 臨界（あるいは未臨界）については 3 章参照．
[33] 具体的な事例は 6 章「柏市のホットスポット」参照．

線を検出する装置である．Ge結晶は大きければ大きいほどγ線を拾いやすくなるため検出効率が高くなる利点がある．しかし，その分，天然に存在する宇宙線[34]や地面からの^{40}Kのγ線[35]を拾いやすくなり，バックグラウンドが高くなってしまう欠点がある．両者を考慮すると，最も整合性がよいGe結晶の大きさは直径10cm程度になる．そのため，供試できる試料の絶対量も限られてくる．試料の形態にもよるが，U-8容器を使用して食品試料を測定するのであれば分析に供することができる量はせいぜい100g程度である．したがって，装置上では10Bq/100g（1秒に平均10回の崩壊）が放射性セシウムの基準値と見なされる．

次に問題になるのが，試料から放出されるγ線の方向である．装置の形態にもよるが，試料はGe結晶の直上に置かれることが一般的である．そのため試料からγ線が偶然にも直下に放出された場合には，検出器で観測することができる．しかし，Ge結晶とは関係のない横方向や上方向にγ線が放出された場合，Ge半導体検出器はいっさい反応しない．そのため，あらかじめ放射能が既知である標準参照物質を用いて，ある程度の検出効率を求めておく必要がある．

実はこれで終わりではない．試料の体積や密度（空隙）によって，γ線の検出効率が変わってくるのである．同じ放射能の試料でも，試料の体積が大きくなるとGe結晶から遠くなった分は，よりGe結晶内にγ線が通過する確率が小さくなってしまう．また，試料そのものが放射線の遮蔽体として働くため，空隙の有無によって測定される放射能に差が生じてしまうことになる．われわれの測定の現場ではこのような影響をできるだけ小さくする補正作業を行っているが，いくつかの検査機関では速報性を重視するあまりこれらの点を考慮していないところもある．

検出効率の問題

次に検出器側の問題を挙げたい．Ge半導体検出器はGe結晶内に入ってきたすべてのγ線を検出できるわけではない．Ge結晶の特性として，高いエネルギーのγ線（たとえば^{40}Kの1.461MeV）ほど検出効率が低く，低いエネルギーのγ線（たとえば^{131}Iの364.4keV）ほど拾いやすい．そのため，検出効率にはγ

---

[34] 地表には宇宙線とよばれる放射線が数多く降り注いでいる．大気が放射線を遮蔽する効果があるため，標高の高い地点では低い地点よりも多く被曝する．

[35] ^{40}Kは1461keVのエネルギーをもつ固有のγ線を放出する．^{40}Kは天然に存在する放射性同位体の一つであり，半減期は12.8億年である．

線のエネルギー依存を考慮する必要がある．これに加えて，試料から放出されるγ線がすべてセシウム由来というわけではない．天然に存在する核種からのγ線はもちろんのこと，コンプトン散乱や遮蔽体である鉛からの特性X線も検出される．これらすべてのカウントの中から^{137}Csや^{134}Cs特有のγ線を観測しなければならない．

具体的な例を示そう．東京大学アイソトープ総合センター内のGe半導体検出器でU-8容器を用いて植物片試料100g程度を観測した場合，661.7keVの^{137}Csで検出効率は約1%である[36]．すなわち，^{134}Csと^{137}Csが同程度存在するとすれば，先に挙げた基準に照らし合せると661.7keVに観測されたγ線が1秒あたり0.05カウント（放射性セシウムとしては約0.1カウント）を超えて検出されれば，基準を超過することになる．1秒あたり0.05カウントとはすなわち，放射線を検出する頻度が平均して20秒間に1回ということを意味する．

Point：基準値は大きく見えても，検出器上では極微量の放射線を計測して判断している．だからこそ丁寧な測定がとても大切．

元来放射線はつねに決まった間隔で放出される性質のものではなく，確率に則って放出されるため，1秒あたり0.05カウントという低い計数の放射線を観測する場合，ときには素早く，ときにはゆっくり崩壊が起きているように見える．そのため，そのゆらぎによる影響をできるだけ小さくするためには，長時間の観測が必要である．とくに1秒あたり0.05カウントという基準値の判定には，十分に測定の不確かさ（誤差）を小さくする必要がある．そのため数時間の測定を要し，残念ながら簡易検査というもので測れるものではない．

このように基準値として示されている値が100Bq/kgとされていたとしても，測定の現場では1秒あたりわずか0.05カウントという微小な計数を閾値とした精度で測定を行っている．そのため食品関係の放射能測定は土壌などの試料と比較して，より慎重な測定が求められる．しかし，今後は膨大な試料を測定する必要があることから，迅速かつ正確な測定方法が必要になるが，ここで挙げたGe半導体検出器を用いた方法に頼らざるをえないのが実情である．

---

[36] 試料の含水率や組成によっても検出効率には若干の変動がある．

図 5.7 Ge 半導体検出器で環境試料から放出される γ 線を測定している様子．矢印内部に Ge 結晶が納められている．試料から見て最初にプラスチックによる β 線の遮蔽，無酸素銅と鉄の遮蔽が見てとれる．

放射性ストロンチウムの分析法

　これまでは放射性セシウムの検出について説明した．放射性セシウムは β 崩壊したあとの娘核種が γ 線を出すため，その γ 線をエネルギー分析することにより ^{134}Cs, ^{137}Cs の核種を同定することができた．しかし，崩壊時に γ 線を放出しない核種は Ge 半導体検出器を用いることができない．その場合には，前処理として目的核種を抽出し，β 線を検出する**液体シンチレーションカウンター**（LSC）や α 線を検出する**アルファ線スペクトロメトリー**を用いることになり，正確な放射能を求めるためには γ 線測定以上に時間と手間を要することになる．

β 線しか出さない放射性ストロンチウム

　福島第一原子力発電所の事故で放出された放射性ストロンチウム（^{89}Sr, ^{90}Sr）は β 崩壊時に γ 線を放出しない核種である．3 章で述べたように β^- 崩壊の場合，β 線（電子）は反ニュートリノと同時に放出される．その際，β 崩壊で発生するエネルギーが反ニュートリノと電子でどのように分配されるのか不定であるため，電子に付与されるエネルギーは一定にはならない．簡単に言えば，β 崩壊によって生じる β 線を観測するとスペクトルは線スペクトルにはならず，連続的なスペクトルになる．もし観測している試料の中に複数の β 崩壊核種が存在したら，観測している β 線はどの核種から放出されたものであるのか，β 線スペクトル上では判断することができない[37]．

　^{89}Sr, ^{90}Sr を考えてみよう．これはともに β 崩壊してそれぞれ ^{89}Y, ^{90}Y に崩壊する核種である．しかし，同じ β 崩壊する核種でも ^{131}I などとは異なり，崩壊時に γ 線を放出しない．^{89}Sr, ^{90}Sr を測るためには β 線を測定する装置，たとえば低バック LSC やガスフローカウンターなどが必要になる．これらの装置は ^{89}Sr, ^{90}Sr の測定に特化した機器ではなく，トレーサー実験などで頻繁に用いられる機器である．そのため大規模な研究機関であればこれらの機器を設置してある場合が多い．とくに LSC は Ge 半導体検出器より圧倒的に数多く存在する装置である．

化学的手法によるストロンチウムの分離

　では，なぜ放射性ストロンチウムの分析が難しいのか．今回の事故で拡散した「^{89}Sr, ^{90}Sr を測定する」とは，土や水，食品などの環境試料中に，^{89}Sr, ^{90}Sr がどれほど存在するかを明らかにすることである．しかし，これらの試料中には往々にして放射性セシウムも多数含まれ，むしろ放射性セシウムの方が放射性ストロンチウムよりも圧倒的に高い放射能で存在している[38]．厄介なことに放射性セシウム，たとえば ^{137}Cs も β 崩壊し，2 種類の β 線を放出する．これらの β 線

---

[37] 核種ごとに β 線の最大エネルギーは決まっているため，その値からどのような核種が含まれているのか判断がつく可能性もまれにあるが，少なくとも定性的な判断である．

[38] 今回の事故で放出された放射性セシウムと放射性ストロンチウムは数千倍程度の放射能比とされている．

もちろん連続スペクトルになる．そのため，環境試料を LSC などの装置に直接入れてしまうと，どの核種の崩壊によるものなのか β 線スペクトルから区別することができない．

放射性ストロンチウムの分離と精製

　89 と 90 という質量数がわかっているのであれば，質量分析にかけるという手段も提案できるかもしれない．質量分析とはその名の通り，ターゲットの質量別にカウントをとり，定量する方法である．具体的には ICP 質量分析計を用いることになるが，これも残念ながら解決策にはならない．なぜなら ^{90}Sr であれば，周期表ですぐ隣の ^{90}Zr と質量数が重なってしまうため，どちらの寄与によるものか判定がつかないのだ．そのため，^{89}Sr，^{90}Sr を測定するなら，環境試料の中から放射性セシウムや放射性ヨウ素などはもちろんのこと，天然に存在する核種も含め，すべての放射性物質を化学的手法で取り除き，試料中に ^{89}Sr，^{90}Sr しか存在しない状態にして β 線を測るほかない．簡単に聞こえるかもしれないが ^{89}Sr，^{90}Sr だけをほかの核種と分離するためには膨大な手間がかかる．具体的な手順は文科省による放射能測定法シリーズを参照[39]していただければと思うが，基本的には強酸（おもに硝酸）で放射性物質を溶液側にすべて溶脱させ，そこからイオン交換樹脂を用いて分離・精製をくり返す．酸を環境試料に用いた場合，放射性セシウムはもちろんのこと，それ以外の Na，Ca，K，Mg といった交換性陽イオンが大量に溶液側に抽出される．ターゲットである ^{89}Sr，^{90}Sr は交換性陽イオンと比較するとその量は圧倒的に少ない．前者は mol/L のオーダーであるのに対して，後者はせいぜい $10^{2\sim3}$ Bq/L のオーダーである．そのため一度の分離・精製作業ではとても処理しきれないため，何度も何度も操作をくり返し，時間をかけて完全な分離を行う．

γ 線分析とまったく異なる β 線分析

　これらの作業には 1 試料あたりどんなに急いでも数日はかかるため，数時間で放射能が得られる Ge 半導体検出器を用いた γ 線測定とは大きく様子が異なる．また ^{89}Sr，^{90}Sr の分離・精製に必要な試薬も非常に高価である．これが放射性ストロンチウムの分析が困難である理由の一つである．

---

[39] 放射性ストロンチウム分析法（放射能測定法シリーズ No. 2　文部科学省，平成 15 年）．

さらに法規制上の問題もある. γ 線分析のように環境試料として核種の分析を行う分には問題ないのであるが，核種を分離精製した場合には，その瞬間から「核種」としての扱いを受ける. 放射線管理区域ではあらかじめ扱うことができる核種や濃度が定められており，あらたにそういった核種を増やしたりするためには所定の手続きが必要になる. 福島第一原子力発電所の事故前から ^{90}Sr を扱うことのできる放射線管理区域は限られていることから，もともとこれらの核種を分析できる場所も少ない. これも ^{89}Sr, ^{90}Sr の分析が困難になっている理由である.

> Point：放射性ストロンチウムの分析には β 線を測る前に「分離・精製」の前処理が欠かせない. γ 線で分析できる放射性セシウムや放射性ヨウ素とは分析法が大きく異なる

6章　環境中の放射性物質
《環境放射化学》

　拡散した放射性物質は時間とともに濃縮と拡散をくり返す．その具体的な例として警戒区域と都市域のホットスポット（千葉県柏市）を取り上げたい．

放射性物質による汚染の実態

原発周辺の地域の実態

事故直後の20km圏内の様子

　小豆川は2011年4月初旬と12月末に東京電力株式会社福島第一原子力発電所を訪れた経験がある．12月の時点で事故から約9か月経過していることになる．警戒区域が設定される以前の4月初旬当時は政府，東京電力，日本原子力研究開発機構（JAEA）などからさまざまな情報が発信され，一般市民はもちろん現場でも何が正しい情報なのか見極めるだけでも労力を要する状況であった．そのため復旧作業に従事されている方の放射線に対する防護体制の不十分さに加え，周辺の住民に対する放射性物質の基本的な情報提供も曖昧だった印象があった[1]．実際に現場に立ち入ると，20km圏内は凄まじい空間線量率であり，軒並み$50\mu Sv/h$を超過していた[2]．とくに原発から半径数キロメートル圏内は$100\mu Sv/h$に近づき，ふだんから研究炉に立ち入る私でも経験のない値であった．図6.1は運転中の原子炉（研究炉）炉心から数メートルの場所に設置された空間線量率（左）と福島第一原子力発電所の正門前で測定した空間線量率（右）である．炉

---

[1] たとえば原発から35km程度離れた飯舘村では空間線量率が$90\mu Sv/h$を超える日があったにもかかわらず，長閑に農作業にいそしむ方々を数多く見かけた．
[2] 一般的なNaIシンチレーション式のサーベイメーターでは測定レンジの上限が$30\mu Sv/h$であり，警戒区域内では正確に線量率を測定することができない．そのため，電離箱式のサーベイメーターに切り替えて観測を続けた．

心から数メートルであっても空間線量率は $0.2\mu\mathrm{Sv/h}$ 程度まで押さえ込まれているのに対して，放射性物質が拡散したあとは $100\mu\mathrm{Sv/h}$ にまで上昇している．

2011年4月末からは福島第一原子力発電所から半径20kmに警戒区域が設定され，J-VILLAGE[3]を基点としたオフサイトセンターでの作業員の被曝管理体制はこれまでのところある程度改善されたように思うが，警戒区域内の住民の方の一時帰宅の方針や除染作業のプロセスにはまだまだ課題が多いことも事実である．

低減しない空間線量率

原発周辺に出かけるのは環境試料（土壌，水，植物片など）のサンプリングを行うためである．くり返しサンプリングを行うのはその場の放射能の時間的な変化を確認することが重要だからだ．

2011年4月の原発周辺では $^{131}\mathrm{I}$ が環境中に存在する放射性物質の中で最も支配的な核種であった．これまでの測定によると原発正門前で $^{131}\mathrm{I}$ が $3.1\mathrm{MBq/kg}$ であったのに対して，$^{137}\mathrm{Cs}$ は $0.17\mathrm{MBq/kg}$ 程度であった．つまり両者のあいだでは，1けたの差が生じていたことになる．また原発から1.0km地点，1.5km地点でそれぞれ採取された土壌からもおおよそ同様の傾向を示した．6月に原子力災害対策本部が1～3号炉から放出されたと推定される $^{131}\mathrm{I}$ と $^{137}\mathrm{Cs}$ の総量はそれ

図 6.1 運転中の原子炉（研究炉）の炉心近くに設置している空間線量計（左）と福島第一原子力発電所の正門前で測定した空間線量率（右）．（2011年4月10日測定，地上1m高）

---

[3] もともとサッカーナショナルトレーニングセンターであったが，福島第一原子力発電所の事故以降，事故収束のための前線・中継基地として使用されている．警戒区域に立ち入る場合，諸手続・被曝管理・除染のためにJ-VILLAGEに立ち寄ることが多い．

それ 1.6×10^{17} Bq, 1.5×10^{16} Bq であるという試算値を公表している[4]. この試算値でも ^{137}Cs に対する ^{131}I の比は約 10 であることから，実測値とよい一致をとることがわかる．この比が維持されているということはサンプリングを行った 4 月上旬の段階では原発周辺では依然高い濃度で放射性物質の放出が続いていたことが示唆される．このように 4 月上旬では原発周辺では放射性物質の中でも ^{131}I が卓越し，続いて ^{137}Cs, ^{134}Cs がそれぞれ ^{131}I の 1/10 程度の放射能を有することが観測されていた．そこで注目すべき点は空間線量率である．エネルギー分解能のある検出器で放射線を観測しているわけではないので，空間線量率は必ずしもその場の放射能と直線関係があるわけではない．放射能から空間線量への換算には，本来は核種ごとに異なる比例係数（外部被曝線量換算係数）を乗じて足し合せたうえで Sv（シーベルト）表示する必要がある．これは，それぞれの核種に応じて γ 線のエネルギーが異なり，空気中での減衰長が違うためである．しかし，少なくともその場における放射能と空間線量率の間にはある程度の正の相関関係が認められるものと考えてよい．

図 6.2 福島第一原子力発電所から 1.5km 程度の地点での試料採取の様子．原発から 3km 圏内では，警戒区域の中でもさらに厳しい規制が敷かれている．画像奥が原発方向であり，排気筒が垣間見える．この地点では地上 1m で 56μSv/h, 地表面では 131μSv/h の空間線量率であった．(2011 年 12 月 21 日撮影)

　ここで 2011 年 4 月と 12 月の空間線量率の測定値を見てみよう．原発から 1.5km 程度離れた地点（大熊町夫沢地区）で 4 月に測定した空間線量率は地上

---

[4] 「原子力安全に関する IAEA 閣僚会議に対する日本国政府の報告書——東京電力福島原子力発電所の事故について」(原子力災害対策本部，2011 年 6 月).

1m で 78μSv/h であった.では 12 月に同地点・同条件で測定した空間線量率はどの程度であったと想定されるだろうか.測定結果は 56μSv/h であった(図 6.2 参照).3 月にフォールアウト[5]した ^{131}I は 12 月の段階ではすべて ^{131}Xe に β 崩壊したと考えてよい.すなわち,空間線量率に最も寄与していた ^{131}I は環境中には存在せず,^{131}I の 10 分の 1 程度の放射能を有する ^{137}Cs と ^{134}Cs が空間線量率のおもな原因になる.しかし,^{131}I の低減とともに空間線量率が期待されたほど下がっていないことがこの測定結果から確認された.

> Point: ^{131}I が完全に崩壊しても,原発周辺数 km では依然高い放射線量が確認されている.

東京電力をはじめとする関係機関のモニタリング調査から,2011 年 11 月現在の 1~3 号機から継続して放出されている放射性物質は,放射性セシウムとして 0.6 億 Bq/h と見積もられている[6].この値は通常時であれば十分問題になる放出量であるが,事故の初期段階の放出量と比較すれば非常に小さな値であり,^{131}I をはじめとする放射性物質が継続的にフォールアウトして原発周辺の空間線量率に直接寄与しているとする可能性は低い.だとすれば,この地点での空間線量率が ^{131}I の低減に応じて下降しない理由は別にある.

原発周辺の放射能の今後

原発周辺の核種の移動,濃縮・拡散の評価は調査が十分に行われていないことから,十分に評価されていない.そのため将来の放射能汚染を正確に予測することは困難を極める.ただ,雨水や風,または地下水によって放射性物質が環境中を移動する現象そのものは,速度の違いこそあれ都市域でも農村域でも発生することである.とくに現在の空間線量率に最も寄与している放射性セシウムは土壌粒子とともに移動することが明らかにされていることから,土壌粒子が集まるような場所ではその場の放射能あるいは空間線量率が上昇する傾向があると考えられる[7].

---

[5] 放射性物質が地表面に降下すること.
[6] 放射性貴ガスについては 2 号炉から 140 億 Bq/h であると試算され 1,3 号炉でもほぼ同様と推定されている.福島第一原子力発電所 1~3 号機原子炉建屋からの現状の放射性物質放出量の評価方法(東京電力,2011 年 11 月 26 日).
[7] 多摩川や江戸川,荒川など大きな河川が流れ込む東京湾の場合,数年後に河口域で放射性セシウムの濃度が最高になるという予測がある.

では原発周辺では放射性物質がどのように移動してきたのであろうか．警戒区域内の汚染をすべて評価できる段階にはまだ到達できていないが，たとえば12月に採取した1.5km地点の土壌の^{137}Csでは1MBq/kgをゆうに超える値であることを確認している．^{134}Csは^{137}Csの約0.75倍の放射能を有している．同地点で4月に採取した土壌からは^{137}Csが0.27MBq/kg，^{134}Csが0.28MBq/kgそれぞれ検出されている．したがって12月に採取した土壌は4月と比較して少なくとも4倍の濃縮が確認されていることが明らかになった．採取した地点は原発正門に向かう一本道の緩やかな下り坂の終点にあり，雨水によって濃縮してきた可能性がある．このため，4月の時点で卓越していた^{131}Iが崩壊したにもかかわらず，空間線量率が相応に減少しなかったのは放射性セシウムの環境中の移動によって濃縮してきたことが原因ではないかと推定することができる．

このような局所的な核種の移動が累積することによって大規模なフォールアウトが発生していないにもかかわらず，汚染地点が移動していく現象が確認されている．

> **Point**：環境中に放出された放射性物質は濃縮や拡散をくり返す．しかしその挙動を正確に予測することは困難である．

では，ここで今後の濃縮の傾向を考えるために，非濃縮地点における放射性セシウムの放射能を示したい．図6.3には放射性セシウムの放射能を福島県の代表的な各市町村別に挙げた．ここで示した値は文部科学省が2011年6月から実施している大規模な土壌汚染調査の測定結果に小豆川自身の測定結果を加筆したものである．ここに挙げた放射能はすべて非濃縮地点で得られた値である．東京都内でフォールアウトした放射性セシウムは原発周辺の市町村に比較すれば低い値ではあるが，雨水を効率的に排水する設備があることから場所によっては高い濃縮を起こしている地点もある点も忘れてはいけない．

しかし，県庁所在地である福島市は東京都内の5倍以上のフォールアウトが確認されている．このような地域でも都内と同様の濃縮が発生することは容易に想定され，将来にわたってきわめて慎重に放射能を測定し続けなければならない．さらに警戒区域内にある市町村では，フォールアウト量が圧倒的に多い．福島第一原子力発電所を抱える大熊町では都内平均値の80倍以上のフォールアウトが

あったことになる．このような地域は残念ながら現在の除染技術ではどうすることもできない汚染である．さらにこのような場所でも早かれ遅かれ放射性物質の移動が生じ，濃縮地点では今後も非常に高い放射能が確認されることは間違いない．

Point：放射性物質で汚染された地域では，放射性物質の挙動を「とくに慎重に」「継続して」計測していく必要がある

非濃縮地点における土壌中の放射性セシウムの放射能

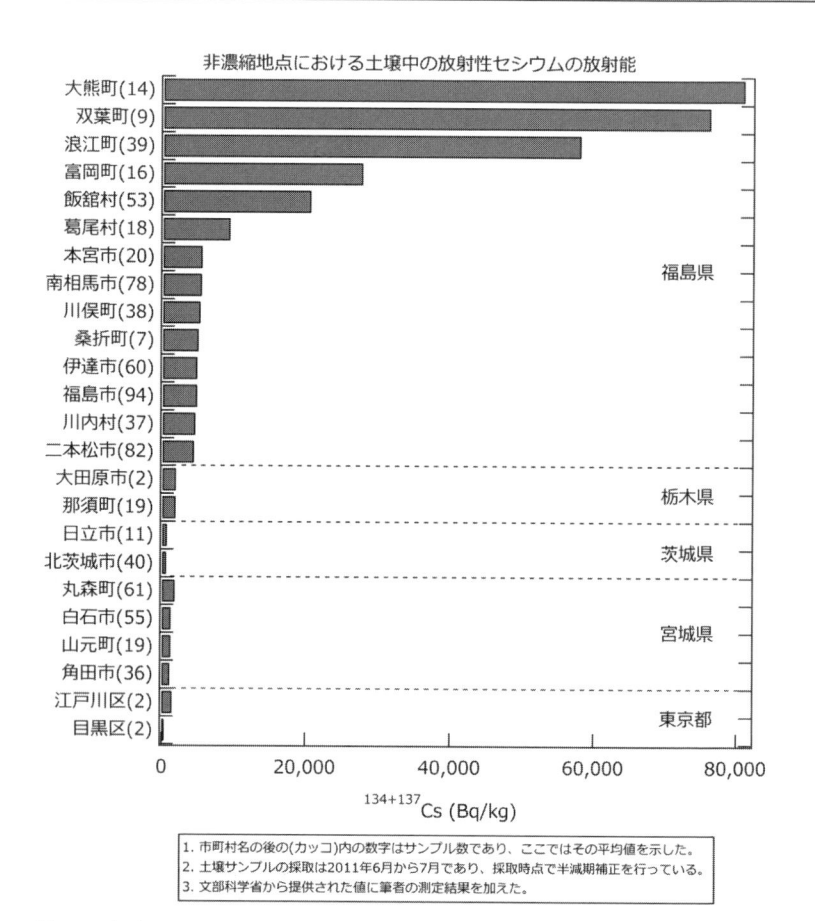

市町村（サンプル数）	$^{134+137}$Cs (Bq/kg)	県
大熊町(14)	~82,000	福島県
双葉町(9)	~77,000	福島県
浪江町(39)	~58,000	福島県
富岡町(16)	~28,000	福島県
飯舘村(53)	~22,000	福島県
葛尾村(18)	~10,000	福島県
本宮市(20)		福島県
南相馬市(78)		福島県
川俣町(38)		福島県
桑折町(7)		福島県
伊達市(60)		福島県
福島市(94)		福島県
川内村(37)		福島県
二本松市(82)		福島県
大田原市(2)		栃木県
那須町(19)		栃木県
日立市(11)		茨城県
北茨城市(40)		茨城県
丸森町(61)		宮城県
白石市(55)		宮城県
山元町(19)		宮城県
角田市(36)		宮城県
江戸川区(2)		東京都
目黒区(2)		東京都

1. 市町村名の後の（カッコ）内の数字はサンプル数であり，ここではその平均値を示した．
2. 土壌サンプルの採取は2011年6月から7月であり，採取時点で半減期補正を行っている．
3. 文部科学省から提供された値に筆者の測定結果を加えた．

図 6.3　福島県や周辺県の代表的な市町村の放射性セシウムの放射能（小豆川勝見：科学，**82**（2），135（岩波書店，2012）より）

都市域のホットスポット

空間線量率の推移と放射性物質の移動

図 6.4 は文部科学省および米国エネルギー省による航空機モニタリング[8]による東日本の放射性セシウムによる汚染状況を示したものである．とくに原発から北西方向では非常に高い汚染を確認することができる．この図 6.4 では，広域のおおよその汚染状況を示しているが，実際に現場に入ってみると，ここで示されている値がそのまま観測されるわけではない．事故から時間が経過するとともに，フォールアウトした放射性物質の「濃縮」「拡散」が起こっているためである．

事故当初は建物の雨樋の下や排水溝など放射性物質の濃縮は「点」として確認されていたが，「点」で濃縮していた放射性物質がさらに移動し，「面」として広範囲の汚染を引き起こすことが徐々に明らかになってきた．雨水を排水する施設が整備されている都市域ではこの傾向がきわめて顕著である．

人工河川による放射性物質の濃縮

一例を挙げると，茨城県守谷市では 1980 年代から都心のベッドタウンとしての開発が進み，同時に市内に降った雨水を効率よく排水する人工河川を市内の随所で建設した．守谷市は千葉県柏市，東京都葛飾区，江戸川区とならび 2011 年 3 月 22 日から 23 日かけての降水によって放射性物質が特にフォールアウトした地域でもあり，いわゆるホットスポットとして認識されている．守谷市ではもともとフォールアウトした放射性物質の絶対量が多いことに加え，この親水環境があることが裏目に出てしまい，効率よく放射性物質を濃縮してしまった．その結果，人工河川一帯だけではなく，下流にある遊水池までもが高い濃度で汚染されている実態がある．これまでの小豆川らの調査では守谷市内の遊水池では 10 月の時点で市内の平地の 34 倍程度まで放射性セシウムが濃縮されていることを明らかにした[9]．そのため市内の人口河川や遊水池では ^{131}I が完全に崩壊しているにもかかわらず，徐々に空間線量率が上昇している地点が確認されている．

---

[8] 航空機に大型の NaI 結晶が取りつけられたシンチレーションカウンターを搭載して計測を行っている．
[9] NHK クローズアップ現代「知られざる都市濃縮」(2011 年 12 月 12 日放送).

110　6章　環境中の放射性物質

> Point：フォールアウトした核種はその場にとどまり続けない．自然の力（風や雨）によって少しずつ移動する．

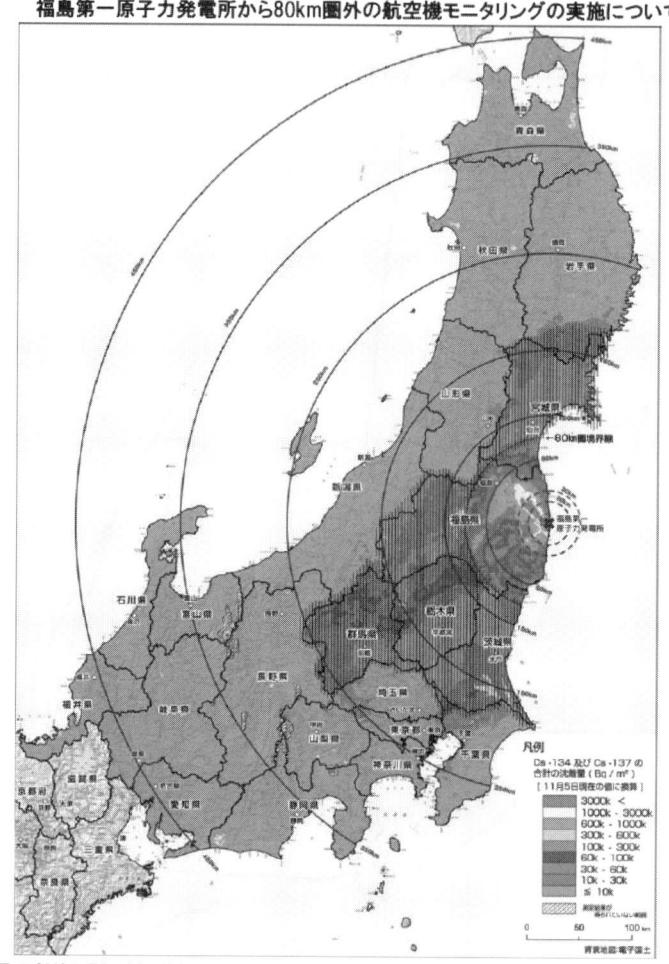

図 6.4　文部科学省および米国エネルギー省による航空機モニタリングによる放射性セシウムの汚染状況（平成 24 年 11 月 5 日時点の沈着量（Bq/m^2）として計算されている）．（文部科学省ウェブサイトより）

放射性物質による汚染の実態　*111*

柏市のホットスポット

　千葉県柏市根戸字高野台の市有地の一角で，非常に高い空間線量率（57.5 µSv/h）が観測されたという報道を覚えている方も多いであろう．この値は警戒区域の中でもとくに原発周辺数 km で確認されるような非常に高い空間線量率である．2011 年 10 月 23 日には文部科学省放射線規制室，原子力対策本部，日本原子力研究開発機構による実地調査が行われていたが，そこで説明された内容に補足して「なぜ原発から遠く離れた場所で高い放射線量が確認されたのか」について掘り下げてみたい．

　現場である柏市根戸字高野台地区は高台に面しており，高線量が確認された場所はその高台から雨水を流し出す側溝（深さ 30 cm 程度）に沿った場所にある．高台には住宅地や工場が密集し，ここから流れ出た雨水はこの側溝を経由して下流に流れていくのであるが，側溝は高台の崖の縁に沿うように流れていく．その途中でL字型に側溝が曲がる場所があり，このL字の 50 cm 程度上流の半径 1 m 程度の範囲で高い空間線量率が確認された．10 月 21 日に千葉県環境財団がこの場所を地表面から 30 cm 程度掘削した地点で最高 57.5 µSv/h という非常に高い空間線量率を確認した[10]．小豆川はこれまでに多くの地点で側溝や雨水升，雨樋直下の場所で空間線量率を測定してきたが，福島県外，しかも千葉県でこのような高線量の場所を確認したのは初め

図 6.5　高い空間線量率が確認された場所（千葉県柏市根戸地区）．右上方向が上流で左方向に曲がる側溝が確認できるが，曲がる直前で側溝の壁が破損しており，この場所で局所的に高い空間線量率（57 µSv/h）を確認した．

---

[10] その後，柏市では現場周辺を川砂で 50 cm 程度覆土し，雨水で流出することのないようビニールシートをかぶせる対策をとった．このことにより地表面では 20 µSv/h 程度にまで遮蔽できているという．

ての経験であった．たとえば首都圏のホットスポットとされる茨城県守谷市の建物にある雨樋下の土壌から放射性セシウムとして 0.46MBq/kg を確認した場所の空間線量率は約 10μSv/h であった．空間線量率とその場の放射能は弱い正の相関がある[11]ことが知られているが，守谷の例から考えても，57.5μSv/h という値がいかに高い値であるかがわかる．

> Point：首都圏のホットスポットで確認された空間線量率は原発周辺数 km 以内の平均的な空間線量率に匹敵する値である

放射性セシウムが卓越している関東圏では，土壌の表面や水によって粒子が運ばれて堆積した場所で高い空間線量率が観測される．しかし，今回は地表面よりも下層 30cm の方が高い値を示している．そのため当初は①焼却灰などの廃棄物の存在，②福島第一原子力発電所周辺の土壌の投棄が高い線量の原因として予想されていた．①であればもともとの土壌とは異なるため目視で容易に判定がつくはずである．また②であれば放射性セシウム以外の核種の存在がキーポイントとなる．

当時現地で行われた文科省の説明によれば，高い空間線量率が観測された場所は側溝脇の壁が 50cm 幅で破損している場所であり，そこから放射性セシウムを含んだ雨水が漏れ込み放射性セシウムが濃縮され蓄積されたとしている．これらの説明に基づけば，①も②も否定され，多くの濃縮地点であるように雨水による集積であるということになる．そこで，小豆川もこのことを確認するために該当する場所（図 6.3 の土嚢で覆われている場所）で土壌を採取し，京都大学原子炉実験所に設置されている Ge 半導体検出器にて γ 線測定を行った[12]．図 6.6 は土壌中に含まれる核種の γ 線スペクトルである．ここで検出された核種は ^{134}Cs と ^{137}Cs．このほか天然に存在する核種が数種類存在していた．特に半減期が約 2 年である ^{134}Cs が検出され，また ^{134}Cs と ^{137}Cs の両者の放射能比が 2011 年 3 月時点で計算した場合，ほぼ 1：1 の比を有していたことから，明らかに福島第一原子力発電所事故に由来している．しかし，それぞれの放射能は ^{137}Cs で 171050

---

[11] 空間線量率は測定した場所の地形や建物の影響を非常に強く受けることに加えて，線源が不均一な面線源である．そのため，その場の放射能と空間線量率は原理的には直線関係になるが，実際には弱い正の相関として観測される．
[12] 測定時間は 3600 秒に設定し，放射能は半減期を考慮して，採取した当時の値に補正している．

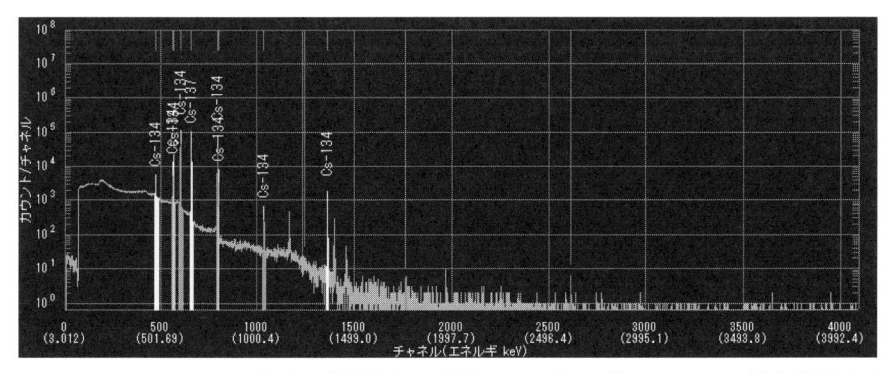

図 6.6 図 6.5 で示した側溝壁の破損箇所から採取した土壌の γ 線スペクトル（京都大学原子炉実験所における測定）．

($\pm$ 640) Bq/kg, ^{134}Cs で 156580($\pm$ 660) Bq/kg であった．つまり両者を合わせても 0.33 MBq/kg 程度である．先に挙げた守谷市内での濃縮地点では空間線量率 10 μSv/h に対して，放射性セシウム 0.46 MBq/kg の放射能である．そのためこれまでの考え方に則れば，この場所が放射能に対して空間線量率の比が高すぎる場所であることが明らかになった．

> Point：柏市の場合，これまでにさまざまな地点で観測されたホットスポットよりも空間線量率が高い特徴があった

ホットスポットの成因

では，なぜこのような高い値が確認されたのであろうか．文科省の説明では，「放射性セシウムを含んだ雨水が漏れ込み放射性セシウムが濃縮され，蓄積された」とあるが，厳密には「放射性セシウムを含んだ土壌あるいはダスト粒子が雨水によって運搬され蓄積した」が正しい．これまでの事案では，このような蓄積は土壌表面に留まることが一般的であり，今回の例で言えば破損した側壁の土壌表面のみに蓄積し，土壌の奥にまで放射性セシウムが浸透することはこれまでの常識では考えにくい．しかし，57.5 μSv/h という値は地表面ではなく深さ 30 cm 程度の地点で測定されていること，また比較的広い範囲（3 m × 5 m，ビニールシートで覆われている場所全体）で周辺よりも高い空間線量率が確認されていることを考えると，次のような状況であることが推定できる．

まず，該当箇所の上流にあたる高台[13]に放射性物質がダストとともにフォールアウトする．その後，雨水によってダストが集積し，側溝に流れ込む．そこで破損箇所から放射性セシウムを含む粒子が蓄積するのであるが，30 cm 層付近に粘土層のような不透水層が存在し，比較的多くの雨水を流し込んでいたのではないだろうか．そのため奥まで水が流れ込んだという推定をすることができる．その根拠として，破損箇所の下流 50 m 程度を途切れなく NaI シンチレーションカウンターで空間線量率を確認したが，ほぼバックグラウンドと変わらない値を示した．すなわち，上流から流れ込んだ放射性セシウムは破損箇所でほぼすべてせき止められ，破損箇所から不透水層の上に浸透した．こういった経緯によって点線源ではなく体積をもった線源が形成され，それが高い空間線量率の原因となっていると推定している．

しかし，このような推定を確かめるためには，ビニールシートで覆われた場所の地下全体を掘削し，土壌試料の放射能を詳細に分析する必要がある．現在さらにこのような濃縮のメカニズムについて研究が進められている．そのような研究成果が今後も発生しうる放射性物質の濃縮の問題に速やかに対応することができるであろう．

汚染土壌の形成過程

土壌表面に存在する放射性セシウム

学校の校庭の表土を重機ではぎ取り，放射性セシウムを「除染する」といった報道を目にする機会がこれまでに何度かあった．放射性セシウム（^{134}Cs, ^{137}Cs）は環境中では非放射性セシウム（^{133}Cs）[14]と同じ挙動をとる．アルカリ金属であるセシウムはフォールアウト時には1価の陽イオンとして存在していたと考えられる．土壌粒子，特に粘土鉱物の多くはその表面が負に帯電していることから，フォールアウトした放射性セシウムは，真っ先に土壌の粒子表面と静電的

---

[13] この高台にあった工場の屋根にフォールアウトした放射性物質が濃縮した可能性が示唆されている．
[14] 非放射性のセシウムは平均すると地殻中に 3 ppm 程度含まれている．つまり 1 kg の土には 3 mg 程度のセシウムが平均的に存在する．それに対して，放射性セシウムは「mg」などという単位では存在しない．強いて表記すれば，1000 Bq の ^{137}Cs は約 0.0000003 mg に該当する．

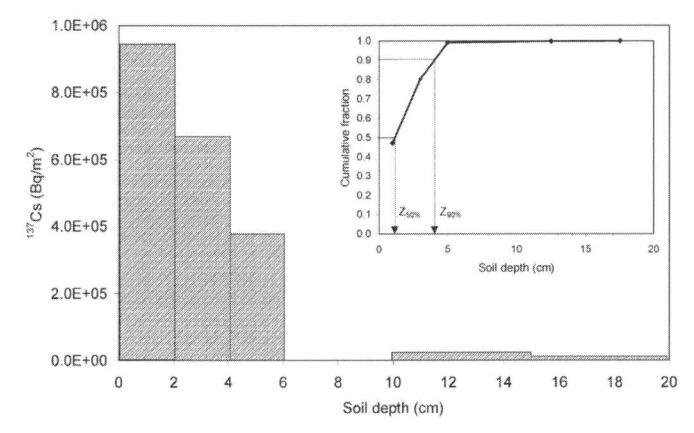

図 6.7 チェルノブイリ原子力発電所の事故から 6 年後に発電所周辺で採取した土壌に含まれる ^{137}Cs の鉛直分布[15].

に吸着される.そして一度吸着されると簡単にはその粒子から逃げだすことはない.そのため,放射性セシウムは土壌粒子そのものが動かないかぎり,どこにも移動することなく,表面にとどまり続けることになる.図 6.7 はチェルノブイリ原子力発電所事故で拡散した ^{137}Cs はそのほとんどが土壌表面に存在していることを示している.この土壌は事故から 6 年後に採取されたものだが,それでも表層 4 cm までに全体の 90% の放射能が確認された.チェルノブイリ原子力発電所があるウクライナと日本では土壌の性質が異なるので,厳密に同じ結果が得られるわけではないが,放射性セシウムが表面にとどまる傾向に変わりはない.

このような放射性セシウムの特徴は裏を返せば,表面の土壌さえその場から取り去ってしまえば,その場の放射線量は低減することを意味している.もし,セシウムが土壌の鉛直方向に拡散する傾向があったとしたら,その土壌の除染には現在の状況以上に膨大な手間が生じていたことになる.

地表面に存在するゆえの問題点

しかし,粒子表面に放射性セシウムが吸着しているがゆえに問題も多い.放射性セシウムは土壌の極表面にいるわけだから,強い風が吹けば細粒の土壌は土埃

---

[15] P. Carbol *et al.*: *J. Environ. Radioactivity*, **68**, 27-46 (2003).

として舞い上がり，それを無意識に人間が吸い込んでしまうと内部被曝に直結することにもなりうる．また雨が降れば，表層土壌が流され，それが集積する雨水升や排水溝，ひいては河川の堆積物に放射性セシウムを含んだ土壌が移動することになる．いつ，どこに放射性セシウムで汚染された土壌が集まって放射線量が高い場所がつくられるのかを予測することは非常に困難である．たとえば，少量の雨であれば，流される土壌はわずかであり，まんべんなく河川敷にたまっていくかもしれない．それに対して大雨が降ると水の勢いによって今までたまっていた土が一気に下流に流されることになる．

このような放射性セシウムの挙動を予測することは難しいことである．そこで，各地点で集められた汚染土壌の移動をいかに人間のコントロール下におくか，これが課題になる．

放射性物質の「除染」

除染の考え方

放射性物質の移動による除染

福島第一原子力発電所から環境中に拡散された放射性物質は，時間の経過とともにわれわれの予想を超えて「移動」していることをこれまで述べてきた．放射性物質を移動させている要因がゴミ焼却のように人為的であるにしても，あるいは雨や風，あるいは海洋生物など自然現象によるものであるにしても，結果として放射性物質が集まってしまうことになれば濃縮であり，その結果として非常に高い放射能が観測されることもある．その濃縮を避けるために，放射性物質を海や大気に拡散，あるいは汚染されていない物と混合させて単位体積（あるいは単位重量）あたりの放射性物質は希釈させてしまうということがこれまでに少なからず行われてきた．このことは法規制の問題[16]から逃れられるかもしれないが，放射性物質を拡散させることは好ましいことではない．

そもそも放射性物質から放射能を取り除くことはできない[17]．できるというとい

---

[16] 放射性物質に関するさまざまな法規制は濃度（Bq/kg あるいは Bq/g など）で表現されている．そのため非汚染の水や土壌で希釈してしまえば規制上は問題がないが，わざわざ放射性物質を拡散させることは問題である．

[17] 核変換処理の技術が開発されているが，高レベル廃棄物の処理技術の一環であり，少なくとも「除染

えば，放射性物質そのものを移動させることである．ここで誤解してはいけないことは「除染」とはあくまで放射性物質の移動であり，その放射線を出してしまう性質そのものをコントロールすることではない，という理解である．

除染というのは，たとえば絵の具のように溶けていた放射性物質が，雨が降るたびに移動し，一部は土中，一部は雨樋などにたまっていくものを，こすったり，はぎ取ったりすることで，その場にある放射性物質の量を少なくすることである．行政の担当者と地域住民とが連携して精度の高い計測器で汚染の程度を計測しながら，被曝管理を行い，地域ごとに行われるのが理想である．現状では公的機関だけに頼った除染を期待することは難しい．そのため自主的に除染をしてもよいだろう．しかしそのためには入念な準備が必要だ．たとえば除染の際にでてきた土壌の処理の問題がある．一般的には雨どい，側溝などにも砂利や土が多くたまっているようだが，そこが要注意である．とくに高い放射能を帯びている泥であれば，その処理方法を行政と事前に相談する必要があるだろう．屋根などの建材の表面に付着しているものは，たわし，デッキブラシのようなものでけずり落とす[18]．作業中は吸引による内部被曝量を低減させ，皮膚の露出がないように，マスク，ゴム手袋，長靴，カッパなどの着用を忘れずにしておきたい．

> Point：放射性物質の除染はあくまで放射性物質の移動にすぎない．放射能そのものをなくすことはできない．

放射性物質の濃縮と管理

除染の究極の理想とは，崩壊済みの核種はさておき拡散してしまった放射性物質を事故前の原子炉内の燃料棒の体積に濃縮して，高濃度の核燃料廃棄物として管理することである．つまり簡単に言えば，放射性物質を事故前の状態に戻すことである．しかし，現状では非常に広範囲に放射性物質が拡散してしまっているため，残念ながら現実的な案ではない．そのため，いまある汚染土壌の体積を可能なかぎりできるだけ小さくする，つまり「放射性物質を濃縮させること」が重要になる．

を目的とした技術ではない．詳しくはQ＆AのQ.4を参照されたい．
[18] 残念ながら，このような除染方法で空間線量率の低減につながるほど除染が進むケースはごくまれである．

6章　環境中の放射性物質

　放射性物質を濃縮させる，と聞くとどうしても負のイメージがつきやすい．たとえば，家庭ゴミや枝，枯れ葉などを焼却することによって生じる灰は明らかに放射性物質を濃縮している．とくに各自治体の焼却場の灰の放射能は埋め立てが困難になる値にまで達していることもある．さらに被災地で発生した瓦礫の焼却処分についてはその安全性について各地で議論されている．もちろん，放射性物質が濃縮してしまえば，その場にいる人体への影響は大きくなる．しかし，それはその場所に放射性物質が濃縮していることが「わかっている」という大きなメリットがある．適切に管理することによって被曝量を合理的に減らすことができる．むろん，廃棄場所の確保などのやっかいな問題はあるが，ばらまかれた放射性物質を濃縮するという方針そのものは間違っていない．

> Point：土壌を移すことが除染の理想ではない．放射性物質を集めて濃縮することで，汚染された環境を少なくすることである．

除染の工程

　問題は天然の環境に存在している放射性物質である．つまり人間のコントロール下にない放射性物質の扱いである．そういった放射性物質を濃縮させるためには二つの工程が必要になる．まず，①土壌から放射性物質を引きはがし，②引きはがした放射性物質をもともとの土壌よりも体積の小さい吸着剤に吸着させる，といった方法が現在最も有効な手段とされている．

放射性セシウムの引きはがし

　まず①について，放射性物質（ここでは放射性セシウムとする）を土壌から取りだすためには，硝酸や硫酸といった強酸を用いることになる．放射性セシウムは土壌表面と静電的に吸着しているため，酸（水素イオン）による陽イオンの交換が有効であることによる．では，家庭でもおなじみの食酢のような酸を土壌にかければ放射性セシウムはすべて溶液中に抽出できるのであろうか．残念ながらそう簡単ではない．放射性セシウムが抽出されるかどうかは，その土壌に含まれている鉱物によって程度が異なってくるのである．図6.8にはセシウムが土壌粒子に含まれる鉱物にどのように吸着されるのかを説明した．土壌粒子の表面には負電荷が生じているが，その構成元素の一つであるAl（アルミニウム）の八面体

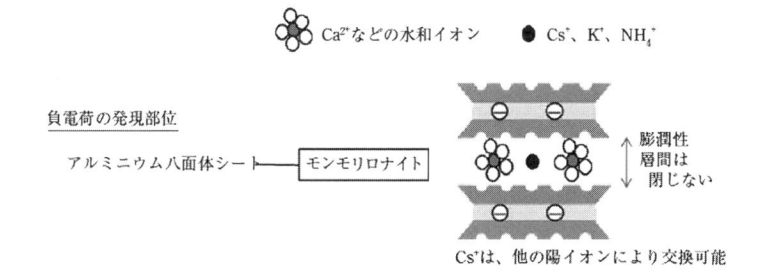

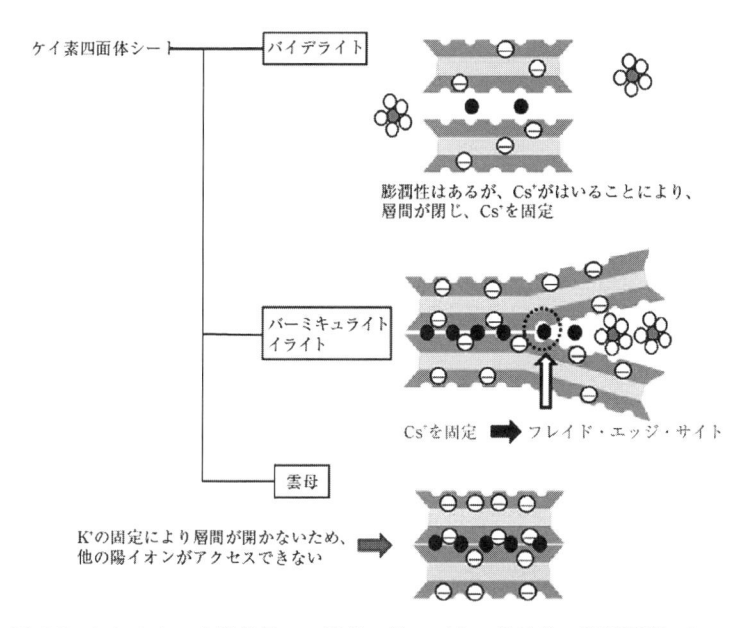

図 6.8 セシウムの土壌粒子への吸着の違い（山口紀子他：農環研報, **31**, 75 (2012) より）

シート上に負電荷が発現するモンモリロナイト状の鉱物の場合，土壌粒子とセシウムはシート間で比較的弱く結合しているため，放射性セシウムを酸で引きだすにはまだ容易である．しかし，同じく粘土鉱物の構成元素の一つであるSi（ケイ素）の四面体シート上に負電荷が発現するバーミキュライトやイライト，雲母などは負電荷までの発現部位までの層間距離が短いためセシウムと強固に結合してしまう．つまり，セシウム（プラス）と土壌粒子（表面がマイナス）までの距

離が鉱物によって変わってくるのである．双方の距離が近ければ近いほど強固に結合していることになる．

> Point：放射性セシウムは土壌を構成している鉱物の種類によって吸着の度合が異なる

　放射性セシウムを吸着している鉱物の種類やそれがどれほど存在するのかは，まさにケースバイケースである．図6.9には公園を丸ごと線量測定した結果を等高線で示しているが，砂場や砂地で線量が相対的に低く，その一方で土がむき出しになっているところは線量が高い．このことが鉱物による放射性セシウムの吸着の違いを如実に表している．また土壌以外にも土壌表面に多く存在する腐植物質の表面にある水酸基に放射性セシウムが数多く吸着している．腐植物質に取り込まれている放射性セシウムは鉱物に取り込まれているよりも容易に液相に抽出することができるが，反面，放射性セシウム以外の陽イオン（Na^+，K^+，Ca^{2+}，Mg^{2+}など）も大量に抽出してしまうことになる．酸抽出によって溶液中に抽出したこれらの陽イオンは放射性セシウムイオン（$^{134}Cs^+$，$^{137}Cs^+$）と比較して圧倒的に多い．また，低いpHで洗浄するため，土壌中の微生物は完全に死滅し，また土壌中のAlが溶脱する恐れがある．植物の生育にAlは非常に問題になることが知られている[19]ことから，洗浄後の土壌は畑などで再利用できるか現時点では不明な点が多い．しかし，選択的に放射性セシウムイオンを抽出する方法が確立されていない以上，現状ではこの方法をとらざるをえない．

> Point：放射性セシウムだけを土壌から分離することが理想だが，その技術は確立されていない

> Point：放射性セシウムの分離には強酸を使って，できるだけ多くのカチオンを溶液に抽出する

吸着剤による放射性セシウムの濃縮

　次の工程が溶液中に抽出された放射性セシウムを吸着剤で吸着させることである．土壌もある種の吸着剤であるため，土壌と同じ程度の吸着力をもつ吸着剤で

---

[19] 酸性雨による植生被害の原因の一つになっている．

はまた同じ体積になってしまう．そのため土壌よりも強固な吸着力を有する吸着剤の開発が求められる．これまでにゼオライト[20]やプルシアンブルー[21]といった吸着剤が試験されているが，どちらにしても基本的な吸着の原理は同じである．つまり，吸着剤の内部の空孔に放射性セシウムをはじめとする陽イオンを根こそぎ吸着させ，放射性セシウムの濃縮を行うのである．その

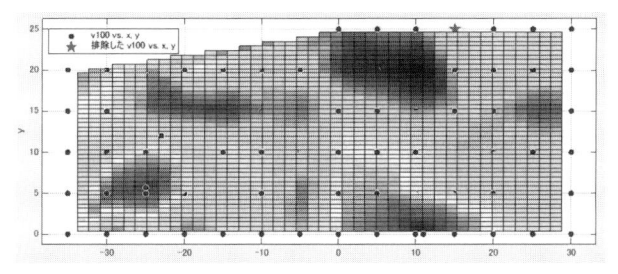

図 6.9 小規模な公園における線量測定．砂地や砂場で線量が低く，土の場所で線量が高いことがわかる．

ため吸着剤の重量に対して放射性セシウムを吸着できる空孔が大量にあり，かつ，一度取り込んだ放射性セシウムを再び放出しない特性が必要になる．現在ではさらに吸着容量の大きな吸着剤，あるいは放射性セシウムの選択的な吸着を目指した吸着剤の開発が多方面で行われている．

産業技術総合研究所（茨城県つくば市）では加熱した希酸で土壌を洗浄することによって，ほぼ100％に近いセシウムの抽出を行い，ナノ粒子化したプルシアンブルーを用いて溶液中のセシウムを吸着剤に回収することに成功している[22]．この手法は加熱温度，土壌重量に対する酸溶液の重量比の最適化を行っており，放射性セシウムの抽出に多くの土壌で適用できる可能性を示した．しかし，加熱した酸を使用するなど専用のプラントが必要になることから，速やかに事態が解

---

[20] 多孔性アルミノ珪酸塩．
[21] 青色顔料の一種．
[22] 土壌中のセシウムを低濃度の酸で抽出することに成功（産業技術総合研究所，2011年8月31日報道発表）．

決することにはならない．各研究機関でさまざまな手法が開発されつつあるが，残念ながら汎用的な手法が確立されている段階にはない．

もっと簡単な除染方法は？

先に述べたように本来は土壌に吸着している放射性セシウムを溶液中に溶脱させてからゼオライト系の吸着剤で吸着させる手法が効率的であるが，雨水が流れ込む親水公園や湿地帯など汚染土壌が集積するような環境ではそもそも土壌を採取することができない場合も多く，また現在進行形で汚染が進んでいることから，時間の経過とともに手がつけられない状況になりつつある地点がある．学校の校庭のようにこれまでに除染の経験のあるケースでは行政側も除染に対応することもあるが，このような場所は放置されているのが現状である．そのような場所の周辺に住む住民からは，何とか自分たちでも放射性セシウムの移動を制御することができないか模索する動きが広がっている．

一例を挙げれば，ある住民は現地で比較的容易に手に入れることができるもみ殻（がら）や稲わらを雨水管の下流に設置し，それらにフィルターのような役割をさせて，放射性セシウムを含んだ土壌そのものを回収することを試みている．この方法では放射性セシウムそのものをもみ殻や稲わらで抽出しているわけではないので，プルシアンブルーのような吸着剤よりも回収効率は低いことが予想されるが，それでも何とかその場を清浄な環境に戻したいという熱意のもと，さまざまな試みが行われている．図 6.10 には汚染前後のもみ殻の電子顕微鏡による表面の様子を示した．非汚染のもみ殻（上）を雨水の排水溝につけておくことによって，表面には多数の粘着物が付着していることがわかる（下）．このことによって数千 Bq/kg オーダーでセシウムを吸着させることに成功している．この方法は安価かつ容易に放射性セシウムを吸着でき，さらに回収後には焼却することによってさらに体積を小さくすることができる．こういった試みがより効果的・汎用的な放射性物質の管理方法の一助になることを期待している．

> Point：もみ殻や稲わらなどを使った安価かつ簡便な除染方法の研究が進められている

放射性物質の「除染」　123

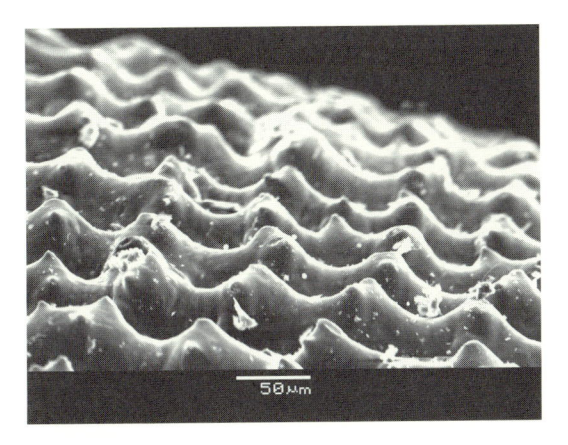

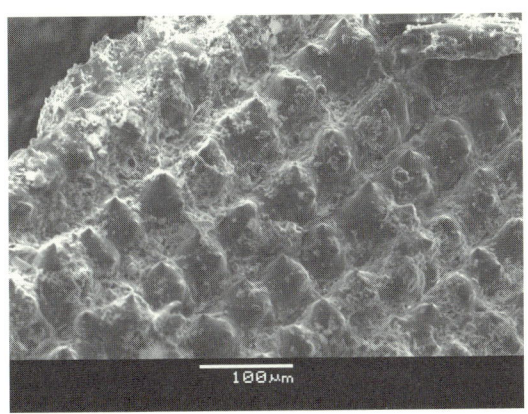

図 6.10 もみ殻表面の原子顕微鏡画像．上が非汚染のもみ殻．下が2か月間雨水溝につけ込んだあと．表面にカビ状の有機物が観測できる．この場所に放射性セシウムが高い濃度で吸着していることが明らかになっている．

7章　放射線の細胞への影響
《放射線生物学》

地球の磁場による宇宙線（放射線）バリアー

　地球が誕生したのは46億年前．誕生当初熱かった地球表面には，冷えてくるにつれて海ができた．そしていまから30数億年ほど前に最初の生物が深海で生まれたと想像されている．当時地球には，宇宙からの放射線（宇宙線）[1]がそのまま降り注いでいた．浅い海ではまだ宇宙線が強く，生命は遺伝子に大きな損傷を

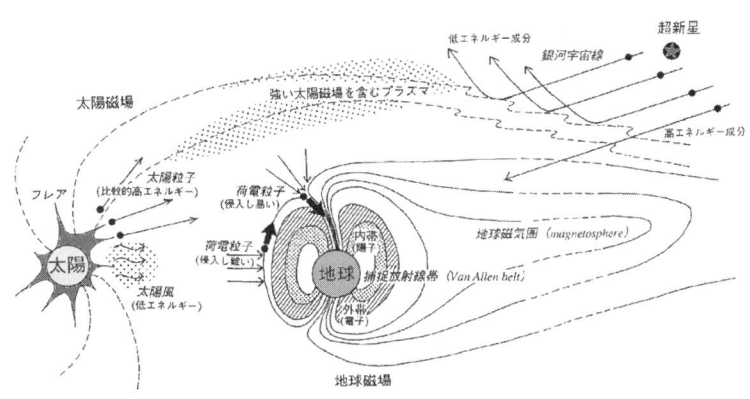

図 7.1　地球の磁気による宇宙線からの防護（藤高和信：日本原子力学会誌，**35**, 21（1993）より）

---

[1] 宇宙から地球に絶えず高速で降り注いでいる原子核や素粒子．私たちの体をいつも膨大な数の宇宙線が突き抜けている．宇宙線は地球に到達して大気中に飛び込み，空気中の酸素や窒素の原子核と核反応を起こす．地球大気に飛び込む前の宇宙線を「一次宇宙線」，大気に飛び込んで変化し新たに生まれた宇宙線を「二次宇宙線」とよぶ．二次宇宙線は，ミューオン，ニュートリノ，電子，ガンマ線，中性子が主要な成分である．このうち電子やガンマ線は大気中で吸収されて減り，地表まで来るのはミューオンとニュートリノがほとんどである．一次宇宙線は主成分が陽子であり，これは電荷をもっているので，地球にたどり着くまでに磁場の影響を受けて進路が変わる．

受けないように海深く生きていたと想像される．宇宙線もある程度水中を通ると減衰し，深海の環境であれば遺伝子であるDNAも損傷を受けにくく，生命として生き続けることができたのであろう．

いま地球の地上には多くの生物が棲息している．現在の地上環境においては宇宙線や紫外線が減衰されているからである．ではどのようにして減衰されているか．いまから27億年ほど前に地球に磁場が生まれ，宇宙線に対するバリアーとなり，宇宙線の降り注ぐ量が減少した（図7.1）．ちなみに宇宙からは生物に有害な紫外線も降り注いでくる．紫外線は水に吸収されるので浅い海までは生物が棲息できたが，地上には減衰なしに降り注ぐため当初生物はなかなか地上に上がらなかった．それができるようになったのは，地球上に酸素が十分に蓄積し，紫外線のバリアーとして働くオゾン層が5億年前にできてからである．

> Point：地球の磁場が宇宙線からのバリアーとして働いている

現在磁場があるとはいえ，宇宙線に対する完璧な遮蔽ではない．現状でも宇宙線が降り注ぐことによる自然被曝が0.3mSv/年あるとされる．ちなみに宇宙に出ると1mSv/日ほどの被曝をする（第1章参照）．

> Point：ある程度の宇宙線，紫外線が降り注ぐ地球環境にわれわれはすんでいる

放射線がDNAに与える影響

DNAの基本的構造

放射線が遺伝子に与える影響を理解するため，遺伝子を構成するDNAという物質の基本的な構造を見ておきたい．まずDNAという分子の模式図を見てみよう（図7.2）．リンと糖[2]とのあいだの長く連続した結合（リン酸エステル結合という；図7.2のリボン部分）が2本，向かい合って二本鎖と称される骨格構造（二重らせん構造）を形成している．その骨格から内側に向けて，G，A，T，Cとよばれる塩基[3]が対になって階段状に並び，2本の鎖部分をつないでいる[4]．一

---
[2] デオキシリボースとよばれる糖．

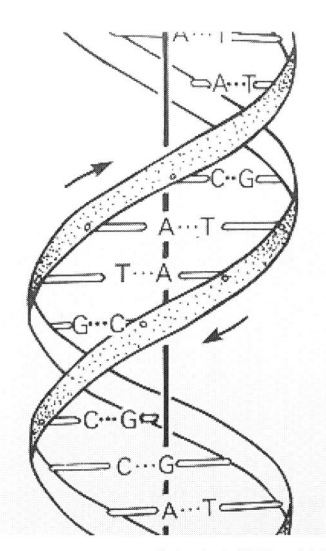

図 7.2 DNA の二重らせん構造. 外側にらせん型の骨格があり, そこから内向きに塩基 2 個がペアをつくって階段状に向かい合っている. 4 種の塩基の並び方(塩基配列)が遺伝子の情報となる. (J.D. ワトソン著, 江上不二夫, 中村桂子訳:「二重らせん」(講談社文庫)(講談社, 1986)より)

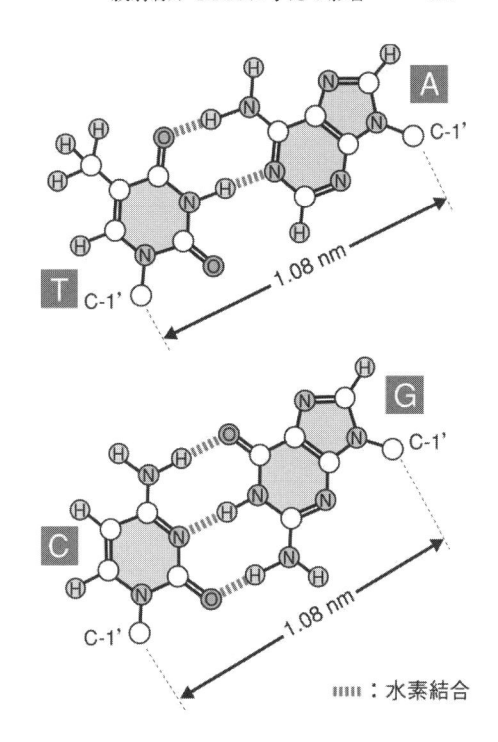

図 7.3 DNA 上の 2 種類の塩基対. A と T, G と C という二通りの対しかない. ここで対となった塩基は左右逆もかまわないが, 遺伝子情報とは A, T, G, C の 4 種類がいかに並ぶかの配列が重要である. (東京大学生命科学教科書編集委員会編:「理系総合のための生命科学 第 2 版」(羊土社, 2010) より)

方に G があれば他方に C, 一方に A があれば他方に T がくる[5] (図 7.3). これによって情報がお互いに補完し合っており, 構造と情報の意味でお互いに相補性をもつと表現する.

---

[3] 酸と対になる言葉としてではなく, 一連の芳香環構造をもった化合物の総称. G はグアニン, A がアデニン, T がチミン, C がシトシンという塩基.
[4] 水素結合とよばれる結合様式でつながっている.
[5] なぜこんなルールがあるのかについては, 地球上の生物がもつ遺伝子 DNA について, この原則から外れるものは見つかっていないとしかいえない. 地球上の生物が共通にもつ, 大原則となっている.

> Point：DNA は長い鎖構造が 2 本と，そのあいだに G-C，A-T で対となった塩基とよばれる構造が階段状に並んだ物質である

　この鎖上，ある起点から決まった方向にどのように塩基 4 種類が並んでいるか，その配列情報が，生物にとっての**遺伝子情報**となる．したがって，この塩基の種類が変化したり，抜けたりすることは，生物にとって非常に大きな負の影響をもたらす．また二重らせんの鎖の部分が切れることは連続した配列情報を保持することが困難となるので，これも致命的な負の影響をもたらす．

> Point：DNA 上の塩基配列が変化することが遺伝子情報の変化につながる

放射線による DNA 損傷

　放射線や紫外線を受けると，DNA 中の塩基同士が結合したり，リン酸エステル結合の骨格がある頻度で傷を受ける．身のまわりの化学物質（天然物，人工のもの含めて）が DNA の塩基に結合したり，塩基同士を結合させたり，鎖を切断することもある（図 7.4）．このように DNA は周囲の環境（放射線，紫外線）や化学物質から損傷を受けやすい分子である．生物は DNA という物質を遺伝子として用いている以上，その DNA の損傷が増え続けるような環境では生息できない．DNA という分子を選んだために，生物は誕生直後から，低頻度とはいえ，宇宙線や紫外線から受ける損傷からのがれるか，損傷を直すかという戦いをしてきた．

> Point：DNA 損傷とは遺伝情報物質 DNA の二重らせんの骨格が切れたり，塩基が余計な化学結合をしたり，他の塩基に変化した状態を指す

　生物のからだは細胞が集まってできている．ヒトの場合 60 兆個から構成されているといわれる．さらにヒトの一つの細胞にはおよそ 30 億対の塩基配列がある．膨大な数の細胞と塩基対があるので，平常時でも細胞にあるいくつかの遺伝子上の塩基が損傷を受けていると考えられる．ほ乳類一つの細胞が，1 日にDNA 中の約 1 万個もの塩基を失っているという見積もりもある．

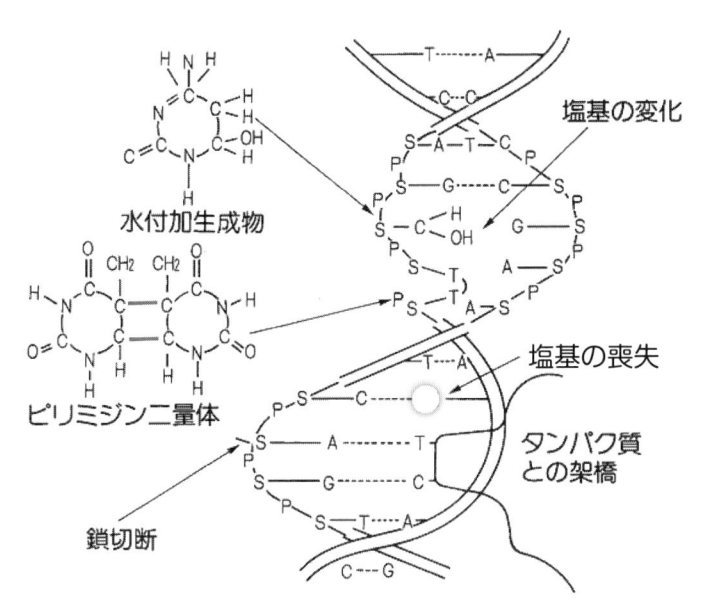

図 7.4 DNA に起こる損傷の例（江上信雄著:「生きものと放射線」（東京大学出版会, 1975) より）

塩基損傷, 塩基喪失

塩基部分が図 7.4 のような損傷や喪失を受けたような場合である．そのままでは，変化した塩基は DNA 複製をする際に，他の塩基を取り込むことにつながり，その部分の配列が担う遺伝情報が変化する結果となる．

二本鎖 DNA の片側の鎖の切断

ある遺伝子情報をもつ，DNA の二本鎖骨格（2 本のリン酸エステル結合）の片側が切れた場合である．このままでは細胞の分裂にともなう DNA の複製に支障をきたす．

二本鎖 DNA の両鎖の切断

強い放射線が細胞を通過した場合にこのような事態が起こる．二本鎖の両方の鎖が切れる．いくつかの化学物質，ラジカルとよばれる反応性の高いものでも二本鎖が切断される．配列が中断し，遺伝情報が途切れることになるので，修復が起こらないと正常な機能が果せないことになる．

DNA 損傷の修復

 細胞が存続するためには遺伝子を正常な構造でもちつづけることが重要である．傷を受けた DNA は，そのままでは遺伝子として機能できなくなり，そうした細胞は分裂して娘細胞を生みだせなくなる．細胞はこの傷を放置したままでは生きながらえることはできない．異常となった細胞が少ないとしても，放置することはできない．

> Point：DNA損傷を直さないと，通常，細胞は死に向かう

 DNA が受けた損傷を，細胞は修復という営みでもとに戻そうとする．修復とは文字通り，傷を受ける前の DNA の構造に戻す機能である．これまでの研究から，細胞は複雑だが多様な修復機構をもっていることが明らかとなっている．長期間にわたって 100〜150 mSv という線量を受けてもほとんどの DNA の傷が修復されるといわれている．

> Point：DNAの損傷を直す修復という機能がわれわれの体に備わっている

DNA の修復の種類

 DNA 損傷の違いと対応させながら，修復の種類を見ていこう．

除去修復

 塩基損傷や塩基喪失などの変化をどのようにもとに戻すか．また鎖の片側が切れたときにどのようにしたらもとに戻せるか．ここで DNA が二本鎖構造をとっていることが除去修復という機構の鍵になる．

 損傷した塩基がある場合には除去修復は，損傷した領域前後の DNA 鎖を，ヌクレオチド[6]単位でいったん切断し，除去する．そしてできた空隙を残っている相手の鎖上の塩基との相補性に基づいて[7]，DNA ポリメラーゼとよばれる酵素が

---

[6] 一つの塩基が，デオキシリボースという糖とリン酸が三つでひとかたまりの単位構造をさす．核酸の合成の際のいわば組立てブロックといえる最小単位である．三つのリン酸のうち，デオキシリボースに直接結合している一つのリン酸が，DNA の鎖部分に組み込まれていく．
[7] 生物学的には合成のための鋳型となると表現する．

埋めて（修復合成），もとと同じ塩基対をもった完全な二本鎖DNAを再生する．DNA鎖が切れてしまった場合も，切れた鎖は残っている鎖と相補的な構造にあったはずである．切れなかった側の相手方が，切れた鎖のガイドとして対形成をするように位置づけて，切れたDNA両端を近づけ，削れた塩基配列部分を修復することができる．そして両端同士を結合する酵素[8]の存在で結合させることができる．この一連の修復が除去修復である[9]．

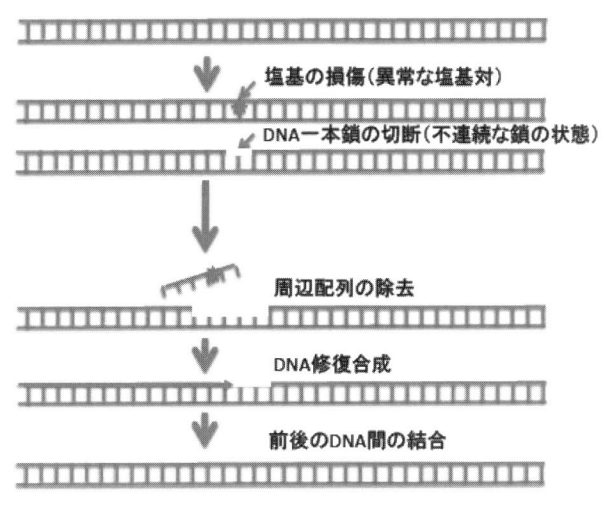

図7.5 塩基損傷あるいはDNA片側鎖の損傷の修復

> Point：塩基が損傷した場合，その前後を一度削ってから埋める修復が除去修復

> Point：除去修復の際，DNA二重らせんの骨格，そして塩基対を形成していることが互いにバックアップとなり，修復の鋳型となる

相同組換えと非相同末端結合

DNAの二本鎖構造で両鎖が切れた場合の修復はどうするのか．末端を結合させればよいのだが，結合する際にもとと同じ前後の塩基の配列情報がくるように指示する必要がある．

ほ乳類の場合には，ある種の複数のタンパク質が損傷したDNAの末端に結合し，損傷した鎖を再びつなぐための一連の反応を行う．

---

[8] DNAリガーゼとよばれる酵素．
[9] 専門的には塩基除去修復とヌクレオチド除去修復機構の2種類に分けて研究されている．

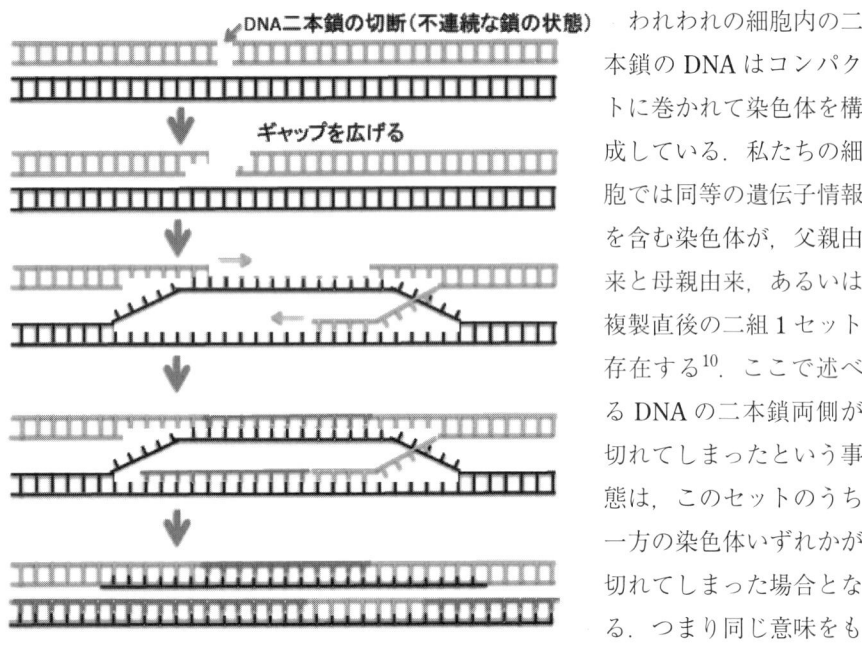

図7.6 相同組換えの過程

（図中ラベル：DNA二本鎖の切断（不連続な鎖の状態）／ギャップを広げる）

われわれの細胞内の二本鎖の DNA はコンパクトに巻かれて染色体を構成している．私たちの細胞では同等の遺伝子情報を含む染色体が，父親由来と母親由来，あるいは複製直後の二組1セット存在する[10]．ここで述べる DNA の二本鎖両側が切れてしまったという事態は，このセットのうち一方の染色体いずれかが切れてしまった場合となる．つまり同じ意味をもったもう一組の染色体[11]が同じ核の中に存在している．

このもう一組の染色体がガイド役の相補的な情報を与え，切れてしまった染色体の端をつなぐ役割をする．ガイドに導かれて切断された端が近づき，乱れた端の部分の塩基を補ったうえで，両端をつなぐ（図7.6）．この一連の修復を相同組換えとよぶ．

> Point：二つの相同染色体同士が互いにバックアップしあうことで行われる修復が相同組換え

> Point：相同組換えの際，相同染色体同士が互いにガイドしあう

相同組換えによる修復は，細胞が分裂しているときに機能する．それ以外の細胞でも機能する非相同末端結合という修復機構が知られている．放射線で切断さ

---

[10] 遺伝物質一式を二組もっている状態を二倍体という．
[11] このように一つの細胞内に同じ形，大きさをもち，担う遺伝情報も同等である2本の染色体同士を相同染色体という．

れた末端にある種のタンパク質が結合し（多少削られた後に），その両者の間がリガーゼとよばれる酵素などによって再結合される．結果，染色体が分断されることが回避される．ヒトの組織に見られる分裂していない細胞で起こるのは，多くはこの機構とされる．ただし，働き具合に個人差があるとされ，さらに突然変異を伴いやすい．

> Point：非分裂細胞で機能するのは非相同末端結合という修復である

このように，DNAが二本鎖構造をとっていること，細胞内の染色体に2個ずつの情報が存在するおかげで，修復という作業が行える．大事な文章を書いたような電子ファイルにたとえよう．大事な情報を保存するのに，すべてをいつも二つつくっておく．どちらが正，副という分け隔てはない．これと同じような意味を相同染色体同士がもっているので，微量の放射線を浴びても，バックアップによって修復され，再度二つのファイルが再生し，すぐさま異常が起こるような事態にならずに済むのである．

> Point：細胞には同じ染色体が2本ずつあるおかげで，二組の遺伝子情報がたがいにバックアップしあっている

DNA修復とチェックポイント機構

細胞周期

細胞が増殖する際には，染色体や細胞を構成する分子を2倍にしておき，それを2個の細胞へと分配するなどの過程をくり返している．この過程を細胞周期とよぶ．その一つの細胞が二つになる細胞周期の過程をさらに四つの時期に分けて，DNA複製を行う時期をS期，分裂を行う時

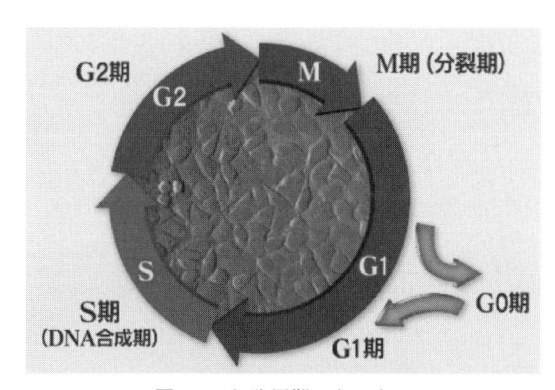

図7.7 細胞周期のあらまし

期を M 期，そのあいだを G1 期と G2 期とよぶ．

チェックポイント機構

DNA 損傷が修復される前に DNA 合成が開始されてしまうと，正しい DNA 複製が行えず，突然変異や細胞死を生みだすか，がん細胞の候補を生みだす

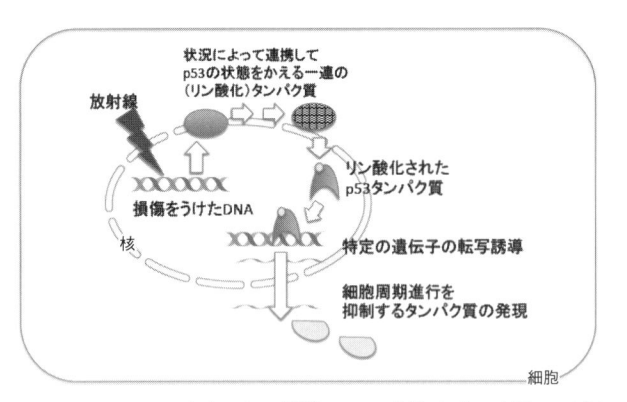

図 7.8 チェックポイントの機構．DNA 損傷がある細胞では細胞周期の進行が抑えられる．

ことにつながる．これを避けるために細胞は DNA の塩基，構造が正しいものかをチェックしている[12]（図 7.8）．

そのため細胞周期のなかで DNA 損傷を修復しきれず残ってしまった細胞を，がん細胞にならないよう抑えるチェックポイントとよばれる機構がある．代表的な機構には，p53 とよばれるタンパク質が関与している．このタンパク質は細胞内に DNA 損傷があると，活性化し，DNA 修復が終わるまで細胞周期の進行を抑える役割をもったタンパク質を発現させる．このような仕組を幾重にももって，われわれの体は，日々発生するこうしたがん候補となる損傷をもった細胞が残らないように抑えている．

> **Point：DNA 修復が終了しないうちは細胞周期が進まないようになっている．この抑える機構がチェックポイントとよばれる機構である．**

---

[12] 詳細をいうと，DNA 上に損傷があると，G1 期，S 期，G2 期とよばれる細胞周期の段階では ATM/R とよばれるタンパク質が働き，p53 タンパク質をリン酸化する．すると p53 タンパク質が活性化する．この活性化した p53 タンパク質は，細胞周期の進行を決定する重要な因子であり，多くの遺伝子の働きを活性化あるいは抑制する．その中で p21 タンパク質を多量に合成させる．これが次にサイクリン-CDK（細胞周期依存性キナーゼ）の働きを抑制する．このことが細胞周期が進行しないように働く．分裂以前に時間をもうけて DNA の修復をさせるための時間をつくるのである．修復が完了すると，p53 は不活性化され，p21 も分解され，細胞周期は次へと進行することができるようになる．

DNA 損傷を抱えたままのがん細胞

修復に失敗した細胞を待ち受ける二つの運命

アポトーシス

　これまで見てきたように損傷が残った細胞すべてがそのままですべてがんとなるわけではない．また修復やチェックポイントも完全ということはなく，ごく少数のDNAの傷は，その修復をかいくぐって残ってしまう[13]．そうした損傷が除去されない細胞は自ら死ぬというプロセスも知られている．こうした死は遺伝的に用意されている[14]もので，アポトーシスとよばれる．

　受けた放射線量（被曝線量）が非常に大きくなると，DNA二本鎖とも，あるいは相同染色体二組とも切断を受けたり，傷を受けてしまう．するとたがいにバックアップし合うレベルを超えた損傷となり，修復が機能しなくなる．そしてチェックポイントも機能せず，正常な分裂を継続できなくなる．その結果損傷をもったDNAから，無理なDNA複製が起こることで，間違いをもった遺伝情報をもつDNAが生まれ，それが分配され，異常となる細胞が出現する．このような運命をもってしまった細胞は，アポトーシスを起こすようになっている．

　DNA損傷などの傷害をもったままの細胞はどのようにして死を迎えるのであろうか．順を追ってみると，細胞内部の構造が崩壊し，細胞の中の膜からさら

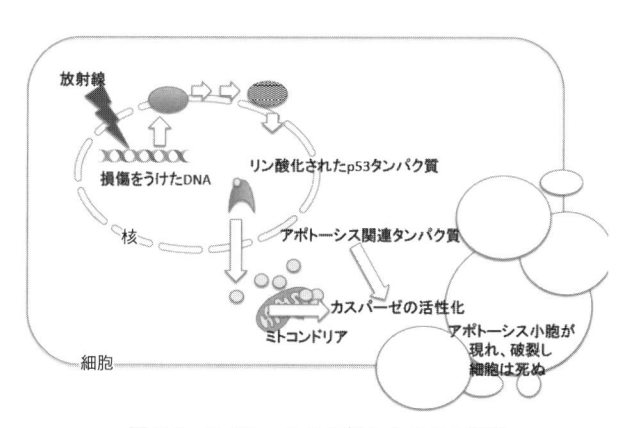

図7.9　アポトーシスが起こるまでの過程

---

[13] 1000分の1以下といわれる．
[14] 動物にはアポトーシスを起こすために必要な複数の遺伝子をもっており，これらが異常をきたすと，アポトーシスが起こらなくなる．

に小さい小胞が形成され，最終的に中身も含めた細胞全体が酸性の構造物にくるまれて死に至る（図7.9）．

> Point：がん細胞の性質をもった細胞には自らアポトーシスとよばれる死を迎える運命が待っている

がん細胞の誕生

しかし，アポトーシスを起こさない細胞が非常に少数残ることがある．長く生きれば生きるほど，そのように残る細胞が増える可能性は大きい．歳をとるとがんの発症が増えるのはそのためである．

> Point：DNA修復に失敗，チェックポイント，アポトーシスをかいくぐった細胞は異常な分裂を始めるがん細胞になる

リンパ球によるがん細胞の駆逐

正常な細胞は細胞周辺の環境を把握し，周囲の細胞と協調して組織や器官を構成する仲間同士で仲よく収まっている．これまで述べた修復やアポトーシスをすることなくがん細胞となってしまうと，その統率を乱すようになる（図7.10）．

個体の外から侵入してくる病原体などを駆逐する役割をもった免疫のシステムは，このような自分の体で統率を乱すがん細胞を敵と見なして，抑えようと働く．おそらくがん細胞は，それまでと異なる抗原とよばれるタンパク質を細胞表面に提示するようになり，それがリンパ球とよばれる免疫細胞に見つかって取り込まれる．こうしてがん細胞が死んで，組織内から消滅する．

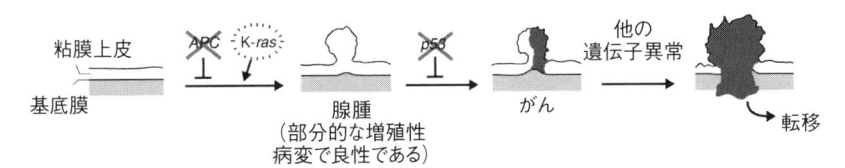

図7.10 正常な細胞が複数のDNA損傷を受けて確率的影響としてがん細胞に至るまでを，大腸がんの例で示す．（東京大学生命科学教科書編集委員会編：「理系総合のための生命科学 第2版」（羊土社，2010）より）

> Point：がん細胞はリンパ球の攻撃も受けて駆逐されている

がん組織の成長と検診との勝負

　DNA損傷が修復されず，さらに細胞死を起こさずがん細胞となり，さらにリンパ球にも見落とされてしまったとしよう．一つの細胞の大きさは$10\mu m$ほどで非常に小さいものである．これだけならば周囲の細胞には影響はない．半年ごとに1回ほどのゆっくりとした分裂をし，15年ほどたつとようやく大きさ1cmほどになるという．ここでは専門医による検診でもかからない大きさである．2cmほどになると見つかる可能性があるという．1cmサイズから早期発見の目安となる2cmほどに成長するまではわずか1年半．この集団が10cmほどに至ると死に至るとされる．この間5年ほどである．この間に早期に発見されるか否かが，運命の分れ目である．なので毎年の定期検診が重要な意味をもつ（図7.11）．

> Point：細胞内の監視をくぐり抜けたがん細胞はある程度ゆっくり増殖するので，定期検診などによる早期発見が効果をもつ

　定期健康診断などで大きくなる途中の早期のガン（乳がんなど）が見いだされれば，手術による除去，抗がん剤治療など対処できるのである．この成長中のガンが見つかる可能性があるからこそ，がん検診が重要だといわれるのである．ただし，日本人のガンの3%以上が，検診時の医療被曝によるものだというThe

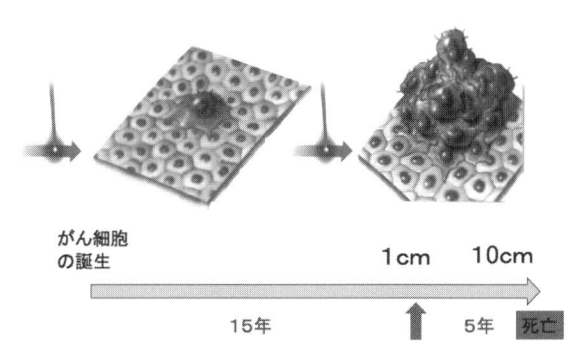

図 7.11　がん細胞の増殖速度と早期発見できる時期（↑）および致死的な影響を与えるまでの期間

Lancet 誌の報告論文[15]もある.かりにがんが見つかっても早期発見で完治させるという意気込みをもって,最先端のがん治療技術は進展を見せている.

---

[15] The Lancet, **363**, 340-341 (2004).

8章　放射線の人体への影響
《放射線医学》

被曝による影響の種類

急性被曝と慢性被曝

　放射線が人体に与える影響を考える際には，放射線の量（線量）と被曝する時間を考慮する必要がある．短時間に強い線量を浴びるのが急性被曝であり，ある程度の線量を継続的に浴びるのが慢性被曝である．

　一度に大量の放射線に被曝すると，図8.1に示したような，いくつかの臓器，組織で確定的な影響や急性障害が起こる．たとえば，目における白内障[1]発症は晩発障害[2]であるが，確定的影響の一つである．原発事故直後しばらく「健康にはただちに影響はない」という言葉が聞かれた．ここでいう急性障害が起こるほどの放射線レベルではないという意味合いである．

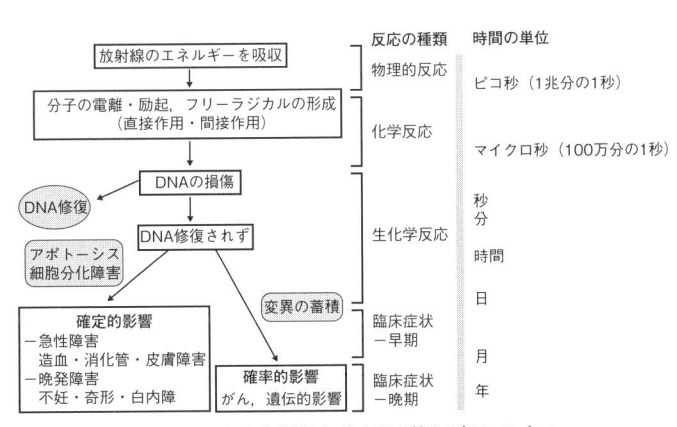

図8.1 確定的影響と確率的影響が起こるまで

---

[1] 外見上水晶体が灰白色や茶褐色に濁り，物がかすんだりぼやけて見えるようになる．
[2] すぐには影響として出ない障害のことで，急性障害の対語．

140   8章　放射線の人体への影響

> Point：福島第一原発事故では急性被曝を考慮しなくてもよい

　急性被曝が起こった残念な事例が，広島・長崎の原爆爆心地周辺にいた方々である．実は直接的には高温によるやけどによって亡くなった方が多いのだが，爆心地に近いところでは相当な急性被曝となったと推定されている．

　トータルの被曝線量が同じでも，短時間で浴びる急性被曝と，長期間で浴びる慢性被曝とでは危険性や，からだへの影響が異なると考えられている．同じ被曝線量を受けても低線量率で長時間受ける方が影響は少ないと考えられている．

　直感的には長期間の被曝の方がむしろ大きな影響が出ると思うかもしれないが，ゆっくり浴びるのであればそのつど修復の作用が間に合うと

図 8.2　爆心地にある原爆ドーム

考えられる．一度に浴びると修復が利く前に DNA の損傷の量が限度を超えてしまう可能性がある．そして細胞が分裂できなくなってしまうのが急性被曝である．

　ちなみにがん治療の際に 1 回 2Sv 程度ずつ日をおいて何度も照射をくり返す[3]のはがん細胞周辺の正常な細胞に回復する時間を与えるためである．一方がん細胞は DNA 修復機能が弱いため，何度か照射をくり返すうちに，がん細胞を殺すことができる．

> Point：同じ被曝線量でも，長時間にわたる被曝の方がリスクは少ない

確定的影響

　高い線量の放射線を集中して浴びると修復などの機能が間に合わない．被曝線量が大きくなればなるほど，影響は大きくなる．この影響は組織などを構成して

---
[3] 照射線量は少ないが，それでもかなりの被曝量にはなり，一時に被曝すれば確定的影響を考慮する必要が出る．

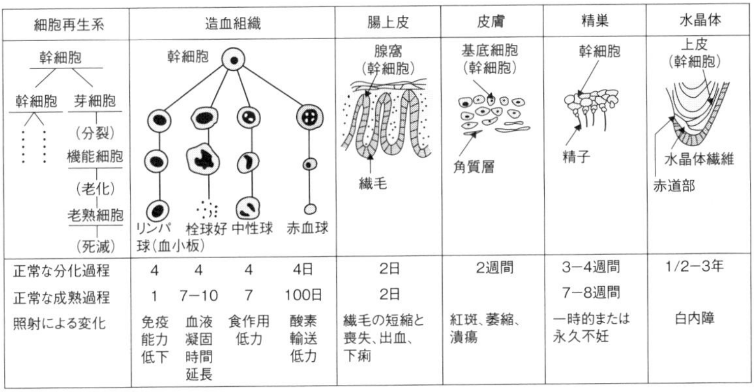

細胞再生系	造血組織	腸上皮	皮膚	精巣	水晶体
幹細胞 幹細胞 芽細胞 （分裂） 機能細胞 （老化） 老熟細胞 （死滅）	幹細胞 リンパ球 栓球好 中性球 赤血球 （血小板）	腺窩 （幹細胞） 繊毛	基底細胞 （幹細胞） 角質層	幹細胞 精子	上皮 （幹細胞） 水晶体繊維 赤道部
正常な分化過程 正常な成熟過程 照射による変化	4　4　4　4日 1　7–10　7　100日 免疫　血液　食作用　酸素 能力　凝固　低下　輸送 低下　時間　　　　低力 　　　延長	2日 2日 繊毛の短縮と 喪失、出血、 下痢	2週間 紅斑、萎縮、 潰瘍	3–4週間 7–8週間 一時的または 永久不妊	1/2–3年 白内障

図 8.3 確定的影響の種類（吉井義一：「放射線生物学概論 第3版」（北海道大学図書刊行会，1992）より）

いる細胞が被曝して細胞の死を引き起こすために起こり，確定的影響とよぶ．全身被曝か部分被曝かでも影響の出方が異なる．また影響を受けやすい組織，受けにくい組織が存在する．影響を受けやすいのは細胞の分裂が盛んな皮膚（基底細胞層とよばれる部分，表面から平均 70μm の深さにある），骨髄（血球やリンパ球をつくる源となる造血幹細胞がいる），小腸など消化器の細胞などである（図 8.3）．

> **Point：確定的影響を受けやすい細胞と受けにくい細胞が存在する**

放射線被曝量が一定の値（閾値とよばれる）を超えるとほぼ間違いなく不妊や白血球減少など引き起こす．

全身で 1Sv（1000mSv）を超える被曝を全身に受けると，10%程度の人に吐き気，嘔吐などが起こるとされる．食欲不振，全身倦怠感，めまいなどの症状が起こり，さらに亡くなる人が少し出てくるとされている．被曝量が増すと目では白内障，頭では脱毛などが起こる．こうした確定的影響では，線量の増加に伴って症状の重篤度が増大する（図 8.4）．

3～5Sv ほどで半数，7～10Sv でほぼ全員死亡する[4]．造血にかかわる骨髄が大

---

[4] 等価線量・実効線量の単位シーベルト（Sv）は，低線量で低線量率の放射線被曝がもたらす健康影響を考慮した放射線防護のための線量を記述する単位であって，ここでの大きな線量を高い線量率で被曝した際に起こる急性障害のリスクを記述するには本来不適切である．代わりに吸収線量グレイ（Gy）や重みつけしたグレイなどを単位として用いるべきであるが，かえってわかりにくいので本文では

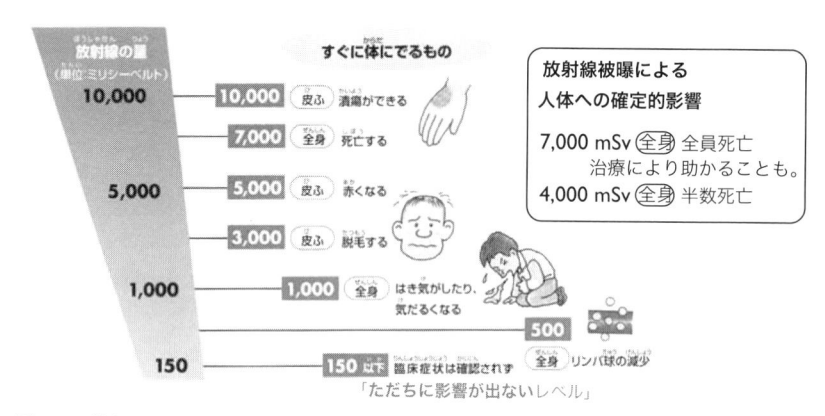

図 8.4 被曝量と確定的影響の症状の関係（図は茨城県発行「小学生のための原子力ブック」より．出典：資源エネルギー庁「原子力発電 2000」「ICRP Pub. 60」ほか）

きな影響を受け，白血球の減少などによる免疫力低下，血小板の減少による出血症状などが増えるためと説明される．

被曝を受けた不幸な事故として，組織の細胞が更新されず，免疫力も落ちるために出血して亡くなるケースがあった[5]．今回の原発事故以降，発電所近辺で作業を続けている作業員の方々もこのレベルの被曝に達することはないように 250 mSv/年となるように配慮されている[6]．

> Point：閾値以上の大量被曝による確定的影響として，白内障，脱毛，白血球の減少などが起こる

確率的影響

確定的な影響には線量の閾値があって，閾値線量未満の被曝線量では発症しないと考えられている．放射線量が 100～200 mSv 以下ではいずれの症状も現れないとされている．それに対して線量に応じて確率的に発生すると考えられる生体

シーベルトで記述することとする．

[5] 1999 年に東海村の核燃料加工工場 JCO で起こった臨界事故では，3 名の作業員がそれぞれ推定 16～20 Sv，6～10 Sv，1～4 Sv を被曝し，うち前者 2 名が急性被曝の数か月後に亡くなった．造血器障害（骨髄不全），小腸粘膜上皮の剥離や出血，皮膚障害，免疫低下による感染症といった症状がつぎつぎに起こったことが原因であった．

[6] 緊急措置として年間 250 mSv とした被曝限度の特例はそののちに廃止され，現在ではもとの規則通り，50 mSv/年かつ 100 mSv/5 年の限度が適用されている．

への影響を確率的影響とよぶ．低線量での被曝による確率的影響で気にすべきは発がんリスクが高まることである．DNAが受けた傷（修復されきれずに残った）が突然変異となり，正常な細胞の増殖の維持ができなくなるなどによって起こる．線量が増加するにつれて，DNA損傷が修復されずに残る確率が増加するとされている．広島・長崎の被曝生存者に対する長年にわたる疫学的調査[7]から，一度に1Svを浴びることによって，がんのリスクが1.5倍に増えることがわかっている．

生殖細胞に異常が起これば，次世代に伝わる可能性のある遺伝的影響が心配されるが，広島・長崎の疫学調査からは，ヒトにおける低線量被曝による遺伝的影響は確認されていない．

> **Point：被曝の確率的影響として，がんリスクの増加が問題となる**

線量が増えれば，がんが発生する確率が増大するが，がんの性質や重篤度に変化が出るわけではない．放射線被曝による特定のがんがあるわけでもなく，他の要因によって発生するがんとの違いはない．

低線量・低線量率[8]の放射線被曝によって，がんの発生がどれだけ増大するかについては，十分には解明されておらず，物議をかもしている．図8.5に示したように，放射線量とがんの発生確率との関係として，少ない放射線量でも比例するという説と，ある閾値以下なら影響は出ないとする説とがあって，結論は出ていない．学者によっては少ない線量ほど線量あたりのリスクが高い[9]と主張している．その反対に，低線量の被曝はかえって健康によいとする放射線ホルミシス効果を説く研究者もいる．国際放射線防護委員会（ICRP）では，閾値線量の存在を否定できないとして，安全サイドにたって，がんリスクは線量に比例するという **線形閾値なし仮説**（LNT[10]）を採用している（図8.5）．ICRPの勧告によれば，低線量率による慢性被曝について，がんによる死亡の生涯リスクは1Svに

---

[7] 原爆傷害調査委員会（ABCC）が，第二次世界大戦終戦以降，日米合同で被曝生存者に対する数万人規模の疫学的調査をしており，放射線影響研究所に改組された現在でも継続して健康調査・研究を行っている．
[8] 低線量率の被曝とは長期間にわたってじわじわと慢性被曝をすること．低線量の被曝とは期間中を積算して，被曝線量の合計が低いこと．
[9] 線量あたりのリスクが高いとはすなわち，グラフの傾きが急であるということである．リスク全体を示す曲線は当然右上がりであり，線量が多いほどリスクが増すという点については異論はない．
[10] 線形閾値なし仮説（LNT）：Linear Non-Threshold.

低線量におけるリスク評価

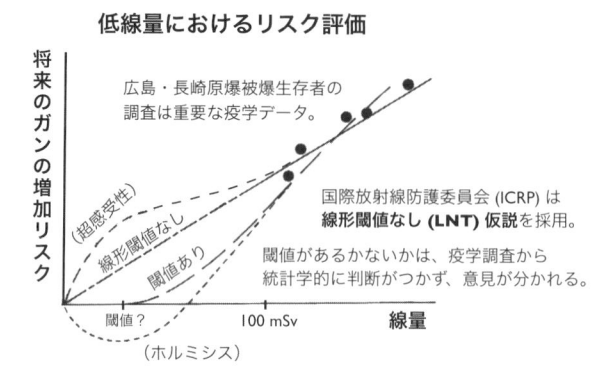

図 8.5 低線量における放射線被曝による影響と線形閾値なし仮説

対して 0.05 としている[11]．たとえば 1000 人が 100 mSv を慢性被曝した場合，計算上は $1000 \times 0.05 \times 100\,\mathrm{mSv}/1000\,\mathrm{mSv} = 5$ 人程度がその被曝が原因でがんにかかり死亡する可能性があるということになる．

> Point：ICRP では線形閾値なし仮説（LNT）に基づき放射線防護を考えている

ここに述べたリスクはヒトの平均的な場合であり，人によってはこれよりリスクが高い人も低い人もまちまちにいると考えられる．一般的に子供は放射線に対して感受性が高く，リスクが 2～3 倍ほどになるといわれている．放射線の健康への影響については，Q&A にもさまざまな観点から述べたので，ぜひ参考にしていただきたい．

過去の事例からの考察

広島・長崎の被曝

原発事故について，広島や長崎に投下された原子爆弾を引き合いにした議論が多くされている．放出された $^{137}\mathrm{Cs}$ の量を比較すると，福島第一の原発事故で放出された量は広島原爆の 170 個分とかなり多い．ただし今回の事故と，原子爆弾との違いを考えねばならない．被曝の影響については，原子爆弾の際には爆心地から近いところでは短時間で大量に，急性被曝を起こして多くの方が亡くなった．

---

[11] 最新 2007 年の勧告（ICRP103）では，死亡はしなくても重篤ながんについて重みつけをして評価し，合せてリスク係数を 0.055/Sv としている．

図 8.6 の広島での例に見られるように，原爆による放射線量は爆心からの距離とともに急激に低下していることがわかる（図 8.6）．爆心地から 1.5〜2.0km 以上離れた地域での死亡率は低かった．原爆投下当時の広島市の人口は 35 万人についての調査によれば，原爆による死亡は 14 万人，それ以降亡くなる方に関しては平均的ながん死亡率を考慮すると，がんによる死亡の増加は 1000 人前後と見積もられている．

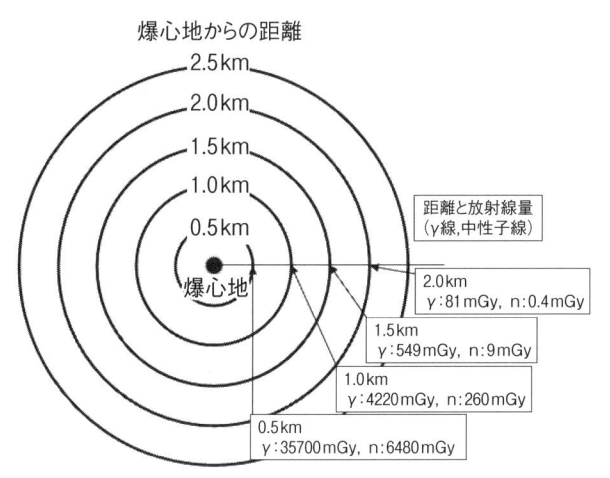

爆心地からの距離
- 2.5km
- 2.0km
- 1.5km
- 1.0km
- 0.5km
- 爆心地

距離と放射線量（γ線,中性子線）
- 2.0km γ:81mGy, n:0.4mGy
- 1.5km γ:549mGy, n:9mGy
- 1.0km γ:4220mGy, n:260mGy
- 0.5km γ:35700mGy, n:6480mGy

図 8.6 広島に投下された原爆による推定被曝線量．爆心地（現在の原爆ドーム）からの距離とともに大きく減少している．高さ 600m で炸裂したことも考慮されている．

> Point：原爆での放射線被曝による被害は急性被曝によるものが大きい

被曝時の場所と状況に応じて被曝線量を推計し，その後の継続的な調査結果と対比することで，先に述べた放射線が人の健康に与える影響に関する貴重な疫学データが得られている．

チェルノブイリ原発事故

1986 年に当時のソビエト連邦（現在のウクライナ）で起こったチェルノブイリ原発の事故は，ヨーロッパを含む広い地域で放射能汚染を引き起こした．いま，この事故による被害を引き合いにした議論が多くされている．放出してしまった放射性セシウム（^{137}Cs）の量から福島第一の事故規模はチェルノブイリの数分の 1 ほどと見積もられている．チェルノブイリでは ^{137}Cs の放出量が非常に多かったわけだが，この放射性物質による影響はほとんど報告がない．

チェルノブイリ原発事故後，事故の収拾に当たった原発職員や消防隊員のうち 28 名が急性障害で死亡し，他にも事故処理に当たった数十万人もの作業者がか

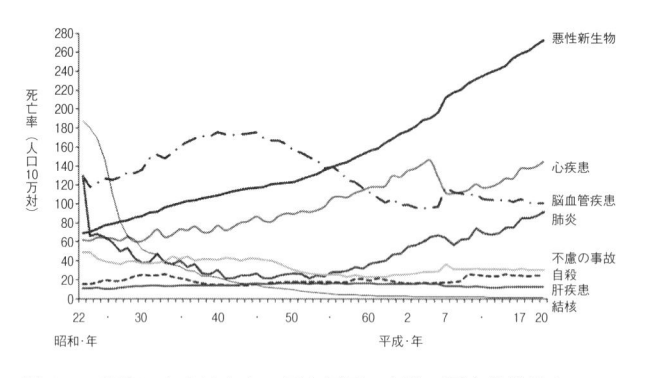

図 8.7 年代による日本人の死亡原因の変化（厚生労働省ホームページ，平成 20 年人口動態統計月報年計（概数）の概況より）

なりの被曝をしたとされる．これらの人以外の一般住民については，確率的影響が心配され，疫学的調査でわかったのは小児甲状腺がんのみが増えたことである．事故後，原発から 3 km の距離にあった市の住民は 2 日以内に強制避難の措置がとられたが，その外の半径 30 km 圏内については住民の避難が遅れ，食品の摂取制限もなされなかった．なかでも ^{131}I に汚染された草を食んだ牛の牛乳による影響が大きく，4 歳以下の子供の 15％が甲状腺の等価線量で 1～5 Sv，1％が 10 Sv ほどの被曝をしたとされる[12]．その状況で事故後，小児甲状腺がん以外のがんの発症率の上昇は確認されていない．小児甲状腺がんはもともと非常にまれな病気で，かつ放射性ヨウ素（^{131}I）が甲状腺に濃縮されたため，放射線の影響がはっきりと現れたのである．それまで 30 万人に 1 人ほどだった年間発症率が，事故の後 1 万人に 1 人ほどにまで上昇したという．患者数約 6000 名，うち 15 名が死亡した[13]．甲状腺がんは治癒できる割合が大きいが，目立った影響である．今回の事故のあとも甲状腺については追跡調査をする必要があるだろう．

現代人の死因

がんの発症と寿命

放射線の被曝を受けた人だけががんになると考えるのは大きな間違いである．

---

[12] 放射性ヨウ素による被曝は甲状腺に限定的に起こる．もし全身に 10 Sv もの被曝を受けたとすると，急性障害を起こし，確実に死に至る．
[13] WHO 2005 報告.

がんは普通の生活をしていた昔の人であっても多く報告されているし，長生きすればするほどがんになる人の割合は高くなる．魚でも，犬でもがんになる．かかる確率が問題である．

日本人の2人に1人ががんになり，3人に1人ががんで亡くなるのが，現状である（図8.7）．日本人の平均寿命の伸びを考えてみる．平均寿命は明治初頭には30歳程度であった．第二次世界大戦直後，昭和20年でも50歳程度であった．食料事情の悪さ，衛生環境の不備，感染症の存在などで，まだまだ生きていける人間が多く命を落としていたのである．種々の感染症も抗生物質や薬の開発で克服されてきた．以後も医学の進歩による多くの疾患の克服などがあり，徐々に平均寿命は延びてきたのである．現在のように戦後60年もすぎて寿命が延び，がんによる死亡率が高まっている（図8.7）．がんが死因となったのは感染症などの脅威が去ったせいである．現在では平均寿命が84歳となっている．とはいえ，人間はいつか死を迎える．その際の死因として克服されにくいがんが残り，がんによる死が一番の原因となってきたのである．少し前までがんになる前に他の感染症などで多く亡くなっていたというのが正確かもしれない．がんとは一種の「老化」である（図8.8）．

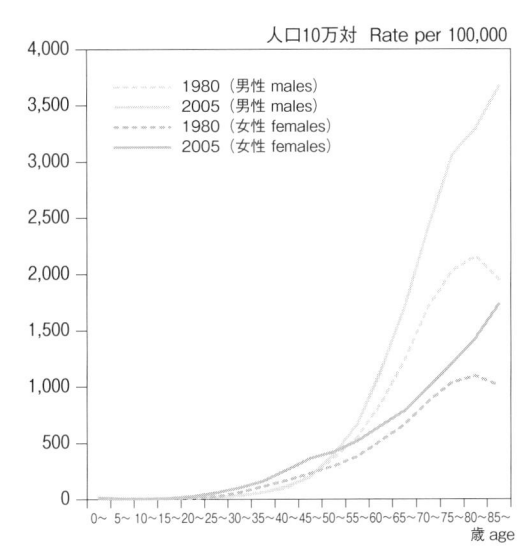

図 8.8 年齢ごとのがん発症率（公益財団法人がん研究振興財団ホームページより）

発がんリスクをもつ生活要因

発がんということを考えるのであれば，現代社会では放射線と同様に，タバコや酒などのアルコール，偏食また生活習慣病，たとえば肥満などもがんの要因として並べて考える必要がある．被曝リスクを恐れて野菜を食べず栄養の偏りが起こったり，屋外の運動などを控えて肥満を起こすなど，総合するとかえって健康

8章 放射線の人体への影響

放射線と生活習慣の発がんの相対リスク比較

受動喫煙の女性	1.02～1.03倍
野菜不足	1.06倍
100～200ミリシーベルトを浴びる	1.08倍
塩分の取りすぎ	1.11～1.15倍
運動不足	1.15～1.19倍
200～500ミリシーベルトを浴びる	1.19倍
肥満	1.22倍
500～1000ミリシーベルトを浴びる	1.4倍
毎日2合以上の飲酒	1.4倍
喫煙	1.6倍
毎日3合以上の飲酒	
1000～2000ミリシーベルトを浴びる	1.8倍

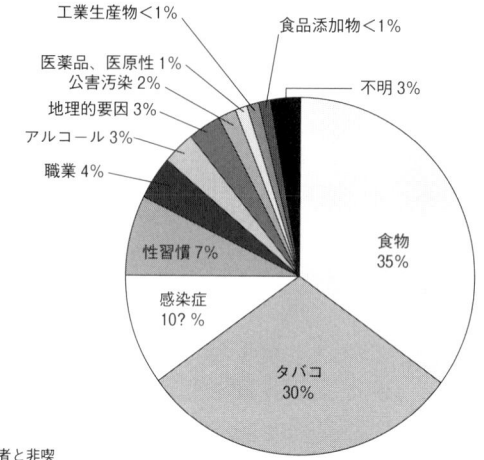

※網かけは放射線の影響
(注) 相対リスクは, たとえば喫煙者と非喫煙者のがんの頻度を比較した数字

表の値は短時間での被曝の場合．

(低線量率では損傷の修復のためリスクはより小さい．どれだけ小さいかは議論のあるところで，結論は出ていない．ICRPは係数1/2を採用．)

がん死中に占める各因子の割合 (％) (R.Dool and R.Peto, 1981)

- 工業生産物 <1%
- 食品添加物 <1%
- 医薬品, 医原性 1%
- 公害汚染 2%
- 地理的要因 3%
- アルコール 3%
- 職業 4%
- 性習慣 7%
- 感染症 10?%
- 不明 3%
- 食物 35%
- タバコ 30%

図 8.9 ヒトのがんにおける原因と, 発がんに関係する生活因子 (右図は R.Dool, R.Peto (1981) の調査データによる)

を害する事態も残念ながら起こっている．現在日本人の死因 30.0% はがん[14]であり, 放射線を累積 100 mSv 浴びるとそれが 30.5% になると計算される (図 8.9). 他の生活要因によるがん死の増加割合と比較してほしい．

健康診断の有用性

がんの初期発見

福島県の住民の方が放射線を他の地域より多く受けている可能性があるため，生涯定期的に医師のメディカルケアを受けることになった．放射線を多く受けたために, いますぐにがんが起こる可能性はほとんどない．しかしいつ影響が出る

---

[14] 平成21年推計値から計算．平成21年人口動態統計の年間推計死亡数1144000, 悪性新生物による死者344000.

かわからないので，健康診断を受けることは安心を得るためにも意義がある．子供ももし放射性ヨウ素（^{131}I）を体内に取り込んでいたら，甲状腺がんの心配があった．^{131}I は半減期が短いので，このアイソトープによる影響は進行することはないであろう．放射性セシウムについては，半減期が 30 年と長いために継続的な確認が必要であり，健康診断によって住民の安心が得られる効果は重要であろう．

他の疾患の発見

実際に健康診断を受けることで意義があると思われるのは，がんや放射線の影響が見つかる以外の部分である．健康を過信して病気に気づかず，重篤化して，大事に至る人の数は全国的に数として多い．健康診断を受けることで予防できた割合は非常に大きいとされる．それが未然に防げる可能性が，福島の方には生まれたとも思える．

広島，長崎では原爆の後遺症の心配で，やはり多くの人が健康診断を受けてきた．その効果もあってか，広島市，長崎市の方々の寿命は全国的に長い方にランキングされている．

がん治療の最前線

健康診断を行い，万が一，がんが見つかっても，がん治療の技術は大きく進歩している．がんイコール死という図式で考えなくてもよいほど，がんの治療技術も進んでいる．

外科手術，化学療法

組織の中のがん組織を外科手術で摘出することは古くから行われている．副作用というイメージが強い抗がん剤だが，そういった副作用の少ない新しい薬も開発が進んでいる．

あるタンパク質が変化をした[15]ことによって構造が変わり，その結果，異常な

---

[15] 突然変異によってタンパク質のアミノ酸配列が変化したり，染色体異常が起こることで別のタンパク質といっしょになったようなタンパク質ができる例が知られている．

働きを始めるために，その細胞ががん化するようなケースもいくつか明らかとなっている．このときに，異常な働きをもったそのタンパク質と，そのもともとのタンパク質とでは，分子の構造として変化している．がん化につながる方のタンパク質の構造にだけ結合するような物質が探索できたとすると，それがそのがんの原因タンパク質を攻撃できる可能性がある．実際にそのような着眼点で，特定のがんの特定のタンパク質を狙い撃ちする，分子標的薬とよばれる薬[16]が開発され，すでに日本でも使われているものもある．

放射線治療

放射線被曝によってがんが起こったところで，放射線で治療するというのも不思議に聞こえるかもしれない．がん細胞は無秩序に増殖し，組織の中で秩序を守らない厄介者である．とはいえそうした細胞もやはりDNAをもち続けているので，大量の放射線を受ければ影響を受けるのである．

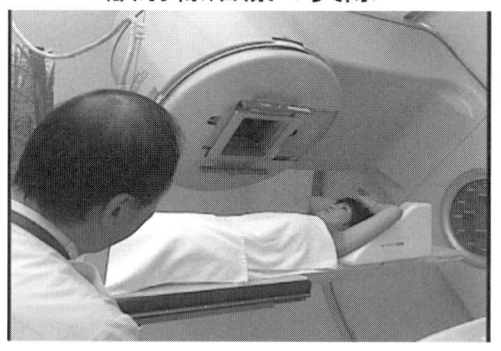

図 8.10 放射線治療の現場（中川恵一氏提供）

当たったら完全にその細胞が死ぬように，意図的に高線量の放射線量である．^{60}Co から出るガンマ線や，リニアックやサイクロトロンとよばれる装置（11章参照）で人工的につくった放射線を，がんの部位に当てる．

最近は，部位に集中して照射する技術が発達した．この代わり，がん細胞を殺すことが目的となるので，当然大量の放射線を照射することとなる．全身にその放射線量をあまねく受けて細胞がおかしくなり，患者の健康が失われては問題となる．大量の放射線であっても，標的の悪性のがん細胞にのみ放射線を照射することができれば，敵のみ害を受けることになる．

---

[16] イレッサ，ハーセプチン，グリベック，ネクサバールなどが知られている．

実際に限定した照射を可能とする技術が開発され続けている．正常な細胞には照射が及ばないように，放射線をしぼった形で当てる．たとえばふつう1回あたり2Sv（2000mSv）の照射でがんの部位を狙い撃ちし，日をおいて30回ほど照射する（図8.10）．副作用で正常な組織の一部にただれや出血を起こすこともあるが，多くは回復する．健康な組織や細胞への照射はなるべく避けることは当然である．がん組織に対してさまざまな方向から照射を行い，周囲の組織への影響を最小限に抑えつつ，患部を重点的に狙い撃ちする技術が開発されている．また放射線治療で使われる放射線はいまのところ γ 線やX線が中心であるが，陽子線や重粒子線による治療例も増えてきている．これらの粒子線は，止まる直前に最大のエネルギー付与をするので，がん組織のところでちょうど止まるように粒子線のエネルギーを調節することで，より高い効果が期待できる（2章参照）．こうした放射線治療は，外科手術，抗がん剤治療などと並んでの，威力ある制圧方法となっている．

9章　放射性物質と農業
《植物栄養学・土壌肥料学》

植物と土壌

根のはたらき

　福島第一原発事故による放射性物質の飛散は，農業や漁業など一次産業にさまざまな影響を与えている．本章では生物学的な視点から農業，とくに作物生産に与えている影響などについて概観する．

　植物は大地に根をはやし，その根から水とともに土壌の必須無機元素を選択的に取り込んでいる．植物は光合成を行うが，地上部で取り込める元素は酸素，炭素，水素などに限られ，それ以外に必要な元素は大地から取り込むことになる．大地は場所によってさまざまな性質の土壌でできており，その中に存在する元素にも違いがある．植物は土壌の種類の違いに適応して，土壌と接する最前線の根組織から必要な元素を取り込み（経根吸収），不必要なものは基本的には取り込まない．

　根から取り込まれた，水と無機イオンはそのあと地上部へと輸送され，全身へと運ばれる．

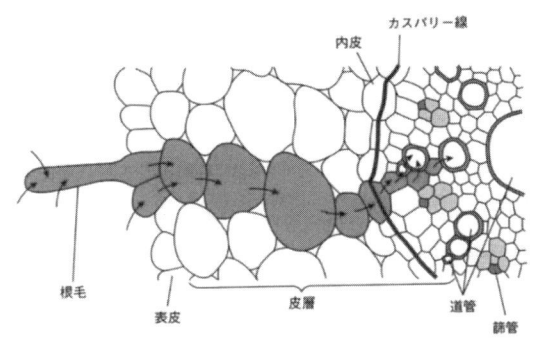

図9.1　横断面から見た植物の根組織のありさま．→は代表的な水の流れを示す．種々の元素はこの水に溶けて取り込まれる．泡の形で画かれた一つ一つが細胞．（加藤潔他監修：「植物の膜輸送システム（植物細胞工学シリーズ）」（学研メディカル秀潤社，2003より））

Point：植物は根から土壌の水と無機元素を選択的に取り込む

植物の生育に必須な元素

動物も植物も細胞から構成されている．一つひとつの細胞は，周囲の環境から独立して生きているので，必須な元素それぞれについて，不足しているものは取り込み，過剰なものは排出する必要がある．

植物が生きていくうえで特定の元素17種が必要であるとされている．原子番号順に水素（H），ホウ素（B），炭素（C），窒素（N），酸素（O），マグネシウム（Mg），リン（P），硫黄（S），塩素（Cl），カリウム（K），カルシウム（Ca），マンガン（Mn），鉄（Fe），ニッケル（Ni），銅（Cu），亜鉛（Zn），モリブデン（Mo）である．このうち下線を引いたものは量として多く必要とされる元素である．

原子番号
元素記号[注1]
元素名

1	2	3	4	5	6	7	8	9	10	11	12	13	14	15	16	17	18
1 H 水素																	2 He ヘリウム
3 Li リチウム	4 Be ベリリウム											5 B ホウ素	6 C 炭素	7 N 窒素	8 O 酸素	9 F フッ素	10 Ne ネオン
11 Na ナトリウム	12 Mg マグネシウム											13 Al アルミニウム	14 Si ケイ素	15 P リン	16 S 硫黄	17 Cl 塩素	18 Ar アルゴン
19 K カリウム	20 Ca カルシウム	21 Sc スカンジウム	22 Ti チタン	23 V バナジウム	24 Cr クロム	25 Mn マンガン	26 Fe 鉄	27 Co コバルト	28 Ni ニッケル	29 Cu 銅	30 Zn 亜鉛	31 Ga ガリウム	32 Ge ゲルマニウム	33 As ヒ素	34 Se セレン	35 Br 臭素	36 Kr クリプトン
37 Rb ルビジウム	38 Sr ストロンチウム	39 Y イットリウム	40 Zr ジルコニウム	41 Nb ニオブ	42 Mo モリブデン	43 Tc* テクネチウム	44 Ru ルテニウム	45 Rh ロジウム	46 Pd パラジウム	47 Ag 銀	48 Cd カドミウム	49 In インジウム	50 Sn スズ	51 Sb アンチモン	52 Te テルル	53 I ヨウ素	54 Xe キセノン
55 Cs セシウム	56 Ba バリウム	57～71 ランタノイド	72 Hf ハフニウム	73 Ta タンタル	74 W タングステン	75 Re レニウム	76 Os オスミウム	77 Ir イリジウム	78 Pt 白金	79 Au 金	80 Hg 水銀	81 Tl タリウム	82 Pb 鉛	83 Bi* ビスマス	84 Po* ポロニウム	85 At* アスタチン	86 Rn* ラドン
87 Fr* フランシウム	88 Ra* ラジウム	89～103 アクチノイド	104 Rf* ラザホージウム	105 Db* ドブニウム	106 Sg* シーボーギウム	107 Bh* ボーリウム	108 Hs* ハッシウム	109 Mt* マイトネリウム	110 Ds* ダームスタチウム	111 Rg* レントゲニウム	112 Cn* コペルニシウム	113 Uut* ウンウントリウム	114 Fl* フレロビウム	115 Uup* ウンウンペンチウム	116 Lv* リバモリウム	117 Uus* ウンウンセプチウム	118 Uuo* ウンウンオクチウム

57～71 ランタノイド	57 La ランタン	58 Ce セリウム	59 Pr プラセオジム	60 Nd ネオジム	61 Pm* プロメチウム	62 Sm サマリウム	63 Eu ユウロピウム	64 Gd ガドリニウム	65 Tb テルビウム	66 Dy ジスプロシウム	67 Ho ホルミウム	68 Er エルビウム	69 Tm ツリウム	70 Yb イッテルビウム	71 Lu ルテチウム
89～103 アクチノイド	89 Ac* アクチニウム	90 Th* トリウム	91 Pa* プロトアクチニウム	92 U* ウラン	93 Np* ネプツニウム	94 Pu* プルトニウム	95 Am* アメリシウム	96 Cm* キュリウム	97 Bk* バークリウム	98 Cf* カリホルニウム	99 Es* アインスタイニウム	100 Fm* フェルミウム	101 Md* メンデレビウム	102 No* ノーベリウム	103 Lr* ローレンシウム

注1 安定同位体が存在しない元素には元素記号の右肩に＊を付す．
113，115，117，118番元素については暫定的な記号と名称を載せてある．

図9.2　周期表．植物が必要とする元素の種類は数としては少ない．

> Point：植物の生育に必須な元素は 17 種類

　元素ごとに必要な量は異なるが，土壌にふんだんに存在する元素はほとんどないので積極的に取り込む必要がある．また植物のなかでそれぞれを輸送そして移動させる必要がある．そのため細胞には元素ごとに専属の輸送機構が必要となる．

> Point：元素ごとに取り込むための運び屋分子が必要である

元素やイオンを細胞内外へと輸送するタンパク質

　積極的かつ選択的に，土壌に限られた量しか存在しない元素を細胞の中に取り込むためのタンパク質[1]がチャネル，トランスポーター[2]，ポンプとよばれるタンパク質の一群である．基本的に元素ごとに専属のチャネル，トランスポータータンパク質，あるいはポンプタンパク質があると思ってよい．図9.3にはそうした働きをするタンパク質の顔ぶれを紹介している．

　チャネルタンパク質はナノメートル[3]の世界となる分子の通り道として機能するタンパク質である．通り道といっても，自由に何でも通ってしまわないように，

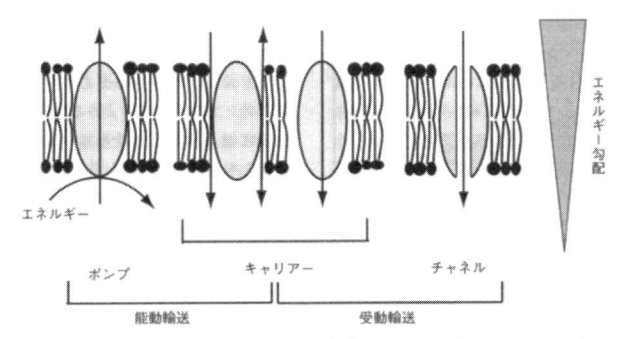

図 9.3 植物細胞の表面の膜上に存在するポンプ，トランスポーター，チャネルタンパク質の概略．矢印は分子，イオンの動きを示す．（加藤潔他監修：「植物の膜輸送システム（植物細胞工学シリーズ）」（学研メディカル秀潤社，2003）より）

---

[1] 不要になった元素，イオンを細胞外へ排出するタンパク質としてもチャネル，トランスポーター，ポンプが存在する．
[2] キャリアーともよばれる．
[3] 1mm の 100 万分の 1 の大きさ．

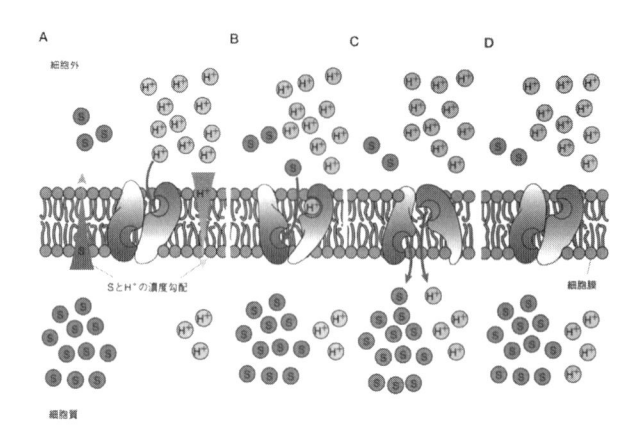

図 9.4 トランスポーター（キャリアー）タンパク質が働く様子．特定の分子やイオンを決まった方向性に移動させる．水素イオン（H^+）の移動と引きかえに分子 S が逆方向に移動する様子を示す（加藤潔他監修：「植物の膜輸送システム（植物細胞工学シリーズ）」（学研メディカル秀潤社，2003 より））

門番がいるかのように，そのタンパク質ごとに決まった分子，元素，イオンのみを通ることを許す（選択性という）タンパク質である．

トランスポータータンパク質（キャリアーともいう）は，運ばれる物質（イオン，分子など）が結合するとその前後でタンパク質の立体構造が変化する．その変化がその物質を膜の反対側へと透過することを助ける．

ポンプタンパク質は，ATP という高エネルギー物質の加水分解によって出されるエネルギーを用いて，濃度勾配に逆らったイオン，物質の輸送が行うものである．

図 9.5 根からの物質の吸収と植物の成長

Point：細胞の表面にはチャネル，トランスポーター，ポンプといった特定の分子，イオンの通り道となるタンパク質がある

　植物は実際に土壌から取り込んだものを生かして物質生産をすることを考えると，こうした研究は収量増加，品質向上につながる．またこうした機構は植物の種類の違いを超えて多くの共通な面をもつため，他の植物での基礎研究がイネなどの作物にもあてはまる情報を与えることが多い．

セシウムという元素

セシウムの化学

　物質を構成する原子について，その原子番号で物質としての性質が語ることができる．その際に周期表が登場する．原子番号順に元素記号が左から右に並び，ある程度進むと行を変えて[4]また左から右へと並んでいる．番号は飛んでいるが，縦方向－同じ列に並んだ元素同士には似た性質が見られる．セシウムはその中でいちばん左の列，アルカリ金属に属する．普通はセシウムイオン（Cs^+）として存在する．現在，健康との関係で問題となっているのは放射性をもつセシウムである．天然に多く存在するセシウムは質量数133という値をもったものだが，放射性をもつのは質量数134，137のものである．

　セシウムというと毒性のある物質というイメージがついてしまった．しかしこの元素を含む非放射性の物質を，実験室ではふつうの試薬として利用している．たとえば塩化セシウムという物質は生命科学の研究の中で重要な貢献をした試薬である．非放射性のセシウムは非常に少量であるが食品にも含まれており，私たちはふだん摂取している．

Point：セシウムは陽イオン（カチオン）として生物に取り込まれる

---

[4] 周期表に元素が並ぶ規則とは，最外殻電子というものの数が，1，2，3，4，5，6，7，あるいは8であるかというものである．この最外殻電子の数が実際にその元素の化学的性質を支配している．

カリウムイオンの役割

　セシウムと同じアルカリ金属に属すカリウムイオン（K^+）について見ておきたい．カチオン（正電荷をもつイオン，陽イオンのこと）として存在し，その出入りは細胞の浸透圧の調節に大きなかかわりをもっている．呼吸や光合成にかかわる多くの酵素の働きを調節する役割ももっていることはその重要性を語っている．
　K^+は古い葉から新しい葉へと移動できることが知られている．そのために植物の基部に近い成熟した葉に欠乏した際の葉が巻き込んだり，縮れたりする症状が出てくる．土壌にK^+が欠乏すると，ある種の病原菌に感染しやすくなるなどの影響も知られている．

> Point：カリウムイオンは生物に必要なアルカリ金属イオンである

セシウムイオンの入り込む余地

　セシウムは放射性か否かにかかわらず，アルカリ金属イオンの性質をもっている．とくにK^+の性質に近く，K^+の移動や取り込みなどの機構に便乗するのではないかと推測されている．本来Cs^+を欲しているわけではないが，似ているために，乗じて植物の中に入ってくると考えられる．

> Point：セシウムイオンは，カリウムイオンをまねて細胞内に入ってくる

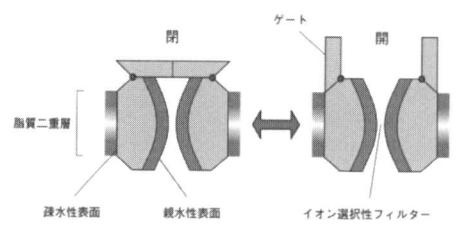

図9.6 カリウムチャネルの構造と機能に関する知見．ゲートとよばれる部分の開閉が透過するイオンを選択することにつながる（加藤潔他監修：「植物の膜輸送システム（植物細胞工学シリーズ）」（学研メディカル秀潤社，2003より））

　K^+をまねて取り込まれるので，カリウム肥料を与えない状況だと，セシウムを取り込みやすいと考えられる．逆に栽培時にカリウムを与えれば，Cs^+の植物体内への取り込みは減る．カリウムチャネルのなかにCs^+を透過させるものがあると解釈される．しかし，Cs^+とK^+の分布の挙動が異なることがあり，理解は一筋縄では難しい．

同じ植物でも，取り込みに関して系統による差が見られるので，遺伝的になんらかの違いがあるようだが，その実態についてはまだ不明である．

> Point：セシウムイオンの取り込み機構の詳細は，まだ明らかでないことが多い

セシウム汚染と植物

農地汚染

^{137}Cs の垂直分布[5]は比較的浅い．種々の測定から，耕されていなければ，地表から深さ 5cm あたりまでの表土にたまっていることが明らかとなった．そのため，福島県内，農地，水田で進んでいる除染作業では，基本的に表土を削ることを行うことが中心となっている．

しかし悩ましいのは作物にとって重要な養分を含むのはこうした浅い部分だということである．放射性物質を除去したといっても多くの難しい課題を残すのが現状である．

> Point：放射性セシウム汚染は表土にたまっている

放射性セシウム濃度 5000 Bq/kg 以下の農地については，反転耕[6]という方法も認められた．「プラウ」という農耕機を用いて，表土を下層にすき込むものである．放射性セシウムを下層に埋設し，表面の放射線量を低下させ，作物への放射性セシウムの移行を減らすことができる．

しかし，飯館村などの水田土壌での測定値は，農水省が設けた平成 23 年の米作の基準値 5000 Bq/kg をゆうに超えていた．

移行係数

土壌 1 kg 中の放射性セシウムの量と，この土壌から作物 1 kg が吸収した放射性セシウムの割合を移行係数という．こうした値として公開されているデータを

---

[5] 表面からどのような深さに分布しているかのデータ．
[6] 天地返しともよばれる．

（おもにチェルノブイリ原発事故の後のデータ）農水省がまとめている．

ジャガイモの移行係数が0.011となっているが，10000 Bq/kgの^{137}Csを含む土壌で育ったジャガイモは1 kgあたり110 Bq（= 0.011 × 1 kg）を含むと予想される．こうした値と国の基準値（2012年4月から暫定基準値500 Bq → 100 Bqとなった）と比較しながら検討することになる．この係数は植物の種類によって異なる．根の性質，張りなどが植物によって異なるためである．

> Point：土壌からどれだけの割合の^{137}Csが植物に流入するかを示すのが移行係数

水田の作付け"安全"基準として使われている値は，すでに安全基準となっている科学的に産出された移行係数0.001に対して，実際に検出されたことがないくらいの高いレベルの0.1ほど移行したとしてもその作物が吸収した^{137}Csの量が"安心"できる範囲であることを担保する数値である．さらに収穫されたあとも米について直接測定されているので，これほど安全性を科学的に示すものはないだろう．

> Point：求められた移行係数によって，土壌の測定値と組み合わせて，作付けする作物への放射性セシウムの蓄積が予想できる

イネの品種によって，水田から吸収する放射性セシウム量にかなりの違いがあることが報告された[7]．2011年に福島市の水田（4000 Bq/kg 土壌）で，日本，中国，インド，東南アジア由来など48種類のイネを植えたところ，2〜3 Bq/kgの放射性セシウムが検出された．品種による違いはセシウムを取り込む仕組がイネに存在し，遺伝的に支配されていることを示している．さらにカリウム肥料を多めに使ってイネを栽培すると，吸収される放射性セシウムの量が最大で半分ほどに抑えられることも報告された[8]．

> Point：放射性セシウムを取り込みにくいイネも存在する

---

[7] 東京大学大学院農学生命科学研究科植物栄養・肥料学 藤原徹教授の研究による．
[8] 農業・食品産業技術総合研究機構中央農業総合研究センターの研究による．

山菜，シイタケから放射性セシウム

2012年に入って野生の山菜から，国の基準値（100 Bq/kg）を超える放射性セシウムが検出されるケースがいくつも報道されている．ゼンマイ，クサソテツ（コゴミ），ツクシなどはシダ植物である．根が深く張ることはなく，表層に近いところから水分，それに溶けるミネラルなどを吸い上げる植物たちである．これまでの環境測定の結果から示されるように，放出されてしまった放射性セシウムは土壌の浅いところにとどまる性質がわかっている．シダ植物はそうした土壌から生きるために種々の物質を吸い上げているので，放射性セシウムが取り込まれるのはやむをえないのだろう．タラノメ，コシアブラなどは，春に木から出る新芽である．フキノトウ，葉ワサビなどは大地から出る被子植物の新芽である．春になってこれから葉を成長させるために，この時期，草木は大量の水をやはり土壌から吸い上げる．大地が汚染されていれば，そこに放射性セシウムが混じってしまう．ただ大地が汚染していなければ，汚染するはずがないのもおわかりになるだろう．現在十分に測定がされているわけで，出荷制限や出荷自粛にかからない，基準以下の出荷製品を選べば実質は問題ないと考える．放射性物質がないものによって，健康に影響が出ることがあるだろうか．土壌など汚染が報告されていない土地で収穫されたものに放射性物質が含まれることはありえない．過剰な心配，風評による買い控えは残念なことである．春を迎えて，季節を五感で感じる安全な食材を楽しまないのは，口惜しい．

図 9.7 山菜のコゴミ（左）とコシアブラ（右）

シイタケなどは原木がまずあって，そこに菌糸を植えてやると，大きく育ってくる．その原木を菌糸で分解しながら，その栄養で大きくなる．セシウムは土壌の上層に蓄積しており，表土や朽ちた木材などから栄養分を吸収するキノコ類では，菌糸が表面近くを張るために，セシウムをとくに吸収することがわかってきた．逆に根の深い果樹などの場合では少なくなると予想される．残念な状況であるが，シイタケの原木について，林野庁は2012年3月，指標値を50 Bq/kgと厳しくした．2倍ほど濃縮されることを見越してのことである．しかし，こうした値はあくまで生産する場における判断材料であって，消費者としてはあくまで市場に出る際の検査データで判断しなければならない．

Point：放射性セシウムを蓄積しやすい作物もある

経根吸収と葉面吸収

福島第一原発から放射性物質が放出されたことで，神奈川県など離れていると思われる産地でも生茶葉から基準値を超える放射性セシウムが検出された．根からではなく，3月に汚染された古い葉や茎の表面から植物内に吸収され，出てきた新芽にセシウムが転流[9]して移動した可能性が考えられている．植物によっては，根からだけではなく，葉の表面からも水分を取り込み，それに合せて溶けているイオンなどを取り込むことも配慮すべきことを教えてくれる．

図9.8 植物の経根吸収（左）と葉面吸収（右）

[9] 植物体内における物質の移動のこと．

このルートで外界のものが植物体内に取り込まれることを葉面吸収という．

> Point：茶葉の場合，葉に降った放射性物質も吸収され，転流された

暫定基準値，基準値の意味

　食品からの被曝線量を抑えるために，食品衛生法に基づいて厚生労働省が設定した基準が基準値である．基準値に達すると，出荷が停止される．

　原発事故ののち，約1年間暫定基準値が設定されていたが，平成24年4月からは正式な基準値が設定された．年間被曝許容量5mSvを基準に設定されていた暫定基準値に対して，食品についての国際規格をつくるコーデックス委員会[10]が設定する指標をもとに許容量を1mSvに引き下げたことによって変更，産出されたものとなっている．

　穀物，野菜，肉，魚などの一般食品について，（たとえば米）500 Bq → 100 Bqとなった．世界的に突出して厳しい値である．粉ミルクなどの乳児用食品と牛乳は50 Bq/kg，飲料水は10 Bq/kgとされた．

> Point：現在の基準値は世界の中でも厳しいものである

　ちなみに^{137}Csが100 Bq/kg含まれる米を毎日300g食べたとすると，年間約0.14 mSv相当になる．日本人が平均的な食事を通じて受ける内部被曝は年間0.4 mSvになるといわれる．

　基準値が厳しくなったことで，農作物の生産現場には大きな影響がでている．流通側がさらにこれより厳しい目標値を設定することは，実質的な安全性のレベルを超えるものとなり，それを果たすために過剰な努力を課すことになり，生産者の立場を非常に苦しいものとしている．

---

[10] 消費者の健康の保護，食品の公正な貿易の確保などを目ざして，1963年にFAOおよびWHOによって設置された国際的な政府間機関で，国際的な食品規格の策定を行う．

ファイトレメディエーション[11]

収穫目的でなく植物を育成し，わざとセシウムを吸収させ土壌の浄化を目指すアプローチがある．ファイトレメディエーションとよばれる考え方である．1986年のチェルノブイリ原発事故のあとに，土壌浄化にヒマワリ，アブラナが用いられた例がある．

> Point：植物を用いて汚染物質を吸収させ濃縮し，処理をしようとするのがファイトレメディエーション

事故のあと，多くの日本国内の植物研究者，農業研究者の有志が福島県内のさまざまな場所に出向き，農業への影響を考慮するための実験，測定を行った．1シーズンの測定のみでは完全な評価はできないと思うが，いくつかの知見は報告されている．

イネが従来からセシウム，ストロンチウムを吸うことは知られていたが，ファイトレメディエーションの目的としては吸収効率は低く，難しい．10年とかでは吸収尽くすようなことは無理であることは予想される．

福島県内の牧草地で事故発生前後に発芽した牧草を，2011年6〜10月の3回にわたって刈り取り，放射性セシウムがどれだけ取り込まれていたかを測定したところ[12]，土壌中のセシウムの9％ほどが吸収されていた．期待されたヒマワリより高率であった．牧草を何度も植えつけて，その草を適切に処理すれば，その土壌から放射性セシウムをある程度除去できる可能性を示唆していた．牧草はそうした浅めの地中で密に根を張る性質があり，それがこの結果をもたらしていると考えられる．植物の種類を変えて，より効率的に吸い上げる植物を探すことは試す価値はあろう．

公園などにある芝生などの植生がある部分で，根系を残しながら芝生再生の可能性を残し，地表から1cmほどの枯れ葉などの堆積部分「サッチ層」とよばれる層のみを除去すれば，放射性セシウムの9割を除くことができた[13]．

---

[11] phytoremediation.
[12] 東京大学理学部 福田裕穂教授の研究による．

複数の植物を栽培した中で中南米原産のアマランサスという植物が効率的に吸収したことが見いだされた[14]．植物の根の性質も，その土地の地質にも依存するので，長期的な追跡調査が必要だろうが，意義ある調査である．

ファイトレメディエーションの効率に関与する要因は複雑である．地質による違い，種，品種，変異系統による違いがありそうである．さらに，肥料，土壌の違いによる吸収の差についての検討も必要である．効果を見極めるには継続的に観察する必要がある．

> Point：ファイトレメディエーションに用いる植物の種類，育成方法などは手探りで検討されている

森林と放射性セシウム

土壌圏でのセシウムの動向

計画的避難区域に指定されている福島県川俣町にある針葉樹の杉林，ナラガシワなどの広葉樹林で測定が行われた[15]．その結果，生きている葉については杉林の方が広葉樹林より蓄積していたが，落ち葉に注目すると広葉樹林では杉林よりも3～6倍大きい値を示した．さらに杉林でも広葉樹林でも，森林に落下した放射性セシウムの50～90％前後が，落ち葉や落下した枝の切れ端などに付着して残っていることが示された．福島県は総面積の7割以上が森で覆われ，田畑も多いこともあり，難しさもある．鍵となる水と土の動きに注目して，放射性物質がどれだけ，どのように，どのくらいの速さで，植物の葉から土壌にしみ込むか，流出するか，河川へと流れているかを追跡することについて注目されており，国際的な共同調査も行われている．

> Point：森林の中に降った放射性セシウムの動向はこれからも追跡調査される

---

[13] 日本芝草学会の研究による．
[14] 福島県立医科大学 小林大輔助教の研究による．
[15] 筑波大学 恩田裕一教授の研究による．

木材と放射性セシウム

　福島第一原発事故は福島県産の林業にも大きな影響を与えている．木材を保管する際にはブルーシートで覆わなければならずコスト高となったり，買い控えが広がっている．健康や環境への影響はないとしていても，消費者，建築業者からは敬遠されている．

　木材は植物のからだの一部である．木材について気がかりなのは何年もかかって構築されたからだ（それが木材の部分）に，事故後降り注いだ放射性物質（フォールアウト）が外からこびりついていく可能性があることである．だがそれも製材する過程で樹皮など外側の部分は多く落とされている．しかも出荷する前には現在放射線量の測定もなされていて，その値から安全だと示されている．福島県産材というだけで注文がキャンセルされる事態は非常に悩ましい．

> Point：森林に放射性セシウムがあっても，出荷される材木は基準値以下であることが保証されている

10章　放射線の防護と安全
《放射線防護学》

内部被曝と外部被曝

　放射性物質が体内に入ってしまい，その物質から放射される放射線で被曝するのが内部被曝，体の外からやってくる放射線で被曝するのが外部被曝である．外部被曝の場合でも，γ線は透過力が強いために体内まで到達する[1]．そのためγ線を出す放射性物質が体外にあっても，体の内部に被曝を起こす．

　体内に放射性物質が入るルートとしては，呼吸による吸入，飲食による経口摂取，傷口などからの経皮接取などがあるが，たとえその量が少なくとも，体外に排出されるまで近距離で細胞に被曝を与え続けることになるので，内部被曝が起こらないようにする対処は重要である．影響はいずれも Sv 単位で表現されており，両者の影響は足し算で考慮できるようになっている．

> Point：外部被曝量と内部被曝量は足し合せて人体への影響を考える

外部被曝からの防護

距離，時間，遮蔽の3原則

距離

　放射性物質から離れれば，そこから飛んでくる放射線の量は距離の2乗に反比例して少なくなる．放射能を出すものがあればそこから遠のくことは防護の基本である．

---

[1] 透過力が強いために何割かのものは何とも反応せずに，体の外へと飛び出していく．

時間

　同じ放射線の強さの状況でも，その場にいるのが短時間であれば，被曝する放射線量はそれだけ少なくなる．高い放射線量率でも短時間で作業をすれば，被曝量は抑えることはできる．発がんなどと結びつけて考えるべきは，被曝の総量なので，線量率×被曝時間が関係してくることを意識すべきである．

遮蔽

　放射線を出す源と，自分の身の間に何らかの物質があると，放射線はその物質を透過する際に弱まる．放射線の種類によって，この遮蔽効果を効率的にもたらす物質は異なる．第2章を参照してほしい．

> Point：防護の基本は，距離をおき，作業は短時間，遮蔽を考慮すること

環境放射線量の見方

　福島第一原発事故の後，測定されている環境放射線量が公表されている．その数字を見る際にいくつか考慮すべき点が三つほどある．

崩壊による低減

　東京電力福島第一原発事故の直後，放射性の^{131}I，^{137}Cs，^{134}Csなどが大気に放出されてしまった．それが原子炉の冷却が進むにつれて，新たに放出されるものはなくなってきた．現時点での測定値は，おもに事故後に放出されたものが存在し続け低減途中のもの，拡散せずに残っているものの量を測っていることになる．したがって事故直後より減ってきているのはおかしくない．^{131}Iは半減期が8日ほどであるので，これが原因の放射線は現時点ではほとんど消滅しており，測定にかからなくなっている．

> Point：事故から時間が経過して考慮すべきは放射性セシウム^{137}Csと^{134}Cs

積算量と1日の放射線量，1時間の放射線量

　事故直後の新聞には，積算放射線量と1日の放射線量がともに掲載されていた．最近は前日1日の放射線量が示されているのみとなっている．事故後時間を経て，どの地区でも1時間あたりに測定される放射線量は小さくなってきている．

　それに対して積算放射線量は，事故後に測定された放射線量の積み上げ（積

算）である．これは毎日の値がいくら小さくても，前日までの値に加算されるので，この値が小さくなることはなく，大きくなるだけである．最近はこの値自体はほとんど掲載されていない．

> Point：1日の放射線量は下がっているが，積算すると被曝線量は増え続ける

表記に用いる単位とけた

値を占めるけた，単位に注意が必要である．ミリシーベルト（mSv）とマイクロシーベルト（μSv）いずれで示されているか．マスコミも場合によってどちらを使うか統一されていない．そろっていないために混乱を招くことがある．たとえば，1 mSv と 1000 μSv は同じ値である．

> Point：数字表記の際の単位，けた数には気をつけよう

環境放射線量のレベル

過去の環境測定の記録

1960年代当時米ソ冷戦時代の影響で，核兵器開発競争による核実験が頻発していた[2]．この生成した放射性物質は地球レベルで広がり，雨水とともに放射性降下物（フォールアウト）が降り続けた．大量にプルトニウムなど放射性物質を大気圏に拡散させた．大阪市では1963年5月 688 Bq/m^2 の ^{137}Cs を検出したという記録がある．1980年の中国の大気圏内核実験以降は行われなくなり，フォールアウトによる放射性の量は徐々に減った．

> Point：冷戦時代の核実験によってフォールアウトが観測されていた

1986年4月にはチェルノブイリ原発事故が起こり，7トンもの放射性物質が放出されたという．北半球をめぐり，5月金沢市でも 318 Bq/m^2 の降下量を記録している．原発周辺30 kmは150万 Bq/m^2 というレベルの想像を絶する汚染が起こり，住民は強制移住させられた．ドイツでも場所によって7万 Bq/m^2 超え，ベラルーシ，オーストリア，フィンランドは全土が平均1万 Bq/m^2 を超えたと

---

[2] 1962年には178回以上くり返された．

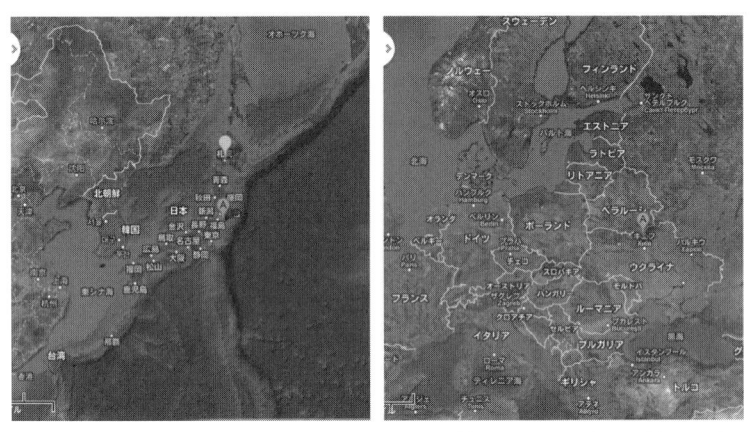

図 10.1 福島第一原発とチェルノブイリ原発の所在と周辺．両者同じ縮尺で示している．(Google Map より．左図：©Google-地図データ ©2012 Google, SK M&C, Tele Atlas, ZENRIN, 右図：©Google-地図データ ©2012 Google, Tele Atlas, Basarsoft, Orion-ME)

いう．いまも世界にこうした放射性物質が残っている．

> Point：チェルノブイリ原発事故後に放射性物質は世界中に飛散した

福島第一原発事故以後の現在の状態

避難区域外の状況として東京の状況で述べることをお許しいただきたい．2011年3月15日と21日に福島の方から風が吹き，実際にまとまった量の放射性物質

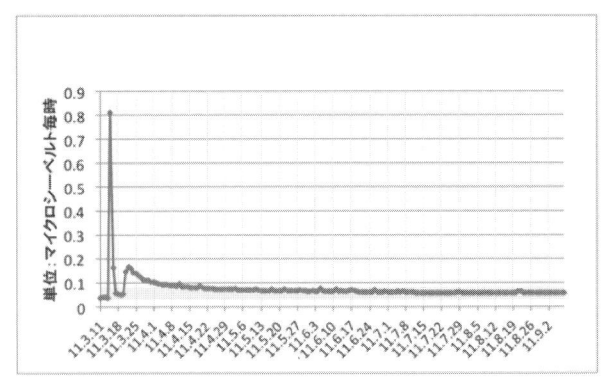

図 10.2 福島第一原発事故後における東京都内（新宿）での放射線量の継時変化（東京都健康安全研究センター HP，大気中の放射線量／1日単位の測定結果（新宿）をもとに作製）

が飛来し，とくに3月21から22日の雨で大量に地面に降下したようである．2012年4月には関東各地での降下量は減少し，1日あたり放射線量は60年代初期のレベルに落ちてきた（図10.2）．

　事故後の放射性物質についてこれ以上に細かい動き，低レベルの放射性物質を把握するには，地道な環境測定が重要である．その結果の公表などを受けて，個々に外部被曝，内部被曝などを避ける努力をすべきであろう．

> Point：福島第一原発事故後，しばらくは放射性物質が飛散したが，その後は落ち着いた

内部被曝からの防護

臓器親和性

　内部被曝の特徴として，臓器親和性があげられる．放射線としての性質は外部被曝の場合も内部被曝の場合も同じなのだが，放射線を出す放射性物質自体はその元素の化学的性質に応じて体内での挙動が異なってくる．体内に放射性物質が入ったあとの運命は，その物質の種類，経路によって異なる．ヨウ素は甲状腺，ストロンチウムは骨，プルトニウムは骨と肝臓に蓄積しやすいとされる．セシウムの場合には同じアルカリ元素のナトリウムやカリウムと同様に，全身の筋肉にまんべんなく取り込まれ，特定の臓器に濃縮して蓄積するわけではないと考えられている．

> Point：体内に放射性物質が入ると物質ごとに蓄積しやすい臓器が異なる

放射性ヨウ素

　福島第一原発事故後，放射性ヨウ素（^{131}I）が放出され，野菜，海産物や水道水から検出されていたが，最近は話を聞かない．それは半減期8日ほどであり，放出されたものも大半が崩壊してしまって，放射性物質としてほとんど残留していないからである．体内に取り込まれると甲状腺がんを引き起こすとされて心配された．

図 10.3 甲状腺ホルモンであるチロキシンの化学構造．構造の中にヨウ素（I）が含まれていることに注目．甲状腺でチロキシンを合成する際にヨウ素が必要である．

甲状腺とは，のど仏のすぐ下にある組織である．われわれは日常，元素として食物に微量に含まれる（非放射性の）ヨウ素を取り込んで甲状腺ホルモンをつくる（図10.3）．甲状腺ホルモンは体内で代謝の亢進作用を担う．そのため体内に入った微量なヨウ素（非放射性も放射性も）の 10～30%ほどが甲状腺にたまり，残りは尿から放出されている．

チェルノブイリ原発事故後，放射性ヨウ素（^{131}I）が体内に入ってしまう恐れがある際には，放射能をもたない通常のヨウ素^{127}Iによる安定ヨウ素剤（KI）というものを投与することが行われた．^{131}Iが甲状腺に集積する前に甲状腺を安定ヨウ素で飽和させておき，それ以上ヨウ素（とくに^{131}I）が入らないようにすることを狙っている[3]．

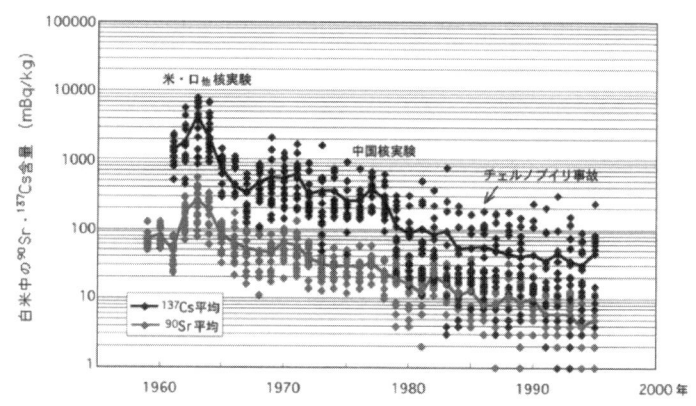

図 10.4 日本での白米中に検出された放射性 Sr, Cs の含有量（農業環境技術研究所ホームページ「農業環境研究成果情報：第16集」より）

---

[3] 福島第一原発事故の周辺地域の場合，ヨウ素剤は自治体によっては配られなかったり，住民が服用しなかったりして必ずしも効果的に利用されたとは言いがたい．内陸部に位置するチェルノブイリ原発の周辺住民がふだんからヨウ素欠乏傾向にあったのと対照的に，日頃からヨウ素を豊富に含む海藻をよく食べている日本人の場合は，放射性ヨウ素による甲状腺被曝を受けにくいという意見があるが，実際のところはよくわかっていない．ただし福島の場合に，チェルノブイリに比べて，甲状腺等価線量がずっと少なかったらしいことが判明している．

> Point：放射性ヨウ素が甲状腺に蓄積しないようヨウ素剤を服用することがある

放射性セシウム

今回の事故で一番残留している ^{137}Cs を考えてみよう．食品を通して入ったとすると，尿から排出されるのがいちばん重要である．体に入って，その量が半分となるには 1 歳で 13 日，10 歳で 50 日，大人になると 110 日ほどかかるという．これは大人の代謝回転が遅くなることによるらしい．代謝によって排出されればよいのだが，その流れに乗らない形で体内に残ってしまうと，なかなか排出は難しい．治療が必要なことが起こった場合には，利尿剤や下剤，放射性物質に応じての薬を使い分け，排出を促すことを施す．

もし放射性セシウムを含む食品[4]を食べてしまったら，どうなるか．セシウムはカリウムと同じような経路で吸収，蓄積されると考えられる．セシウムは吸収されたあと，多くの組織に広まり，骨格筋に多く蓄積をすることがモルモットへの経口投与の実験から明らかとなっている[5]．一度このように内部に蓄積すると，その量が小さくても，被曝する時間が非常に長くなり，これが内部被曝を引き起こす．

> Point：放射性セシウムは骨格筋に蓄積しやすい

からだを構成するために必要な元素は動的に取り込まれ，一方では逃げていくという．セシウムを取り込むトランスポーターなどは存在しないことは安心できそうだが，もともと生物が取り扱わないと思われる元素なので，いったん体内に入ってしまうと排出される仕組もなく，体外に出ることで蓄積が減少する可能性は小さいと思われる．

イネの実，つまり米を食べる場合を考えてみる． ^{137}Cs は茎，葉（以上はわら

---

[4] 放射能による影響は，地震あるいは津波によって引き起こされた影響と区別して考えたい．地震・津波災害の被災地と放射性物質による被害を受けた地域とは同一ではない．どうも東北地方でつくられた農作物全体が，敬遠されているようであるが，根拠のない部分も多い．農作物に含まれる放射能は測定されているわけであるから，その産地周辺に放射性物質が飛散しておらず，測定値が基準値以下であれば，放射性物質を吸い上げた作物になるはずがない．

[5] J.F.Stara：Health Phys. **11**, 1195-1202（1965）.

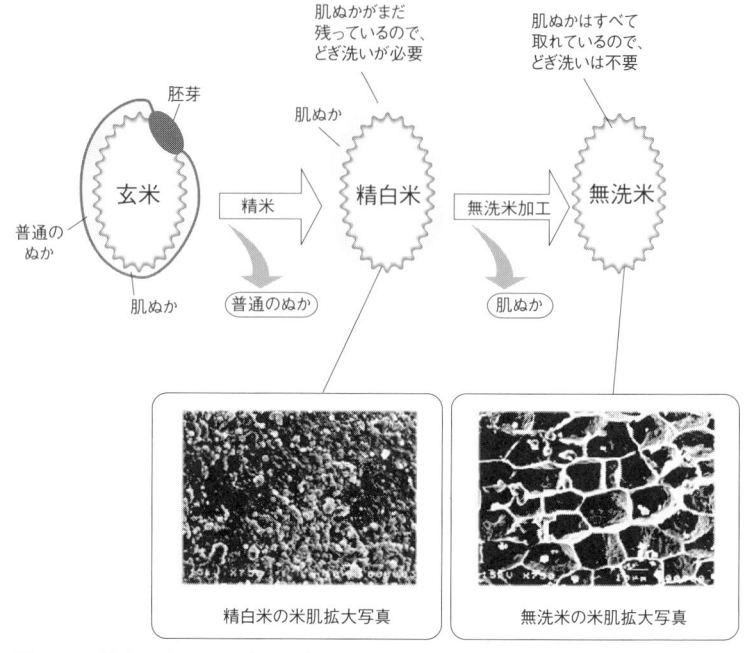

図 10.5　精米過程による表面の様子．下の写真は東洋精米機製作所ホームページより．

となる），ぬかにたまりやすいとされている．もみの状態から考えると籾殻をとっただけの玄米は，多少ぬかの部分に残っているかもしれない．白米まで精米するとぬかは落されるので，セシウム濃度は低くなる（約3分の1となる）．現在の無洗米にする精米法ではさらに白米の最外部をそぎ落しているので，残留がかりにあってもかなり少ないとされる．

> Point：米を食べる際にも工夫次第で体内に入る放射性セシウム量を減らすことができる

内部被曝量の見積もり

　食べ物から取り込んだことによる内部被曝はどの程度に予想されるだろうか．厚生労働省の薬事・食品衛生審議会放射性物質対策部会で，日本人平均の食事をもとに原発事故以降の食品からの被曝線量（内部被曝の預託線量[6]）を試算して

いる．放射性物質の濃度が高めの食事をし続けたとして，2011 年 3～8 月の被曝線量のトータルは 0.15 mSv 程度．年間で 0.24（大人）～0.27（小児）mSv 程度と計算されている．

食品基準値

飲料水について 1 kg について 200 Bq という暫定基準値から新しく 2012 年 4 月から 10 Bq という基準値（表 10.1）が設定された．通常の化学物質であったらその濃度設定が 20 分の 1 になっても，検出限界より大きい値であれば測定に必要な時間が変わることはない．しかし低レベルの放射線量をある精度をもって測定するには測定の章でも触れられているが，ある程度の時間が必要である．ベクレル（Bq）という単位は少なくとも 10～20 分ほどの測定をしないと，放射線量のレベルの見当すらつかない．測定目標の値を小さくしたことで，予想されるより低レベルの放射線量となり，それまでより何倍かの時間をかけて測定しないと正確な値を得ることはできない．さらに測定機器が限られているような状況では，そのために測定されずに市場に出てしまうことがむしろ増えないようにしたいものである．

表 10.1 暫定基準値と基準値

暫定基準値		基準値	
野菜類	500	一般食品（野菜類，穀類，肉・卵・魚，その他）	100
穀類	500		
肉・卵・魚・その他	500		
飲料水	200	飲料水	10
牛乳・乳製品	200	牛乳	50
		乳児用食品	50

＊単位：Bq/kg（1kg あたりのベクレル数）

> Point：規制基準値が厳しくなった分，検査が煩雑，困難となった

現在，測定によって基準値を下回ることが示されているものは，科学的には安

---

6 預託線量とは，放射性物質の体内摂取によりその後に被曝する線量を，摂取時点で一度に被曝したと見なす線量のことである．第 4 章の説明を参照．

全だといわれる．しかし，このことを信じてもらえず，測定をされていない他の産地であれば受け入れられるというのは，消費者の動向には心理的なものが大きく利いていることがわかる．

安全のための防護の考え方

100 mSv 程度以下の低線量被曝については，確率的に起こる将来の発がんの可能性について結論を出すことはできない．そもそも放射線に関係なく，日本人の3人に1人はがんで死ぬので，それとのわずかな差があるかどうかを疫学調査によって明らかにするのは，統計的なばらつきを考慮すると不可能に近い．数百万人ほどの数の被曝する人としない人とに分けて比較できればその違いについて語ることができるかもしれないが，できるはずもない．がんのメカニズムが将来完全に医学的に解明でもされないかぎり，低線量被曝の影響について科学的に明らかとなることはないであろう．

では低線量被曝について，どう考えて防護をすればよいのであろうか．一般になんらかの低いリスクについて考慮する際にしばしば適用される考え方は，影響がわからない量や値にも，比例して影響があると仮定し，リスク計算をしたうえで基準値を決めるものである．あるいは自然界に存在する量を基準に，それと同程度以下の人工的追加は容認してよいであろうという考え方である．これは，ほかにも食品中の発がん性をもった化学物質の含有量についての基準値を決める際にも用いられる考え方である．

線形閾値なし仮説

放射線の場合も，国際放射線防護委員会（ICRP）では，100 mSv 以下の被曝であっても線量に比例して発がんの確率が比例的に増えるという仮定（線形閾値なし仮説：LNT）をしているということを8章で述べた．これはあくまで仮定であって，科学的知見ではない．影響があるかないか，安全か危険かといったことは，線量に応じて危険度が徐々に増していくグレー（灰色）のはっきりとしない範囲の話であり，どこに危険と安全の線引きができるわけではなく，どこに基準値をおくべきかということは社会的に合意点を模索する事項である．ときに複数

の意見をもつ人の哲学的な対立が起こることはやむをえないだろう．

> Point：科学的に安全と危険のあいだに線引きができる境目の線量があるわけではない．低線量の影響をどう考えるかは，異なる哲学が出会うことになる領域で，どこに基準値を置くかは社会が決めることである

ALARA の原則

ICRP の放射線防護の重要な考え方に，ALARA の原則[7]というのがある．防護の最適化として，個人線量，被曝人数，潜在的被曝の可能性のすべてを，経済的および社会的要因を考慮に入れたうえで，合理的に達成できるかぎり低く保つべきであるという原則である．

被曝線量の基準値

国際放射線防護委員会の勧告による線量限度

国際放射線防護委員会（ICRP）では，一般住民が1年に浴びてよい人工の放射線量を 1 mSv 以下と設定している．判断の根拠としては，原爆被曝者の健康調査の結果から，がん発症が増える可能性が示されているのは総被曝量が 100 mSv 以上の場合であること，われわれはふだんから世界平均で 2.4 mSv/年（日本では 1.5 mSv/年）の自然放射線による被曝をしていてそれと同程度の追加被曝は容認しうることが挙げられる．実際に基準設定に際しては，がん死の年リスクが 65 歳までの最大値で1万分の1という値に収まると見積もられる線量として 1 mSv/年が設定された．放射線以外のリスクと比較して，この程度のリスクは許容できるという判断である．

日本の原子力安全委員会は，この10倍となるレベルを「屋内退避が必要」な線量としている．ICRP は今回のような「非常時には一般住民の限度の目安を 20～100 mSv/年までひきあげてよい」として，危険回避，そのための作業をする期間における目安の値を出している（最新の 2007 年勧告）．

---

[7] ALARA の原則：As Low As Reasonably Achievable.

国内法における線量限度

日本国内でも ICRP の勧告を受けて、職業被曝と公衆被曝が定義され、線量限度を法令によって規制している[8]。ここで職業被曝とは放射線業務に携わる人の被曝、公衆被曝とは一般の人々の被曝をさす。この場合自然放射線と医療被曝を除いた値で議論する。通常時、職業被曝の実効線量は5年間で100 mSv[9]、またいずれの1年でも50 mSv を超えてはいけない（表10.2）とされていたが、事故収束までの1年前後の期間はこれが250 mSv/年に引き上げられた。ICRP は処理、救急などのための被曝量は500～1000 mSv 以内に抑えられればよいとしている。

表10.2 個人被曝の線量限度の値。左は国内法令による防護基準、右は ICRP による勧告。

〈国内法令による防護基準〉

職業被曝（放射線業務従事者）

実効線量	100 mSv/5年 かつ50 mSv/年
女子 妊娠中の女子	5 mSv/3月 内部被曝について 1 mSv
等価線量 水晶体 皮膚 妊娠中の女子の腹部表面	150 mSv/年 500 mSv/年 2 mSv

公衆被曝（一般公衆）

実効線量	1 mSv/年
等価線量 水晶体 皮膚	— —

〈ICRP 勧告〉

職業被曝（放射線業務従事者）

	1990年勧告・2007年勧告	1977年勧告
実効線量	20 mSv/年（5年平均）	50 mSv/年
水晶体等価線量	150 mSv/年	150 mSv/年
皮膚等価線量	500 mSv/年	500 mSv/年
手・足の等価線量	500 mSv/年	500 mSv/年
その他の組織	—	500 mSv/年

年リスク千分の1（18歳から65歳までの就業期間の被曝の場合で、65歳までのリスクの最大値）

線量限度の一覧表（一般公衆）

	1990年勧告・2007年勧告	1977年勧告
実効線量	1 mSv/年	5 mSv/年, 1 mSv/年(生涯の平均)
水晶体等価線量	15 mSv/年	50 mSv/年
皮膚等価線量	50 mSv/年	50 mSv/年
その他の組織	—	50 mSv/年

年リスク1万分の1
（毎年被曝の場合、65歳までの最大値）

(出典：「1990年 ICRP 新勧告と1977年 ICRP 勧告における線量限度値対照表」［草間朋子編，「ICRP1990年勧告—その要点と考え方—」(日刊工業新聞社)，p.50］)

---

[8] 日本の現行法令は ICRP 1990年勧告に基づいて制定されている。

[9] 年平均20 mSv/年という線量の値は、就業期間の被曝によるがん死リスクが65歳までのあいだに年リスク1000分の1を超えないように設定されている。就業期間を18歳から65歳までとし、がんリスクは年齢を考慮した自然発生率に対して一定割合で増加するとする相乗モデルに基づいて計算している。他の職業における業務災害の高リスク集団と比較して、年リスク1000分の1を線量限度の基準として採用した。

公衆被曝の限度は 1 mSv/年となっている．今回のような事故が起こり，緊急事態には，被曝線量として 50 mSv/週を超えたら一時避難，最初の 1 年で 100 mSv，生涯 1000 mSv を超えるような状況では永久的な移住が勧告されている．これは今回の原発周辺での避難区域の設定などで，判断の基準となったものである．

市民の考え方

われわれ日本人はこれまで，水と安全はただであるという意識に浸って生きてきた．しかし，リスクゼロを鵜呑みにし続けることはときとして危うい結果を招く．現実には世の中に絶対な安全というものが存在しない以上，さまざまなリスクを相対的に比較し，あるいはリスクを受け入れることで得られる利益とのバランスまで考えたうえで，何が最善の選択であるかを考えて行動する必要がある．

放射線の基準値に関しても，社会的合意の枠組の中で個人としてどう判断するかは，自分なりに得た知識の中で一人ひとりが判断することが重要となろう．リスクや利益の判断は人それぞれに異なるからである．放射線を怖れるあまり，かえって他のリスクを高めてしまうという結果とならないように，しっかりとした知識をもって判断することが望まれる．

> Point：最終的にはリスクは自分自ら判断することが大切である

11章　役に立つ放射線
《放射線の利用・加速器科学》

放射線の利用

　福島第一原発事故があって，放射能をもつものは体によくないというマイナスのイメージが大きく多くの人に広がった．今回は原子力発電所の炉のなかで核分裂が起こる際に出る多くの熱を冷却する装置が，津波を受けたことで不能となり，水素爆発，そして中の放射性ヨウ素や放射性セシウムが大気中に放出されてしまった．原子力発電所からでる放射線はいわば副産物である．
　それとは異なり，扱う放射性同位体の種類やその強さ，量が異なるが，こうした放射線自体を利用する場面があるのも事実であり，現代社会ではその恩恵を受けている．

放射線の減衰を利用する

煙探知機

　煙を感知する機械でアメリシウム 241 が用いられることもある．これは一定の量の α 線が飛んで微弱な電流が流れる中に，煙のたぐいが入ってくるとそれによって α 線が減衰し，流れる電流が減り，間接的に煙の発生を知らせることができるようになっている．同様の原理で計測する，大気中の塵を検出する β 線粉塵計も大気汚染のモニターに用いられている．火力発電所では燃料に含まれる硫黄分を連続的に測定することに利用されて，大気の汚染が起こらないようにモニターしている．

厚さ計，レベル計

　鉄工所，製鉄所では，特定の金属を，原料や再利用する資源を溶かして，純度

をコントロールし，整形することが行われる．鉄の場合には摂氏1500度以上に置かれて，柔らかい状態でプレスされる．厳密な品質管理のもとに，その厚みは測定されて出荷されている．普通の温度の金属板であれば，ノギスというような器具を用いて，0.01 mm の精度で厚みを測定することが可能であるが，まだ柔らかい製品の厚みを同じようにしたら測れるだろうか．このようなとき，放射線が物質の中を透過する際の減衰を利用した厚さ計が利用されている．金属のような物質のなかを通ると，放射線が減衰する．一定量の放射線を照射し，反対側でそれを連続的に測定すれば（モニターすれば），厚さ一定であれば検出される放射線量が同じはずである．それが大きかったり，小さければ，厚さが均一でないことになる．熱いままの金属を相手にしながら，品質を知ることができる素晴らしい技術である．湿った状態の紙，セロファン，ゴム，アルミホイルなどの製造過程で用いられている．

　線源と検出器を組み合せて，中が見えないタンク内にある液体のレベルを知るために放射線が利用されることがある．山中に積もった雪量を測定する際にも，宇宙線を利用した測定がされる．

非破壊検査

　古い建物の内部の構造，最近ではとくに耐震性などを検査する必要が生まれている．その際に建物を壊せば内部の様子は当然わかるわけだが，そうするわけにいかない．世界遺産に相当する文化財，美術品や楽器の内部の様子，表に出ていない部分の構造などを知る際にも，実物を壊すわけにいかない状況が生まれる．そのものを壊すことなしに，内部の様子を知ることができれば，非常にありがたい．放射線はこうした非破壊検査を可能とする．見えない割れ目，欠陥，亀裂などを見つける手段となっている．人の命をあずかるジェットエンジンの定期検査にはなくてはならない．

　空港に行って飛行機に乗る前には手荷物検査を受けるが，荷物の中を X 線（放射線の一種）で確認するのも，万が一をいかに回避するかで行われている検査である．

医療現場での利用

透過力を生かした応用

　放射線の一種，X線を用いた胸部の間接撮影も，いわば放射線がもつ物質の透過作用を利用したものである．健全な肺，内臓の状態であれば，均一に像が見えるはずである．等価線量にして1回0.3mSvほどの被曝となるが，結核などに万が一なっていると"影"が見えるため，そうした傾向の像が見えないかを検査している．バリウムを飲んで行うような胃のX線造影検査では等価線量は約4mSvといわれる．この検査によって胃がんなどの早期発見によるメリットが十分にあると考えられる．X線CT検査（X線コンピューター断層撮影法）では人体に種々の方向からX線を当て，X線が途中吸収された割合を測定し，コンピューターで計算し，統合して人体の横断面を描き，脳の中の診断，肝臓や腎臓での病気の発見に貢献している．等価線量は20～30mSvである．

トレーサーによる体内診断

　短寿命のアイソトープを用いた体内診断という手法もある．脳，心臓，骨など特定の臓器に集積することが知られている薬品に微量の放射性同位体（ラジオアイソトープ）で標識して，体内に注射したあと，検査の目的としている臓器からのγ線を，ガンマカメラという器械で記録，コンピューター処理によって，像として臓器内のラジオアイソトープ分布，移動の様子が見えてくる．血液の移動の様子が確認でき，がんを見つけるなどの診断に貢献している．患者さんの体にメスを入れないで，判断できることは大きなメリットとなっている．

　そのうち，陽子過剰核がβ^+崩壊（3章参照）をするときに放出する陽電子の消滅位置を調べる技術は，**陽電子断層撮影法（PET）**としてがん等の放射線診断（核医学検査）に使われている．調べたい分子（トレーサー）に陽電子を放出する放射性核種をつけ，静脈注射によって投与する．トレーサー分子の体内での分布を知ることで，生体の機能を調べることができる．放射性核種には^{11}C，^{13}N，^{15}O，^{18}F等が用いられる．たとえば，グルコース代謝量を測定したいときには，^{18}Fでラベルづけしたフルオロデオキシグルコース（^{18}F-FDG）が主なトレーサーとして用いられる．

殺菌手段

医療機関で用いられる注射器がプラスチック製であることは，多くの人が見たことがあるだろう．かつては医療器具の多くは，金属とガラスでできていて，使用前には乾熱滅菌（200℃近くに熱する）または水蒸気滅菌を施してから，用いていた．たとえ微生物がいても，死なせる処理である．使い捨て式のプラスチック製の器具が登場すると，高温にさらすことはできないので，エチレンオキサイドガスという化学的に反応性の高いガスを用いて，器具を滅菌した．微生物，あるいは有機物を壊す作用があるのである．しかし，このガスなどが残留すれば，発がん性の心配があった．

現在は違う工程で生産されている．安心して注射器を使うのをながめているが，どのようにつくられているのか．普通の空間でプラスチック製品を製造すれば，雑菌が入る．いかにクリーンな状況で製造しても，ある程度入ってくる．微生物も生物の一種であり，遺伝子をもっているため，放射線に感受性がある．ある程度の高線量の放射線を，注射器などを製造，そしてパッケージされた状態にしたあと，照射することで殺菌処理を施しているのである．医療器具を入れた箱ごと，ベルトコンベアーで移動させ，無人で線源から放射線が照射される空間に一定時間入って，出てくるようにして照射を施している．製品が放射化しないことは言うまでもない．注射器のほかにも人工腎臓，手術用手袋，メス，縫合糸，カテーテルなどに ^{60}Co の γ 線，あるいは電子線を当てて，滅菌が行われている．

微量物質の検出

患者の方の血液や尿中の微量な成分（特定のホルモンなど）を検出し，試験管内でラジオアイソトープを含む薬品と結合したものを区別してその量を測定することで，診断される病気がある．この手法で診断できる病気として，小人症（成長ホルモンの低下），バセドウ病（甲状腺ホルモンの低下），糖尿病（インスリンの低下）などの例がある．

環境中の有害な有機物質が微量に存在するか否かを検出する目的で，ラジオアイソトープを利用したガスクロマトグラフという分析法が使われている．たとえば，PCB，有機水銀，トリハロメタン，塩素系農薬などが検出される．環境を保全するモニタリングのためには必要な手法である．

環境物質の塵，火星探査機が集めたサンプル，絵画に用いられている絵の具などにどのような元素が含まれているかを調べるときに，蛍光X線分析法という方法がある．サンプルに放射線を当てると，含まれるそれぞれの元素に固有な蛍光X線というものが出る．この蛍光X線を検出すれば，試料中の元素の種類，量が明らかになるのである．

工業での応用

新素材の産出

風呂マットなどの原料となる発泡ポリオレフィンや，電気コードなど難燃性電線などは，放射線照射を与えて特殊な化学反応を行わせ，材質の特徴を生みだしている．ポリエチレン[1]のようなプラスチック類は，放射線照射によって耐熱性，耐水性，対衝撃性，耐有機溶剤，機械的強度も向上する．ビニル系モノマーに放射線を照射すると 重合開始剤を加えずにすみ，クリーンなプラスチックをつくることができる．

水を含む親水性のプラスチックの合成にも応用され，人工角膜や人工血管，ソフトコンタクトレンズといった生体材料や高機能材料への利用に展開しそうである．電子照射は，シンナーなどの溶剤を使わず迅速に常温で，下地の上に高品質のプラスチック硬化塗膜をつくることができるので，紙容器オフセット印刷，フロッピーディスク，トンネル内包材，防曇フィルム，マスキングテープ，感熱紙などに応用されている．

車のラジアルタイヤ，フロントパネル・シートクッションには，放射線を当てたゴムが使われている．照射によって生ゴムの強度が増し粘着性が下がるので，その変化を生かすための電子加速器が使用されている．

環境浄化

電子ビーム照射を利用した環境保全技術の開発が進んでいる．石炭を燃焼した際の排ガスなどに電子ビーム照射処理し，燃焼排煙中の硫黄酸化物や窒素酸化物を除去する方法がある．さらに塗装や加工分野などから排出される有害な揮発性有機塩素化合物の分解除去，都市ごみ燃焼排煙中のダイオキシン類の分解などへ

---

[1] 照射によって，直線状の分子同士で架橋されるため．

の応用も注目を集めている．

夜光塗料

　一昔前の時計についた文字盤が夜光塗料で光らせるうえで，微小な放射性物質を混ぜて，そのエネルギーでたたいて光らせていた．蛍光燈のグローランプの中に，塗布された微量の放射性同位体プロメチウム 147 から出る β 線の電離作用によって放電がすばやく起こり，蛍光灯が点灯しやすくなっている．表示用の放電管でも同様の原理を利用して用いられていた．

農業への応用

品種改良

　いま，市場に出回っている野菜，果物の品種の数は非常に多い．先人たちの多くの苦労をかさねて，交配や選抜を経たあとに出たものが多い．そうした新しい品種を生むもとは何か．野生に生えていた原種を一つの親にして，在来の品種と掛け合すことも多くされている．世界にある近縁種の探索，利用が図られているが，これではもとの遺伝子資源が少ないので，すぐに使い果たされてしまう．新たな遺伝子資源，有用な形質をもった種を探したい．自然にあってもある頻度で突然変異が起こり，新しい性質をもった変種が生まれている．こうした突然変異は，自然に誘発された変異のうち，修復の手をかいくぐって，いわば漏れたものではあるが，害とならずに人間にとって有益に見えるものもあるのである．ただし，それは待っていてもいつ登場するものかはわからない．低線量の放射線を当てると，生物にある頻度で DNA に傷が残り，新しい性質をもった変種が登場する頻度が高まる．研究者の安全を確保したうえで，候補となる母本の植物にある線量の放射線を当て，もとと性質のことなるあらたな変種を得ようとするのが放射線育種である．茨城県常陸大宮市に農業生物資源研究所の放射線育種場（ガンマフィールドとよばれる）に照射専門の施設がある．放射線を受けた植物は，あらたに自分が放射化することはない．新たな性質をもった生物であるが，安全な普通の生物である．

　実際にこの手法を用いて役に立っている農作物，園芸植物がいくつもある．「二十世紀」，高品質，多収量，台風に強いイネの「アキヒカリ」，生育の早い大豆「ライデン」，黒斑病に強い「ゴールド二十世紀」，イオンビームを照射して得

られたカーネーションの品種などが最近市場にでている．

　今回の震災で農業への影響は多岐にわたっている．地震そのものによる農業設備の崩壊は，青森，岩手，宮城，福島，茨城，千葉県にまたがっている．さらに津波を受けて浸水を受けた地域では，塩分の残留の問題がある．1年以上たっても，被災地に向かうと，塩のにおいがする．塩分以外にも工場にあった種々の化学物質が流入した可能性があり，土壌のpHなどを測定すると極端な酸性を示す土地もある．いろいろな土壌の原状回復について配慮が強く求められる．理化学研究所では炭素やアルゴンなどの重粒子線（重イオンビーム）を植物に照射すると突然変異を起こす性質を利用し，ひとめぼれ，まなむすめなどの品種から塩害に強く改良したイネを生みだすことを行っている．

害虫駆除

　外来種の害虫が入ってしまうと，在来の作物を壊滅的にだめにする危険性がある．海外旅行のあと，自由に農作物をもち帰れないのは，このような心配のためである．しかし過去には害虫が入ってしまった例がある．根絶に近い駆除方法が必要となるが，農薬を用いた駆除には限界がある．

　虫のオスのさなぎにある程度の放射線を当てると，成長したオスは不妊化する．こうしたオスはメスと交尾はできるが，受精させることができない．人工孵化させた害虫のオスについて，放射線処理をして外界に放ち，集団に混ぜてやると，メスが通常のオスと交尾して正常な子供を生み出す頻度を下げることができる．コントロールに成功して害虫を駆除できた例がいくつかある．沖縄の久米島，奄美諸島の喜界島でのウリミバエの駆除，小笠原諸島でのミカンコミバエの絶滅に成功したのはこうした手法の効果である．

　これとは別に，予防上，輸出果実に対する植物検疫上の消毒手段として，ミバエに対して放射線による防除効果が研究されている．

食品照射

　食品の長期保存を考えるうえで，^{60}Coなどから出る放射線や電子加速装置からの電子線を食品に照射したときの殺菌効果や成長抑制作用を利用し，保存性を高めようとするものである．ただし日本ではその応用が許可されていない品目が多い．肉類への照射，それによる長期保存は海外では広く認められているが，日本では許可されていない．日本ではジャガイモの発芽を抑制するために^{60}Coか

らのγ線を照射することが北海道で一部実用化されている（照射ジャガイモ）.春先に発芽して，その中に含まれるソラニンという成分がもとで，生に近い状態で食べた人に食中毒を起こすことがある．それを抑止しようという考えである．放射線照射を施しても食品は放射能をもつことはないことを確認しておこう．香辛料（スパイス）は多く熱帯性の植物で生産，収穫されて，世界へと流通している．放射線照射をすることで，付着している菌，および彼らが出す可能性のある毒素から製品を守ることがなされている．

アメリカではハンバーガーショップでの病原性大腸菌O157による食中毒事件がきっかけとなり，食肉全般に放射線照射が認められている．ボツリヌス菌対策で鶏卵にも認められている．

許可されている国は限定され，許可されている品目も国によって異なる．現在は，冷蔵状態で種々の商品が輸送できる技術が進んだので，消費者の不安感もあって，この照射にたよる方法がさらに広く応用されることはなさそうである．

物質変化の追跡

年代測定

放射性同位体の放射能が時間とともに低減することを利用して，経過時間を推定することができる．核種ごとに固有の半減期がある．半減期の時間が経過すると，はじめの放射能から2分の1に減る．最初の放射能の量がわかっていれば，時間が経過してその放射能を測定し，その減少から，経過時間を推定できるのである．^{14}C は半減期5730年という値が利用され，数万年前ぐらいまでの年代推定に利用されている．地球上空において宇宙線が引金となって，ある一定レベルで，中性子 $+^{14}N \rightarrow ^{14}C +$ 陽子，という反応で ^{14}C が生まれ，大気に一定量の ^{14}C が含まれていることが鍵となる．地球上で動物，植物が生きていると物質循環により光合成，食事，代謝を通じて，通常の炭素原子と混じり，$^{12}C : ^{13}C : ^{14}C$ の割合が $0.9893 : 0.0107 : 10^{-12}$ となっている．しかし，その動物が死ぬ，あるいは植物が切られたりするとその時点で代謝が止まり，そこに含まれた炭素は出入りしなくなる．木材などが切り取られ建造物に用いられたあと，埋もれたりするとどうなるか．炭素の同位体のなかでいちばん少ない ^{14}C であるが，半減期5730年の運命に沿って，時間とともに低減していく．炭素を含むものであれば，

こうした ^{12}C, ^{13}C と比較した ^{14}C の割合をもとに逆算して年代が測定できるのである．法隆寺では壁に含まれていたわら，弥生時代の土器の中についていた植物からなど，年代が推定された考古学的な例が数多くある[2]．

トレーサー実験

　生命科学では新しい核酸，タンパク質，糖質について，細胞内の中でどのような物質が次にどのような物質へと変化していくかを実験によって明らかにする必要が生れる．実験で扱う細胞はつねに活動をしており，物質は随時変化している．そのとき，ある物質 A が B になる変化一つを例にしても，A も B も存在しており，A が B へと変化する様子をとらえるのは難しい．トレーサー実験とは，たとえば実験スタート時に放射性同位体を導入した物質 A を細胞内へと取り込ませ，その後放射性同位体を含む物質を追うことで，どのような経路を通って物質 B が生れるかを明らかにするものである．スタート時には物質 B には放射性同位体は含まれていないので，放射線をたよりにした際には物質 B は見えない．物質 A から途中，物質 C という別のあらたな物質が見えることもありうる．途中変遷しながら，物質 B がどのくらいの時間をかけて誕生するかをしることができる．非常に微量の物質量しか扱わないが，放射線を感度よくとらえることで可能な実験となっている．

人工の放射線をつくる*

　いまやこうした身のまわりで利用される放射線は，天然の放射性核種から得られるものだけでなく，加速器などで人工的につくられたものも広く理学的研究や産業・医療などの分野で利用されている．また，トレーサーなどの放射性核種を人工的に製造するのにも，加速器が使われている．放射線と放射能の発見の歴史はその後，放射化学や，原子核物理学・素粒子物理学といった高エネルギー物理学の研究へと発展していったが，それは加速器科学の進展に支えられたものである．

---

[2] これにより，日本で水田稲作が始まった弥生時代が，従来の定説より 500 年もさかのぼることが明らかとなった．

放射線と放射能の発見

放射線にまつわるかずかずの研究・発見は19世紀末から20世紀初頭にかけて花開いた．1895年，レントゲンは，放電管の電極から写真乾板を感光させ蛍光物質を光らせる，透過力のあるなんらかの線が出ていることを発見し，これをX線と名づけた．翌96年にはベクレルがウラン化合物から透過性のあるウラン線（ベクレル線）が出ていることを見いだし，これはのちに2種類あることがわかり，α線とβ線であることが判明する．97年，当時陰極線とよばれていたものの正体が負に帯電した素粒子であることがトムソン（J. J. Thomson）によって発見され，電子と名づけられた．98年にはキュリー夫妻がトリウム化合物からも放射線が放出されていることを見つけ，放射線を放出する現象を放射能と名づける一方，同年に新しい放射性元素としてポロニウムとラジウムを分離・発見している．

原子核物理学の黎明

初の核変換実験をしたのは，原子の中心に小さく固いプラス電荷の核として原子核が存在することをα線の散乱実験で発見し，原子核を中心にもつ原子模型を1911年に提唱したラザフォード（E. Rutherford）である．窒素ガス中において，ポロニウムからのα線の到達距離の実験をしていたところ，40 cm先の蛍光版が光るのを観測した．1919年のことだった．α線の到達距離は1気圧空気中で数cm程度なので，これは別の何らかの粒子が出ていることを意味する．実は，α線が窒素14原子核に吸収されて酸素17の原子核へと変換したのであった．

$$^4\alpha + {}^{14}\mathrm{N} \rightarrow {}^{17}\mathrm{O} + {}^{1}\mathrm{p}$$

これはすなわち，陽子の発見でもあった．これを皮切りに，さまざまな核種を研究する原子核物理学が発展することになった．原子核の構造や反応について本書で述べる余裕はないが，最近では不安定な中性子過剰核の研究が進み，宇宙初期の元素合成過程の解明にも寄与するとともに，超重元素の合成も各国がしのぎを削って研究している[3]．

---

[3] 超重元素の合成では，米国カリフォルニア大学バークレー（Berkeley）校，ローレンス・リヴァモア国立研究所や，ロシアのドゥブナ（Дубна）にある合同原子核研究所，ドイツのダルムシュタット

> Point：新しい元素を合成するという現代の錬金術は，原子核反応によって研究上は可能になった

粒子加速器の利用

 原子核反応の研究にはたいてい加速器が使われる．加速器とは，荷電粒子に電気の力を与えて加速し，高エネルギー粒子を生み出す装置である．1930年代からさまざまな加速器が発明され，実験研究に用いられるようになった．その後，年代を経るごとに，得られる粒子のエネルギーや強度がけた違いに大きくなり，それとともに装置も巨大化していった．

静電加速器

 初期には高電圧の静電気が用いられた．コンデンサーを重ねたコッククロフト-ウォルトン（Cockcroft-Walton）型や，静電気を発生させるコンベアベルトを利用したヴァンデグラーフ（Van de Graaff）型の高電圧発生装置が発明され，前者は数百 keV～数 MeV，後者は 10 MeV 程度までの加速を達成できる．それ以上は，高電圧が耐えられず放電してしまう．

年代測定における質量分析

 年代測定では試料の炭素中の ^{14}C 含有量を調べることが必要になる．少ない試料で精度よく測定するには，**加速器質量分析（AMS）**[4]とよばれる手法が用いられる．これは重イオンを当てて試料標的をイオン化し，これを加速したあと，磁石を通して質量分析する方法である[5]．電場で同じエネルギーに加速された原子核も，質量が違えば磁場中で曲げられる度合が異なるので，これを利用して試料中の ^{14}C と ^{12}C との比率を測定することができる．ここでの粒子加速にはしばしば，ヴァンデグラーフ型高電圧発生装置を応用した**タンデム加速器**が用いられる．炭素の負イオンをつくって数百万ボルトで数 MeV まで加速し，電圧の高いところで電子を 2 個はぎ取ってやれば，今度は正イオンとなった炭素がさらに同じだ

 （Darmstadt）郊外にある重イオン研究所（GSI）などが知られている．最近では 2010 年のコペルニシウム（$_{112}Cn$）命名に続き，2012 年にはフレロビウム（$_{114}Fl$），リバモリウム（$_{116}Lv$）の名前が決定した．日本で理化学研究所の森田研究員が発見した 113 番元素も，近い将来の命名が期待される．
[4] 加速器質量分析（AMS）：Accelerator Mass Spectrometry.
[5] メインの加速をする前にもあらかじめ質量分析をしてイオンを選別することもある．

け加速されるというアイデアである．

線形加速器

静電加速器よりも高い加速エネルギーを得るために，交流電場を使うことが現在では主流となっている．そのうち，粒子ビームを直線状に加速するものを線形加速器（リニアック，ライナック）[6]とよぶ．初期のものはヴィデレー（Widerøe）型といって，中空円筒型の電極を一直線に並べたものに交互にプラスとマイナスの逆位相の高周波電圧をかけ，電極間のギャップで発生する電場で粒子を加速した．荷電粒子のパルスビームが電極中を移動するあいだに電圧がちょうど反転するような周波数に設定すれば，粒子が次のギャップに到達したときには，さらに加速される方向に電場がかかっていることになる．これをくり返して，つぎつぎに粒子ビームのエネルギーを上げていくことができる．加速によって粒子が速くなるのに合せて，電極の長さも長くなるように設計してある．現在実用化されている線形加速器では，円筒電極の代わりに導波管や空洞共振器が利用されている．円筒の加速空洞内に，円盤や小さい円筒を組み込むことで，円筒内にできる 100 MHz～3 GHz という高周波の定在波，または，進行波がつくる電場を利用して加速するもので，円筒のドリフトチューブ管を組み込んだアルヴァレ（Alvarez）型がよく用いられる．このほかにはビームの収束機能を兼ね備えた高周波四重極加速器（RFQ）がある．素粒子・原子核物理学（高エネルギー物理学）の研究に用いられる加速器では，線形加速器は通常，次のサイクロトロンやシンクロトロンの前段加速器として使われているが，長い距離を確保できれば高いエネルギーを得ることも可能である[7]．

医療用リニアック

医療用に用いられる線形加速器（リニアック）は小型で[8]，電子を 4 MeV，6 MeV，10 MeV などのエネルギーに加速させて金属標的にぶつけ，X 線（制動 X 線および特性 X 線）を発生させている[9]．この X 線が放射線治療に用いられる．治療部位の形状に合うようにコリメーター（穴の空いた遮蔽体）を使い，体のさ

---

[6] 線形加速器：LINAC（linear accelerator）．
[7] 素粒子物理学の将来計画では，大型の線形衝突型加速器（国際リニアコライダー：ILC）を建設して衝突実験をすることが構想されている．
[8] 電子はたとえば陽子に比べて質量が 1836 分の 1 と軽く，加速が容易なため，加速器は小型ですむ．
[9] 制動放射や原子の特性 X 線なので，X 線とよんでいるが，エネルギーとしては MeV の領域のものが用いられ，天然の放射性種核から放出される γ 線よりむしろ高い．

まざまな方向から何度も分けて照射することで，がん組織だけを重点的に狙い撃ちする．最近では，患者の呼吸などにともなうわずかな位置のずれを感知し，照射位置をその動きに追随させる技術が進み，**サイバーナイフ**とよばれる．放射性核種であるコバルト60（^{60}Co）からのγ線（$1.17\,\mathrm{MeV}$と$1.33\,\mathrm{MeV}$）を用いた**ガンマナイフ**に比べ，エネルギーが高く透過力が強いことと，運転中以外は放射線を出さないため管理がしやすいことから，サイバーナイフは近年よく用いられるようになっている．リニアックからの電子線を治療に用いることもあるが，**電子線**[10]は透過力が弱いため，皮膚など比較的表在性のがんの治療に用いられている．

円形加速器

　線形加速器ではエネルギーをどんどん上げようとすると長い距離が必要になってしまう．加速器を円形にして何周もさせることで，効率的に荷電粒子を加速することができる．

　サイクロトロン（cyclotron）は半円形の電極を一定間隔の隙間をあけて向かい合せ，この間に高周波電圧をかけ，交互に粒子を加速させる仕組になっている．円形に垂直な方向に一様な磁場がかけられ，粒子は電磁力（ローレンツ力）を受けて円運動する．加速に伴い，徐々に半径が大きい外側の軌道に移っていく．一定の周波数で加速ができる点が利点である[11]．理化学研究所のRIBF施設[12]（埼玉県和光市）では，複数のサイクロトロンを組み合せて高エネルギーの重イオンビームを得ている．

　シンクロトロン（synchrotron）は，円形軌道の半径を一定にする代わりに，粒子の加速に合せて磁場の強さや加速周波数を変化させるもので，リング状に複数の磁石を配置し，その中を貫く真空管の中を通るビームが偏向を受けたり，収束されたりするように設計されている．線形加速器などであらかじめ加速した粒子を入射し，円形の軌道を数十万周するあいだに目的のエネルギーまで加速した

---

[10] β線と電子線は同じエネルギーであれば物理学的には同じものだが，核種からβ崩壊で放出されるβ線ではなく，人工的に電子を加速させて得られるものは電子線とよぶことが多い．
[11] ただし，加速エネルギーが大きくなり，相対論的効果が無視できなくなると，一定の周波数では加速できなくなる．粒子の加速に合せて周波数を低くするよう調節するシンクロサイクロトロン（パルス運転のみ）や，周長方向に磁場の強さを変化させるAVFサイクロトロン（連続運転が可能）などが開発されている．
[12] RIBF：Radioisotope Beam Factory．さまざまな放射性核種のビームをつくりだす理化学研究所の加速器施設．これまでに調べられていない数千種にわたる不安定原子核の性質を調べることを目的としている．

あと，外部に引きだすか，またはリング内でビーム衝突実験を行う．高エネルギーのビームを得たい場合は，シンクロトロンを何段か組み合せて段階的に加速を行う方式をとる．

　高エネルギー加速器研究機構（KEK）と日本原子力研究開発機構（JAEA）が共同で運営する大強度陽子加速器施設 J-PARC[13]（茨城県東海村）では，400 MeV まで線形加速器で加速した陽子ビームを 3 GeV の陽子シンクロトロン（PS）[14]で加速し，一部のビームはより大型の 50 GeV PS でさらに加速することになっている．スイスのジュネーヴ郊外にある CERN（セルン：欧州合同原子核研究機関）では，線形加速器で 50 MeV まで加速した陽子が，ブースターとよばれる小型のシンクロトロンを経て 1.4 GeV で PS に入射し 26 GeV まで加速，さらに SPS（スーパー PS）で 450 GeV に加速したあと，LHC[15]とよばれる衝突型加速器（シンクロトロンの一種）で 7 TeV まで加速することになっている．このように，シンクロトロンは現在の主流を占める加速器であり，物質の究極の法則を追究する素粒子・原子核物理学のみならず，物質科学や生命科学の研究にも利用されている．

放射光施設

　物質科学研究への利用という意味では，放射光施設が挙げられる．高エネルギーの電子が磁場中を円運動するとき，その接線方向にシンクロトロン放射とよばれる制動放射の一種を放出する．これを放射光といい，極紫外線から X 線に及ぶ広い波長領域をもつ．シンクロトロン放射は電子のように軽い荷電粒子の加速に際してエネルギー損失となるため，本来は粒子加速の弊害となるものである．粒子のエネルギーを高くしようとするほど加速器が大型になるのは，曲率半径を大きくしてシンクロトロン放射を抑える意図がある．電子では陽子などの重い粒子に比べシンクロトロン放射が圧倒的に起こりやすいのだが，これを逆手にとっ

---

[13] J-PARC：Japan Proton Accelerator Research Complex. 大強度の陽子ビームで生成する中性子，ミュー粒子，K 中間子，ニュートリノなどの多彩な二次粒子ビームを利用して，素粒子物理，原子核物理，物質科学，生命科学，原子力など幅広い分野の最先端研究を行うための加速器および実験施設群．

[14] 陽子シンクロトロン（PS）：Proton Synchrotron.

[15] LHC：Large Hadron Collider（大型ハドロン衝突型加速器）．地下 100 m で周長 27 km のトンネルに設置された加速器で，液体ヘリウムで冷却した超伝導磁石の強力な磁場を使って最終目標エネルギー 7 TeV = 7000 GeV まで加速した陽子同士を正面衝突させ，合せて 14 TeV のエネルギーで素粒子物理学のフロンティアを目指す．とくに物質に質量を与えるとされるヒッグス粒子を発見し，その性質の解明が期待されている．

て，高輝度で指向性の高い紫外線や X 線の発生装置として使うのが放射光実験用加速器である．アンジュレータといって，磁場の向きが交互になるように配置した磁石列によって電子ビームを蛇行させ，放射光を干渉させる装置が挿入されることもある．これにより，エネルギーのそろったさらに高輝度の X 線を得ることができる．

KEK の PF（フォトンファクトリー）施設（茨城県つくば市）は $2.5\,\mathrm{GeV}$ に加速した電子を，また西播磨の高輝度光科学研究センター（兵庫県佐用郡）にある SPring-8（スプリングエイト）では $8\,\mathrm{GeV}$ の電子を使って，世界最高レベルの放射光を供給している．放射光は X 線回折による結晶構造解析や表面構造解析，タンパク質構造解析，X 線分光による化学反応の研究，創薬や医学研究など，産業界を含めた幅広い分野で活用されている．

粒子線治療用加速器

放射線治療には，X 線や γ 線のほか，8 章に述べたように陽子線や重粒子線を使う粒子線治療も増えてきている．この分野で世界で先駆的な役割を果たしている，放射線医学総合研究所（千葉市）にある HIMAC（ハイマック）は，医療用に炭素イオンやアルゴンイオンなどの重粒子線を加速するシンクロトロンで，核子あたり（質量数あたり）最大 $800\,\mathrm{MeV}$ のエネルギーまで加速できる．

> Point：加速器により，電子や陽子・重粒子を高エネルギーに加速することができる．制動放射により X 線も発生できる．

> Point：人工の放射線は素粒子・原子核物理の研究のみならず，物性研究や産業界，医療の現場でも役立っている

中性子源とその利用

中性子は電荷をもたないので，加速器で直接加速することはできない．以前は，ベリリウム 9（^{9}Be）に，放射性核種から放出される α 線や高エネルギーの γ 線を当て，核反応によって中性子が放出されるのを利用していたが，現在では，加速器を使って加速した陽子線や重陽子線を，標的の原子核に当てて核反応を起こすことで中性子を発生させる方法が多く用いられる．東海村の J-PARC では，

3GeVの陽子を水銀標的に衝突させて中性子を発生させている.

しかし中性子源として最も強度が大きいものは、なんといっても原子炉である。国内にもいくつかの研究用原子炉があり、商用原子炉よりも出力はずっと小さいものの、原子力工学そのものの研究のみならず、中性子を使ったさまざまな研究に利用されている。中性子を照射して物質を放射化させ、生成した放射性核種が出す放射線を測定することによって、もとの物質の核種をつきとめる放射化分析や、熱中性子を利用して物質構造を解析する中性子散乱などの研究である。また、ホウ素10（^{10}B）が中性子を捕捉してリチウム7に変わり、α線を出す核反応を利用し、がん細胞にホウ素を集め、これに中性子線を照射することで、α線によりがん細胞を選択的に破壊するという治療法（ホウ素中性子捕捉療法）も注目されている.

減速器・冷却器

加速器が素粒子物理学や原子核物理学の研究になくてはならない機械であると説明したが、最近ではこうした高エネルギー物理学の研究だけでなく、むしろ低エネルギーで利用する研究も注目を集めている。反陽子などの反粒子は、通常の粒子と出会うと即座に消滅してしまうため[16]、われわれの物質世界には存在しない。しかし実験的につくりだすことが可能で、数十GeVに加速した陽子を標的に衝突させることで生成し、真空中では安定に存在する。こうして人工的に生成した反陽子を、シンクロトロンで加速する代わりに減速し[17]、冷却して（エネルギーをそろえて）ビームとして取りだしたり、それをさらに超高真空中で電磁的にトラップしたりすることで、反粒子の研究を行うことができる[18]。最近では、反粒子を含んだ原子や、反陽子と陽電子（電子の反粒子）を混ぜ合せて反水素原子を合成するなど、反物質科学の研究が進展している。またこれとは別に、通常

---

[16] 粒子と反粒子が出会うと、質量が$E = mc^2$というアインシュタインの式に基づき莫大なエネルギーに転化するとよくいわれる。実際には、たとえば陽子と反陽子が対消滅する際には、ただ消えてエネルギーだけが残るのではなく、より軽いπ中間子などの粒子（およびその反粒子）がたくさん生成し、それらが高い運動エネルギーをもって飛び去るのである。こうした粒子ももちろん放射線の一種になる.

[17] 加速器（accelerator）の反対に粒子の減速に使うリングを減速器（decelerator）とよぶ.

[18] ジュネーヴ郊外のCERNにある反陽子減速器（AD；Antiproton Decelerator）を使って実験研究が行われている.

のイオンや分子イオン，さらには帯電させた DNA などといった生体分子イオンを小型の静電型イオン蓄積リング（冷却リング）に入れて，周回させながら冷却するという研究も発展している．分子の振動・回転を止めた（振動・回転準位の基底状態に落ち込んだ）「冷えた」分子の状態や反応を観測することができ，原子・分子のあらたな研究手法として興味深い．

Q & A

　本書では，放射線の科学的基礎知識を身につけてもらえるよう，なるべく具体的事例を交えながら解説したつもりです．ですが，福島原発事故を受けて関心が高まっていることがらについて，本文だけでは必ずしも十分に説明しきれていないかもしれません．このQ＆A集では，より実生活に即した形で，疑問・質問に答えていきます．質問文は，著者らが大学講義や高校講座，市民講演などのおりに会場から出された質問の中から，関心の高いものや，誤解の多い事項を選び，こちらで想定した質問も加えて記したものです．ぜひ関連する各章の本文と合せてご活用下さい.

　一般的な他の書籍に比べ，内容が専門的に少々高度なものについても，Q＆Aで取り上げるようにしました．一般論として放射線のことを学びたい方と，汚染地域で暮らしていて現実問題として詳しく知りたい方など，興味の対象も人によって違うでしょう．難しいと思われる項目には＊印をつけましたので，ご自身の興味と難易度に応じて読んでいただければと思います．

放射線と放射性物質の物理学

Q.1　放射能と放射線は同じことですか．

　A.1　違います．第1章にわかりやすく解説しましたので，参照して下さい．

Q.2　放射性物質の種類によって，放射線の種類が違うのですか．

　A.2　放射性物質とは，不安定な原子核を含む原子でできた物質のことです．原子核の種類によって物理学的性質が異なり，どんな種類のどんなエネルギーの放射線を放出するかが違っています．人間が制御することは事実上不可能です．

> Q.3 除染によって放射性物質の量を減らすことはできますか.

A.3 除染とは，放射性物質を洗い流したり吸着させたりして別の場所や物に移行させることを意味します．しかし，放射性物質に含まれる不安定原子核を操作することは通常の化学反応では無理です．ですから，放射能を減らすことはできません．水で洗い流すことによって，濃度を薄めることができるかもしれませんが，濃度は薄まっても放射性物質の総量は増えてしまいます．逆に，燃やして焼却灰にしてしまえば（日本の焼却炉はセシウムをフィルターでこしとり，施設外に放出しない点で優れています），量を減らしたうえで環境から隔離することができるようになります．ただし当然濃度は高くなるので，これをしっかりと維持管理していくことが課題となります．

> Q.4* 原子核反応を使って，放射性核種を安定な原子核に変換できれば，放射能の問題はなくなるのではないでしょうか.

A.4* （内容が少々専門的です．）化学反応をもって放射性核種を別の核種に変換することは，エネルギー的に足りないのでできません．一方で，加速器を用いて高いエネルギーを与えてやれば，現代の物理学で原子核反応を起こすことはできます．事実，原子炉では，ウランの原子核を核分裂させて莫大な原子核エネルギーを取り出し，発電に利用しているわけです．ですが，さまざまな種類の原子核に対し，原子核反応を人工的に起こさせて，望みの原子核に変換するという技術を，人類は手に入れていません．原子炉内に生成したさまざまな核種を原子核反応で核変換し，寿命が何万年もある核種の代わりに，より短い寿命の核種に変えようというプロジェクトはありますが，まだ研究段階です．それとて，放射能の時間スケールを短くできる可能性はあっても，放射能をなくしてしまうことはできそうにありません．

環境中にちらばった放射性物質に原子核反応を起こさせて核変換させるというのは無謀な考えです．原発事故で飛散した放射性核種は，現在問題になっているほとんどのものが放射性セシウムですが，ほかの安定な核種に比べてごくごくわずかの濃度[1]であるのに対し，99.9999…％以上はもとからある安定な核種です．これにたとえば中性子を当てて原子核反応を

---

[1] たとえば，1キログラムあたり1万ベクレルの放射性セシウム（^{137}Cs と ^{134}Cs が半々とする）を含む土壌の場合でも，放射性セシウムの濃度（原子核数の比率）はわずか1兆分の1程度にすぎません．

起こさせたならば，たとえごくわずかな放射性セシウムをうまく安定な核種に変換できたとしても，ほかの大量の安定な核種が放射化してしまって，多種多様な放射性核種を大量に生み出してしまうことになります．どのみち，こうした原子核反応を起こさせるには，大がかりな加速器施設や原子炉施設が必要で，膨大な量の汚染土壌を施設にもち込んで全部処理するのはとても無理な話です．

自然放射線・放射線防護

> Q.5 自然界にもとからある放射線と，原発事故による放射性物質から出ている放射線とで，違いはあるのですか．

A.5 自然放射線も，原発などで人工的に生みだされた放射性物質に起因する放射線も，さらには加速器施設などで人工的に直接つくった放射線も，いずれも物理学的に同じものです．放射線にはさまざまな種類があり，エネルギーもさまざまに異なっていますが，それは放射線を放出する放射性物質（不安定原子核）の物理学的性質によるのであって，自然界にもとからあるか，それとも人工的につくったかということを区別することはできません．当然，人体への影響についても，自然のものか人工のものかでまったく差がありません．

放射線の種類やエネルギーが異なれば，影響の度合が違うのは確かです．たとえばα線とγ線では，同じエネルギーの放射線だとしても影響が異なります．外部被曝についてはα線は簡単に遮蔽できるのであまり問題にならず，一方で，内部被曝の場合はα線の方が注意が必要になります．また，同じγ線でも，カリウムから出るγ線とセシウムから出るγ線ではエネルギーが違い，体内の物質に与えるエネルギー付与も異なります．そうした，放射線の物理学的，生物学的違いを考慮して，人体への影響を見積もった線量が等価線量や実効線量であり，シーベルトという単位で表されます．シーベルト値が同じであれば，人体への影響も（等価線量の場合は問題とする組織・臓器に関して，実効線量の場合は全身への影響として）同じであると考えられます[2]．内部被曝についてはさらに別項

---

[2] 厳密にいえば，等価線量や実効線量は，放射線防護の目的で予防策として使われる線量であって，すでに被曝してしまった場合のリスクを見積もるためのものではありません．シーベルトの値は健康への影響を見積もるのに最も適した線量を表しているということは確かですが，放射線の種類が違う場合，同じ線量で人体への影響がまったく同じという保証はありません．たとえば，α線の20ミリシーベルト（= 1ミリグレイ）の被曝に比べ，ガンマ線の20ミリシーベルト（= 20ミリグレイ）の方がじつは人体への影響が少し大きいという可能性は残っています．

で取り上げます．

> **Q.6** 「放射線量が自然放射線量と区別がつかないほどです」という表現は何か隠していませんか．

A.6 科学的な表現です．この地球上に住んでいる以上，放射線が完全にゼロの環境がないことは理解してください．

> **Q.7** 放射線防護の基準は年間1ミリシーベルト以下とされているのに，自然界で浴びる放射線量が日本で年間2.1ミリシーベルト，世界平均では2.4ミリシーベルトというのでは基準値を超えていて，矛盾しているのではないですか．

A.7 放射線障害防止法に基づいて年間の線量限度が定められていますが，この規制は自然放射線を含みません．人工的に加算される分を追加線量といって，それに対する線量限度です．第1章で述べたように，われわれの日常生活において，土壌や建物からの放射線あるいは宇宙線による外部被曝，呼吸や食物に起因する内部被曝を避けることはできず，その値も地域や生活環境によってばらつきます．おおよそ地球上の生物は自然放射線のもとで生きてきましたし，人間もふだんの生活で自然放射線を避けることはできません．健康に深刻な影響を与えるとは考えられていませんし，人工のものであっても，自然放射線と同等程度の追加線量については許容してよかろうという判断です．

> **Q.8** ラドン温泉は健康によいのでしょうか．それとも危険なのでしょうか．

A.8 ラドン温泉やラジウム温泉は，α線を出す貴ガス（希ガス）のラドンや，アルカリ土類金属のラジウムを含有する温泉で，放射能泉とよばれます．少量の放射線を浴びることで体が活性化して健康によいとする，放射線ホルミシス効果を説く学者もいますが，医学的・疫学的なエビデンス（科学的根拠）はありません．一方で，放射線は少量でも将来のがんの確率を上げる可能性があるとして，警鐘を鳴らす専門家もいます．国際放射線防護委員会（ICRP）が採用する線形閾値なし（LNT）仮説も後者の立場に近いのですが，これは不要な放射線被曝を避けるための防護の考え方であって，実際の健康影響について議論するもので

はありませんし，自然の放射線を規制するものでもありません．オーストリアのバートガシュタインや，日本国内では三朝温泉（鳥取県三朝町）や有馬温泉（兵庫県神戸市）などが古くから知られ，療養に利用されてきたという実績がありますし，たとえば三朝町の住民について，放射線の影響で寿命や健康に問題があるなどというデータはありません．結局のところ，放射線による健康への影響があるにせよ，ないにせよ，それは判別がつかない程度のもので，それとは別に，温泉の湯治によって血行を促進したり，心身をリラックスさせるなどの効果は期待できると考えるのが中立的な見方となろうかと思います．

> Q.9 子どもの外部被曝が心配なので，外遊びは控えさせていますが，このまま続けた方がよいのでしょうか．

A.9 自分の生活圏の環境について注意しておくことは大切でしょう．放射線量が高いホットスポットとよばれる地域や，あるいは局所的な地点については，自治体の情報も参考にしながら把握し，むやみに立ち入ったり，不必要に長時間滞在することのないよう注意することは放射線防護の原則にかなった行為です．ただ，がんリスクは放射線だけではありません．国立がん研究センターによると，運動不足はがんの確率を 15〜19% 増加させるとされています．子どもの運動不足は発育にも影響を与えます．ストレスも免疫の働きを弱め，翻ってがんに影響します．低線量の放射線によるがんの可能性を怖れるあまり，かえってトータルのがんリスクを高めてしまうことのないよう，規則正しい生活，バランスの取れた食事，適度な運度を心がけるようにして下さい．

放射線の人体への影響

> Q.10 放射線を浴びると人体に熱を与えるのではないですか？

A.10 原爆被害を思い起こして熱を受けるというイメージをもたれるかもしれませんが，放射線そのものによる温度上昇は，もし上がるとしてもごくわずかです．放射線治療を例に挙げると，乳がん治療で乳房に 2 シーベルト = 2000 ミリシーベルトもの照射をします．これはもし全身に照射すれば生命の危険があるレベルですが，照射部位の温度は 2000 分の 1℃ ほどの上昇しか起こりません．

やはり影響として大きいのは細胞の遺伝子が傷を受けることです．

> **Q.11** 100ミリシーベルトの被曝で，発がんによる死亡率が人口比0.5%増えると聞きました．これ以下の被曝でも，がんは起こるのではないでしょうか．

A.11 100ミリシーベルト（mSv）以下の被曝量の影響について動物実験によって研究がされています．皮膚がんに関しては閾値というものがあって，ある程度の被曝量が蓄積して初めて皮膚がんになるのではないかといわれています．ただ，がんごとによって発症しない最小の被曝量が異なるようです．とはいえ放射線防護を考える際に被曝してよいということにはならないので，被曝量に応じて発がん率が上がるとして安全を確保しようという考え方が主流です．人の場合には原爆の際の数万人の被曝データなどをもとにこの死亡率が計算されています．被曝量と発がん率とのあいだに，ある種の比例関係を想定しているものが多いのです．はっきりと言えないのは，統計学的な不確かさ（ばらつき）があるからです．たとえば，20 mSv，10 mSvでがんが増えるかどうかを検証するには，それぞれ約120万人，500万人といった膨大な疫学データが必要で，これだけのものは集められないのです．

> **Q.12** 放射線は少量浴びても非常に危険だと思うのですが．

A.12 私たちは通常でもいつかは死にます．残念ながら3万日ほどの寿命です（80歳を超えたあたりで）．もともとわれわれは自然放射線や医療放射線を年間数mSv単位の放射線を浴びています．地球上の環境がそもそも危険と考えなければならなくなります．それによって早死しているとは考えられません．冷静に戦後の平均寿命の伸びを考えると，第二次世界大戦直後50歳前後だったのが，そのあと核実験による人工放射線量が上がった時期もあるにもかかわらず80歳代まで延びています．

> **Q.13** 自然放射線を浴びることによって，将来がんになる危険性はありませんか．

A.13 低線量の被曝は，がんなど人間の健康に影響がまったくないかもしれ

ないし，少しは影響があるかもしれませんが，あるとすればどの程度以下であるかということは押えられていますので，やみくもに心配する必要はありません．自然放射線によってがんになる人がいないという保証はありませんが，かといって，自然放射線を避けて生活することはできません．空間線量率の高い地域で生活している人たちの寿命が，放射線が原因で他の地域より短いというデータはありません．むしろ，食事やふだんの生活環境による影響の方が大きいことが知られています[3]．

Q.14　検診で受ける放射線についてはどうですか．

A.14　1回の胸のレントゲン検査で受ける被曝量は，胸部に対する等価線量で 0.2 mSv 程度，全身への影響としては実効線量 0.05 mSv です．一方で CT スキャンは，X 線を胸や胴まわりのありとあらゆる方向から何度も照射して撮影し，コンピュータで解析して 2 次元的な断層画像を得る方法です．一度の検査で 100 枚もの撮影をすることに相当し，被曝量もかなりの量になります．胸部 CT スキャンでは等価線量で 30 mSv 程度，実効線量で 7 mSv 程度になります．ところが，医療被曝については放射線防護の規制の対象になっていません．というのは，たとえ被曝によってわずかながら将来のがんといった影響がある可能性があったとしても，検査によって病気が見つかったり，病巣の様子が明確になったりすることで，その人の健康に有益な結果をもたらすと考えられるからです．日本は医療被曝大国ともいわれ，1 人あたりの医療被曝線量は世界平均の 3 倍以上です[4]．（病院で検査を何度も受けている老人と，医者になどかかったことがないという若者がいるので，個人差は大きいです）．2004 年には権威ある医学雑誌に「日本のがんの 3.2% は X 線による被曝が原因」とするショッキングな論文が発表されたこともあります．しかし，線形閾値なし仮説に基づいて放射線防護の目的で用いられる線量評価を，すでに起こった低線量被曝のリスク評価として用いるのは適切でない（実際の影響はもっと少ないかもしれない）とか，検査による便益を考慮せずリスクのみをことさら取り上げることは適切でないといった批判が寄せ

---

[3] たとえば，日本では青森県がもっともがん死亡率が高いという調査統計結果が報告されています．塩辛い食事や，雪に閉ざされる冬のあいだの運動不足などが原因だといわれています．青森県の自然放射線量は全国の中でも低いレベルです．
[4] 世界の CT 検査機器の実に 3 分の 1 が日本にあります．

られています.必要な検査はきちんと受けたほうがよいと思いますが,一方で,むやみやたらと何度も似たような検査を受けて無駄な被曝をしたりしないよう,患者の側でも注意していく必要はあるでしょう.

> **Q.15** 100ミリシーベルトの放射線を浴びると白血病も考えられると聞きましたが,健康被害はがん以外どのような症状や病気が考えられるのでしょうか.

A.15 一度に500 mSvを超えるような大量の被曝をした場合には,線量に応じて,不妊や皮膚障害,さらには骨髄や内臓の障害が起こります.しかし,100〜200 mSv以下の線量ではこうした「確定的影響」(多くは急性障害)は起こりません.低線量での被曝で可能性があるのは,がん(固形がん,および,血液のがんである白血病)と,遺伝的影響ですが,広島・長崎の被爆生存者に対する疫学的調査からは,低線量での遺伝的影響は確認されていません.つまり,低線量での影響が問題になるのはがんの確率的影響ということになります.広島・長崎のデータでは,白血病は被爆後10年以内に増加が見られますが,固形がんに比べて発症数はずっと少ないです.固形がんの影響が見られるのは,何十年もたってからであることが多く,放射線を浴びたから若いうちにがんになるということではなさそうです.チェルノブイリ原発事故では,周辺地域の子どもに小児甲状腺がんの増加が確認されましたが,その他の固形がんも白血病も,有意な差は見られていません.低線量の被曝では,何万人,何十万人と調査をしても,統計学的に差が確認できるほどの違いがなかったということです.

低線量被曝の影響として,がんの他にも免疫力の低下が起こると主張する人もいるようですが,生物学・医学の科学者のあいだでの共通認識ではありません.福島の事故で,首都圏に住む子どもが鼻血が増えたと不安がる保護者の方もいると聞きますが,ストレスや,その他の要因であろうと思われます[5].

---

[5] 首都圏でも事故後半年程度の期間,空間線量が高い日々が続きましたが,追加線量は自然放射線の年間線量より少ない値です.その程度の増加で簡単にすぐ目に見える影響が出るのなら,温泉地や花崗岩地帯など,もともと自然放射線の高い地域などの住民にも問題が生じることになりますが,そういった影響は報告されていません.

> **Q.16** 原爆では放射線を一瞬で浴びますが,原発事故では何年にもわたって放射線を浴び続けるので,影響がもっと大きいということはないでしょうか.

A.16 被曝量の単位シーベルト(Sv)(あるいはミリシーベルト:mSv)は,体に浴びた放射線量の積算値を表す量です.なので,長年にわたる被曝でも,そのトータルの値を議論します.一方で,ミリシーベルト/年(mSv/yr)は,年間あたりの値です.広島・長崎の場合は,一瞬で何百ミリシーベルトという被曝をした人がいました.ある線量を一度に被曝した場合と,長期間にわたってじわじわと被曝した場合では,一瞬での被曝の方が明らかに人体への影響が大きいことがわかっています.細胞は放射線によって損傷を受けたDNAを修復する能力を備えているため,少しずつ被曝する場合は,傷ついたDNAはほとんどが修復されますが,一度に被曝すると,DNAの二本鎖が同時に切断されるなど,修復の難しい損傷の割合が増え,また次の細胞分裂周期までに修復が間に合わなくなるということもあって,修復できずに残ってしまう傷が多くできることが理由です.

じわじわと被曝する場合に,一瞬の被曝に比べどの程度生物学的影響が小さくなるかというファクターを線量・線量率効果係数(DDREF)[6]とよび,国際放射線防護委員会(ICRP)ではDDREFを2と定めています.動物実験などのデータによればこの係数はもっと大きくてよいとする専門家もいましたが,安全をみて定められました.広島・長崎のデータから線形閾値なし仮説によって得られるリスクは一瞬の被曝の場合ですから,じわじわと低線量率で被曝する場合のリスクはその半分に見積もるという考え方です.

> **Q.17** 子どもは放射線に感受性が高く,影響が大きいと聞いていますが.

A.17 子どもは代謝が盛んで,細胞分裂が頻繁にくり返されています.細胞のDNAは分裂期に損傷を受けると修復しづらく,大人に比べて2〜3倍程度影響が大きいといわれています.大人でも,生活環境の違いなどから人によってがんリスクにばらつきがあるため,国際放射線防護委員会(ICRP)では子どもだけを別扱いした基準を設けたりはしていませんが,一般に成人より注意が必要な

---

[6] 線量・線量率効果係数:DDREF(Dose and Dose-Rate Effectiveness Factor).

ことは確かです．ですが，子どももふだんから大人と同じだけ自然放射線を浴びているわけです．被曝を恐れるあまり，東京に住む親御さんが小学生の子どもを単身で海外に避難させたという極端な例もあるようですが，飛行機に乗ることで浴びる追加線量や，そもそも避難先の方が線量率が高いことが多いということを考えると，あまり合理的な判断だとは思えません．それより，一人海外に残されたお子さんの，生活環境の変化によるストレスの方が気になります．

Q.18　放射線にとくに感受性の高い人がいると聞いたのですが．

A.18　色素性乾皮症，運動失調性毛細管拡張症，ナイミーヘン切断症候群など，DNA 修復遺伝子に異常のある病気の人で，通常の人よりはるかにがんにかかりやすい人がいるのは事実です．たとえば，色素性乾皮症（XP）の患者は，健常者に比べて皮膚がんに 2000 倍，ほかのがんでも 20 倍かかりやすいといいます．放射線に弱いだけでなく，紫外線でも皮膚細胞の遺伝子が傷つくのを修復できないため，日光を避けての生活を余儀なくされ，それでも若くして亡くなる方が多いのです．生命にとって DNA の修復機能がいかに大切かを示しています．一般の人では，DNA 修復により，放射線を浴びてもほとんどの細胞はがんにならずにすみます（7 章参照）．いわゆる遺伝的体質の違いとして，自分は放射線感受性が高いのではないかと心配する人がいるかもしれません．しかし，ふだん健康に暮らしている人であるかぎり，遺伝子によるがんのなりやすさの違いはせいぜい 10％程度だといわれています．一方で，食生活や生活習慣によってがんリスクは何倍にも変わるので，健康で規則正しい生活を心がけることが大切です．

Q.19　福島に住んでいる女子高校生ですが，将来子どもをもつのはあきらめた方がよいのでしょうか．

A.19　広島・長崎で被爆した人の子（被爆者二世）に対しても，大規模な疫学的調査がなされています．その結果，高い線量を浴びた被爆者に対しても，子どもおよび孫の世代への遺伝的影響は何も確認されていません．遺伝的に障がいのある割合も非被爆者の子供たちと有意な差が見られません．知能検査などの結果も正常です．原理的には，放射線によって生殖細胞が傷つくことは考えられ，ショウジョウバエやマウスなどの実験動物を用いた研究では，被曝により突然変

異の頻度が増えることが確認されています．なのですが，ヒトの調査結果では影響は出ていませんから，少なくとも，被爆者二世の両親の生殖腺被曝線量の合計の平均値である 400 mSv 程度まででは問題がないと考えられます．気に病むことなく，将来結婚したら安心してお子さんを産んで下さい．しかしながら，広島や長崎出身の方が，結婚などに際していわれのない偏見や差別を受けたという悲しい過去があります．他の地域の方には，今回の件で，福島の方をそうした目で見ることのないように，間違った先入観をもたないようにお願いします．

Q.20 放射線は胎児には影響があるのでしょうか．

A.20 たしかに，胎児は活発に細胞分裂しているため，放射線に対して敏感なので，注意が必要です．妊娠している可能性があるときには，CT スキャンなどの医療被曝を含め，不用意な被曝を避ける方が望ましいでしょう．わが国では放射線障害防止法に基づく防護基準として，放射線業務従事者に対して，妊娠中の女子については妊娠期間中の内部被曝について実効線量で 1 mSv 以下，腹部表面の等価線量で 2 mSv 以下と定めています．男性従事者の 5 年で 100 mSv 以下，かつ年間 50 mSv 以下という基準よりも格段に低くしてあります．一般公衆については，男女を問わず実効線量で 1 mSv 以下です（自然放射線による被曝や医療被曝を除く）．

胎児の体の中で器官や神経細胞，神経細胞間のシナプスが形成される時期に大量の被曝をすると，身体奇形（受精 9 日～8 週）や精神発達遅延（受精 8 週～25 週）といった確定的影響が生じる可能性があります．広島・長崎の疫学調査は体内被爆者についても調べていて，たしかに 500 mSv 以上の被曝では明らかな影響が出ているのですが，100～200 mSv に閾値があり，それ以下では，精神発達に関して影響を最も受けやすいと考えられる 8～15 週齢の胎児でも有意差は見られません．

胎児被曝による出生児の発がんリスクについては，被曝によるがん発生率の増加傾向が見られるものの，子どもの被曝の場合とほぼ同じ程度のようです．

Q.21 しばらく妊娠は控えた方がよいのでしょうか．

A.21 1986 年に旧ソ連（現ウクライナ）のチェルノブイリ原子力発電所で起

こった事故により，放射能汚染はヨーロッパ各国まで広がりました．多くの地域で線量は 1mSv にも満たなかったにもかかわらず，胎児への影響を心配した母親と，放射線に対する正しい知識をもたない医師により，ヨーロッパ各地で不必要な妊娠中絶が行われ，その数は数万とも十万ともいわれています．チェルノブイリ事故では，もちろん環境汚染は甚大でしたが，放射線そのものが人体に直接与えた影響よりも，こうした不安やストレスの方がはるかに健康や命への影響が大きかったと，2005 年の世界保健機関（WHO）がまとめた報告書に記載されています．福島では，事故後の 1 年のあいだにとくに人工妊娠中絶が増えたり，自然流産が増えたりしたことはなかったと報道されていますので，人々が冷静に判断できたことはよかったことだと胸をなでおろしています．今回の原発事故により，妊娠を中絶したり先延ばししたりするべき科学的理由はありません．一般論として，女性は年齢が上がるごとに年々妊娠しづらくなり，また子どもの先天的な病気も残念ながら目に見えて増加することが知られています．むしろ早めに出産されるほうがよいでしょう．

Q.22 外部被曝よりも内部被曝の方がずっと危険だと聞きましたが．

A.22 外部被曝とは，放射性物質（放射性核種）が体の外部にあって，そこから放出される放射線を被曝すること，内部被曝とは放射性物質を体内に取り込んだ場合の被曝です．α 線や β 線は遮蔽が容易なので，外部被曝が問題になることはあまりありません．γ 線は透過力が強く，何割かのものは何も反応せず体を貫通しますから，外部被曝でも内部被曝でも違いはありません．

α 線は細胞 3 個分程度の飛程のあいだにすべてのエネルギーを与えて止まるため，内部被曝が危険だといわれています．線エネルギー付与（LET）が高いので，修復の難しいとされる DNA の二本鎖切断が高い頻度で起こるともいわれます．たしかにその通りではあるのですが，影響を受ける細胞はたった 3 個ということもできます．低 LET で多くの細胞が被曝するのと，高 LET で少数の細胞が被曝するのと，影響の大小についてははっきりとわかっていないことも多いのですが，これまでの研究により，吸収線量に放射線加重係数をかけた等価線量で生物学的影響を評価するのがよいということになっています[7]．つまり，シーベルトとい

---

[7] 組織ごとのトータルの吸収エネルギー量が問題ということですから，同じ β 線による被曝の場合で考

う単位は，人体に対する影響を推し量る尺度だということができます．外部被曝でも内部被曝でも同じ線量（シーベルト値）なら影響も同程度と考えることができます．

　放射性核種は元素の違いに応じて人体組織（臓器）の違うところに蓄積したり，排出までの生物学的半減期が違ったりします．甲状腺に蓄積するヨウ素や，骨にたまるとされるストロンチウムなどがその例です．一方でセシウムは全身の筋肉などにまんべんなく取り込まれ，特定の臓器に蓄積したりといったことは見られていません．同様に，人類を含む生物が昔から取り込んできた必須元素であるカリウムも全身に分布します．これらの場合の線量計算について，4章で解説しました．

> **Q.23*　国際放射線防護委員会（ICRP）は内部被曝を考慮していないといわれますが本当ですか．**

　A.23* （少々専門的内容を含みます．）それは正しくありません．内部被曝については，放射性核種がどのように摂取された場合に，どの程度が体内に取り込まれ，全身に運ばれるか，または特定の臓器に集まるか，あるいは排泄されるか，といったモデルに基づいて計算を行い，放射能（ベクレル）から内部被曝量（シーベルト）への換算係数（実効線量係数）が導かれています．ただし，内部被曝量自体の計測が難しいこともあり，実際に精度よく評価できるわけではないことは確かです．ICRPを批判するヨーロッパ放射線リスク委員会（ECRR）という名の市民団体が，ストロンチウムの内部被曝の影響を600倍に見積もるなどして危険を説いていますが，科学的根拠に乏しく論理的整合性もないとして，おおかたの専門家からは評価されていません．

> **Q.24　放射線は目に見えないので心配なのですが．**

　A.24 たしかに放射線は見えませんし，五感で感じることもできません．とらえどころのないものを怖いと感じるのは，生物として当然の防御反応です．しかしそもそも，ヒトの目は電磁波，そのなかでもある決まった波長[8]の光しか見

えると，放射性物質が体内のある1点に存在し，周囲の細胞が集中して被曝した場合と，組織内に分散する放射性物質によってまんべんなく被曝した場合とで，影響は同じと考えることになります．これは国際放射線防護委員会（ICRP）の採用する線形閾値なし仮説からの帰結です．

ることができませんし，世の中にはヒトの感覚器でとらえられないものはたくさんあります．病気のウィルスだってそうです．目に見えないほど小さいからこそ，知らずしらずのうちに感染してしまう．そして場合によって深刻な健康被害をもたらします．食品中に含まれるありとあらゆる化学物質もしかりです．体に有害なものもごまんとありますが，微量に含まれる成分を直接目で見ることはできません．また，太陽から降り注ぐ紫外線は皮膚に損傷を与え，携帯電話の電磁波は健康被害の可能性が指摘されていますが[9]，どちらも見えません．さらに，地磁気を感知できる渡り鳥と違って，ヒトはどんなに強い磁場でも感じることができません．

そういう意味では，放射線だけを特別扱いして恐れることはフェアではないかもしれませんね．ヒトの生物学的能力として放射線を感知することはできませんが，幸いにして放射線検出器を使えば，非常に高い感度で放射線をとらえることができます．微量の化学薬品の検出に日々苦労している食品検査の専門家にいわせれば，放射線ほど検出しやすくよく「みえる」ものはないといいます．正しい方法で検査しさえすれば，知らずしらずのうちに大量被曝してしまって命が危険にさらされるということは確実に避けることができる．その意味では，検出が難しく体内で増殖してしまう病原菌よりは，ずっと安全が担保されたものだということができるでしょう．

放射性物質による環境汚染について

> **Q.25** 報告される核種がヨウ素 131，セシウム 134・137 ばかりなのはなぜですか．

A.25* （内容が少々専門的です．）これらの核種は原子炉の燃料であるウラン 235 が燃えた（核分裂反応を起こした）あとに生じる「燃えカス」です．燃えカスに含まれる核種はこれら 3 種類だけではなく，多種多様の核種が炉内の燃料棒に存在します．しかし，そのすべてが同様に環境中に観測されるわけではあり

---

[8] 可視光線の波長は 400〜800 nm．光子のエネルギーにして 3〜1.5 eV の光です．
[9] 第 2 章に書いたように，紫外線や電波を広い意味での放射線に含めることもありますが，本書では放射線といえば電離放射線のことを指します．

ません．観測されるものの条件について，順を追って説明しましょう．
(1) 原子炉内での生成量（収量）が多いこと．原発運転時にほとんど生成されないものは問題になりません．
(2) 寿命が適度に長いこと．寿命が秒単位以下とか，数時間以内といった短いものは，観測されるまえに崩壊して別の核種に変化しています．たとえば，ヨウ素のうち ^{135}I は ^{131}I よりも倍以上の収量がありますが，半減期が6.6時間と短いため，環境中には観測されません．
(3) 環境中に飛散しやすいこと．元素の化学的性質によって，環境中に飛散しやすいものとそうでないものとがあります．一般に質量数の大きな重い核種は遠くまで飛散しにくいため，原発から距離が離れたところではプルトニウムなどは見つかっていません．一方で，揮発性があるヨウ素や，水に溶けやすいセシウムは微小の粒子や霧に混じって遠くまで運ばれやすい性質があります．これが，事故後の3月15日・21日にプルームとよばれる放射性物質を含んだ雲に乗って流れ，たまたま雨が降っていた地域では雨に混じって降ってきた（フォールアウトした）ため，土壌の深刻な汚染を引き起こしました．同様にプルームの中に存在したクリプトン85やキセノン135や133m [10] などの貴ガス（希ガス）は，そのまま風に乗って雲散霧消したので，問題になっていません（薄まって世界中の大気中に広がったということになります）．大気中の拡散とは別に，原発から汚染水が海洋に流出した問題の場合も，水に溶けやすい元素かどうかが指標になります．
(4) 測定の問題もあります．たとえば，筆者のうち小豆川の研究グループの調査では，福島第一原子力発電所周辺の環境試料から，核分裂生成物と放射化生成物を合わせ合計で15種類の核種を見つけています[11]．しかし，そのすべてが簡単に検出できるわけではありません．β線しかださないストロンチウム（^{89}Sr, ^{90}Sr）は，検出に1か月ほどの時間がかかることから，とくに事故当初の緊急時にはなかなか報告されませんでした．

　これらを総合すると，問題となる核種は結局のところ，^{131}I, ^{134}Cs, ^{137}Cs の3種がメインで，うちヨウ素131はすでに半減期の何十倍の時間がたってなくなっ

---

[10] m は原子核の準安定な励起状態（核異性体）のこと．
[11] ^{131}I と ^{137}Cs は核分裂生成物，^{134}Cs は放射化生成物です．

ているので，数年以上にわたって環境中に残ることになるセシウムがクローズアップされているのです．^{134}Cs の物理学的半減期は 2 年なので，これは数年たつと大半がなくなります．事故直後の状況では ^{134}Cs と ^{137}Cs は放射能量でほぼ 1：1 でしたので，除染など何もしなくても何年か経過して ^{134}Cs が消滅すると，放射能量は自動的に半分に落ちることになります．しかし，^{137}Cs の半減期は 30 年あるので，環境中から自然に洗い流される効果があるにせよ，長期戦になることは覚悟しなくてはなりません．

Q.26* 環境中にほかにも多くの核種が拡散しているのなら，なぜセシウムばかりが取り上げられるのでしょう．ストロンチウムの内部被曝は非常に危険だといわれています．ストロンチウムの危険が軽視されていないでしょうか．

A.26* （内容が少々専門的です．）ストロンチウムは化学的にカルシウムと同じアルカリ土類元素なので，体内に摂取してしまうとたしかに骨に蓄積されるといわれます．いったん骨の組織に取り込まれてしまうと，なかなか排出されないのも事実で，生物学的半減期が 50 年もあるといわれています．核種の物理学的半減期もストロンチウム 89 が 50 年，90 が 29 年なので，長期間にわたって内部被曝することになります．ストロンチウムはβ崩壊するので，β線によって局所的に被曝することにも懸念の声が聞かれます．しかし，被曝量を議論するときには，定量的に考える必要があります．チェルノブイリ原発事故のときには，環境中に放出されたストロンチウムはセシウムに比べて 10％の放射能に相当しました．それに対し，福島原発事故では，幸いにしてというべきか，ストロンチウムの放射能はセシウムの 1％以下であることが，環境中の放射能測定によってわかっています．この状況で被曝による影響を計算すると，ストロンチウムによる被曝線量は少なく，ほとんどがセシウム（^{134}Cs と ^{137}Cs）によるものです．食品中の放射性セシウムについて基準値が定められていますが，これはストロンチウムも一定の比率で同時に存在すると考えたうえでその分の被曝線量も考慮してあり，合せて年間 1 ミリシーベルトを超えないように設定されたものです．

> Q.27* プルトニウムの影響はどうですか．半減期が何万年もあって史上最強の毒物なのに，ほとんど報じられません．

A.27* （内容が少々専門的です．）たしかに一般論としてプルトニウムは α 崩壊をするので，プルトニウムを含んだ微粒子を呼吸で肺に取り込む，などによる内部被曝には注意する必要があります．さらに，α 崩壊したあとの核種も放射性で，つぎつぎに α 崩壊をくり返します（3章の崩壊系列の項を参照して下さい）．ですから，その分だけ影響は何倍にもなります．ベクレルからシーベルトへ換算する実効線量係数も，吸入の場合，セシウムなどに比べて3けたも大きな値です．しかし，ここでも存在量の議論が重要です．マイクログラムで致死量などと喧伝されることもありますが，マイクログラムもあったら大変なのは当然です[12]．

福島第一原子力発電所から放出されたプルトニウムは，たとえば ^{241}Pu では1兆2千億ベクレル（1.2×10^{12} Bq）と推定されています．この値は実測値ではないため，正確な放出量は執筆時点では明らかになっていませんが，オーダー（数値のけた）で比較するかぎりこの量はチェルノブイリ事故で放出された量と比較しても少ない値です．したがって，チェルノブイリ事故と比較すると，広範囲に高濃度で拡散したということはありません．現在までに確認されている拡散は原発から 30 km 程度の距離にとどまっています．検出されたところも，セシウムなどに比べれば微量で，健康被害もその分小さくなります．それから，半減期は ^{238}Pu の 88 年に対して ^{239}Pu は 2 万 4 千年ですが，個人被曝を考えた場合，人生よりずっと長い半減期は脅威にはなりません．半減期がものすごく長いということは，同じだけの個数の原子核があったときに，単位時間あたりに崩壊する数，つまり放射能はずっと小さくなることを意味しています．ヒトの被曝にもっとも影響が多いのは，数日から数十年の範囲の半減期をもつ核種だということができます．

> Q.28 雨が降ると地表に降り積もった核種はどうなるのでしょうか．

A.28* （内容が少々専門的です．）環境中に放出された核種の挙動を議論す

---

[12] 放射能は原子核1個1個の個数を問題にしています．それがマクロな重さで測れるような量もあれば莫大な量になります．1μg の単体の ^{239}Pu は 2500 Bq, ^{238}Pu なら 67 万 Bq に相当し，これを吸入した場合，前者は数十 mSv, 後者は数 Sv もの預託実効線量と計算されます．

るためには，核種云々というよりも元素としてのふるまいに注目しなければいけません．たとえば代表的な放射性物質であるセシウム134と137（^{134}Cs，^{137}Cs）は環境中ではセシウム元素としてふるまうことになります．もともと地殻中に3ppm＝100万分の3（1kgあたりに換算すれば3mg）程度存在している非放射性セシウム（^{133}Cs）と同じふるまいです．セシウムはナトリウムやカリウムと同じアルカリ金属元素です．環境中のアルカリ金属は多くの場合，1価の陽イオンとして存在しています．たとえば土壌中に降り積もったセシウムはプラスの電荷をもっていますが，土壌粒子の表面はマイナスの電荷をもっていることが多くあります．セシウムのプラスと土壌粒子のマイナスで引き付けあうことから，セシウムは土壌表面に吸着され，なかなか動きにくくなってしまいます．このため，雨が降っても空間線量は容易には下がりません．チェルノブイリ事故での研究例を挙げると，発電所から150km離れた土壌の表層にあるセシウムを測定したところ，事故から6年が経過しても表層から6cm以内に90％以上が保持されたという結果が得られています．チェルノブイリと福島では土壌の性質はまったく同じではありませんが，同様の傾向にあることが調査でわかってきています．日本の水田土壌でのセシウムの環境中半減期は少なくとも9年という報告もあります．^{137}Csの物理学的半減期は30年です．水の流れによってセシウムが流されたりするファクターを合せて考慮すると，環境中に存在する半減期はそれよりは短くなりますが，それでも長い時間が必要です．

　セシウム以外の元素ではヨウ素を考えてみましょう．ヨウ素（^{131}Iなど）は環境中，とくに水圏では陰イオンになっていると考えられます．となるとセシウムの挙動とは逆に土壌中では表層からの雨水や間隙水によって拡散することが予想されます．このように核種によって挙動が大きく異なることを考慮する必要があります．

放射線の測定・食品の安全基準

> **Q.29** 報道でさまざまな大きさの違う数字がでてきて，混乱しています．

　A.29 原発事故以降，放射線量をいろいろな表現をしたものが混じっていました．たとえば，1mSv（ミリシーベルト）と1000μSv（マイクロシーベルト）

は同じ値なのですが，こうした表現を相次いで聞いた際に，何が本当なのか混乱を招いた部分もあると思います．さらに1時間あたりの μSv の値なのか，1日あたりの μSv の値なのか，はっきりと単位をいっていないための混乱もありました．どちらが表示しやすいかで使い分けるものなのです．また，放射能の単位である Bq（ベクレル）との区別も必要です．報道では突然，何万 TBq（テラベクレル）といった言葉も出てきて，多くの市民が理解不能に陥りました．皆があわてていた状況では，けた数の大きい数字を提示されると安心していられなかったこともありました．放射線の影響を考える際にはどのような単位での話であるのかを冷静に見極める必要があります．

Q.30* 測定器によって空間線量値が異なるのはなぜでしょうか．

A.30* （内容が少々専門的です．）放射線を測定する測定器には多くの種類があります．GM（ガイガー-ミュラー）計数管を用いた検出器であれば，テレビなどで見かけたことがあるでしょうか．白い防護服を着込んだ人が，棒のようなものと取っ手のついた箱のようなものを手にもっているシーンが映像などで見かけることがあるかと思います．この GM 検出器は，β 線と γ 線を測定することにたけた測定機器です．ここでカウントされている値は，棒の先端のメッシュ部分（窓）から入ってきた放射線ですが，この窓が大きければ大きいほど効率よく放射線を測定することができます．しかし，この GM 検出器は高いエネルギーの放射線は見つけてくれやすい反面，低いエネルギー側の放射線を見つけることが苦手です．

それに対して，最近では小型のポケット線量計が市販されていてますが，その検出方法は GM 検出器とは異なる場合が多くあります．たとえば検出器に CsI (Tl)（ヨウ化セシウムにタリウムをドープしたシンチレーションカウンター）を用いている場合だと，全体的な検出効率は GM 検出器に劣りますが，低いエネルギー側の放射線を見つけやすい特徴があります（その分測定の不確かさ（誤差）も大きいのですが…）．小型の線量計には CsI ではなく小さな GM 計数管を測定に用いている機器もありますが，小型になればなるほど検出効率が落ちてしまう欠点もあります．このように，たとえ同じ場所であったとしても，測定器に用いられている検出器の違いによって示される値が変わってくることがあります．

このような理由で，異なる検出器で得られた結果を比較することは混乱の原因になります．したがって，1種類の線量計で線量の相対変化（違う地点の比較，または定点観測での経時変化）を観測することが最も重要であると考えられます．

> Q.31* ベータ崩壊の核種なのになぜガンマ線を測定しているのですか．

A.31* （内容が少々専門的です．）β崩壊をする核種のなかには，引き続いてγ線を放出するものが多くあります（3章参照）．γ線を測定すれば簡単に核種を同定できるのですが，β線では困難なので，γ線を測定するのです．それに対しβ線しか出さないストロンチウムなどは，測定が複雑で検出に時間がかかります．詳しくは5章を参照下さい．

それからもう一つ．β線の阻止能を考えると，β線は食品（主成分は水）を1cmも進むとエネルギーを失って止まってしまいます．ですから，検査する食品サンプルの表面にある核種をとらえることはできても，内部奥にあるものは正しく検出できません．また，環境中の放射能を測る場合を考えても，空気中の飛程は^{137}Csのβ線で2m未満，^{131}Iのβ線で1m未満ですから，それ以上の距離にある核種からの寄与が測定できません．一方で，γ線の減衰長は空気中で100m程度ありますから，遠くの核種も空間線量に利いてきます．その意味からも，γ線を測定した方が，正しく放射能を調べて核種の存在量を見積もることができるといえます．

> Q.32 体内にたまった放射性物質も放射線をだしていますが，それを観測できるほど放出しているのでしょうか？

A.32 放出される放射線がα線やβ線の場合は，体内の短い距離ですべて吸収されてしまうため，体外には出てきません．γ線の場合は，何割かが体外まで出てきますが，その量は微量なため，検査で計測することが困難な程度です．簡易型の小さな放射線検出器で測ることはできません（それで測定にかかるようなら，急性障害が出るほどの大きな被曝量だということになります）．内部被曝を評価する装置として，ホールボディーカウンター（WBC）がありますが，全身を包み込むような大型の装置で，体内からでるγ線をなるべく取りこぼすことなく検出できるようになっています．

> Q.33 福島在住です．私も子どももWBC検査を受けたのですが，体重キログラムあたり3〜7ベクレルのセシウムが検出されました．食べ物には注意しているのですが，なかなか下がりません．健康への影響はどうなるのでしょうか．

A.33 第1章にも書きましたが，ヒトの体内には体重60kgの成人の場合，約4000Bqの放射性カリウムが存在し，われわれの体は常時内部被曝しています．これに加えて，微量のセシウムを毎日の食事で少しずつ取り込んでしまった場合，体内にはセシウムも蓄積するのですが，3か月程度の生物学的半減期[13]で排出されるため，体内のセシウム量は数か月で頭打ちになります．1kgの体重あたり5Bq前後ということは，体重60kgの方でトータル300Bqということになります．これは，食品から毎日2Bqの放射性セシウムを摂取し続けた[14]場合の平衡値に相当します[15]．この状況で体の受ける内部被曝は年間0.013mSvとなり，もとから存在するカリウムによる線量（年間0.2mSv）に比べても十分小さいことになります．子どもの場合も同様です．こういった数値との比較が一つの判断材料となるでしょう[16]．

栄養の偏りなく野菜も含めた満遍ない食事を心がけ，適度に運動して健康的な生活を送ることは，将来のがんのリスクを確実に下げることが医学的にも知られています．ある程度の放射能は許容したうえで，その土地で暮らすメリットを活かすよう，前向きに生活されることが健康にもきっとプラスに働くはずだと思い

---

[13] セシウムが体内に留まる生物学的半減期は成人で100日程度といわれています．子どもの場合は代謝が早いため，これより短くなります．
[14] セシウムの胃腸から体内への吸収率は，可溶性の場合ほぼ100%に近く，肉などに含まれる場合でもかなり高いとされます．
[15] 1日の食事が1.4kgくらいとすると，食品の放射能は2/1.4 = 1.4Bq/kgということになります．ですから，基準値100Bq/kgよりもずっと少ない放射能量です．食材を選んで対処するのは難しいかもしれません．ですが一般に食品規制に関しては，基準値をはるかに超えてしまうような放射能の高いものが市場に流通しないよう，検査態勢をしっかりすることが重要です．汚染地域に住んでいる方は，自家菜園や自分の田畑でとれたものを食べる場合は，一度検査されたほうがよいかもしれません．
[16] もっと内部被曝量の多い方の場合，もし気になるようでしたら，次の例も参考にしてみて下さい．チェルノブイリ原発事故による汚染の影響が強かったウクライナでは，昔から夏休みに子どもたちを集団で離れた土地にキャンプに行かせる習慣があり，放射性物質の少ない食事を1か月以上続けることで体内のセシウムを減らすとともに，心身ともにリフレッシュさせるという効果が出ているそうです．日本ではなかなか状況も違うので，同じようにというわけにもいきません．ただ，地元の限られた食材しか手に入らない，かの国の農村部に比べ，流通の発達した日本ではさまざまな種類の食材を選べるという利点があります．

ます．

> **Q.34** 食品に含まれている放射性物質の量を，手持ちの放射線検出器で計れますか．

A.34 これも先の質問と同様の回答になります．食品の基準値程度の放射性セシウムでは，放出される放射線の量はごくわずかで，空間中を飛び交う自然放射線量にまぎれて測定できません（もしそれで測定にかかるようなら，基準値よりけた外れて多量の放射性物質が含まれていることになります）．

> **Q.35** 食品の放射線検査は，ごく一部の抜き取り検査です．なぜ全量検査してもらえないのでしょうか．

A.35 第5章に述べた通り，放射能をキログラムあたり 100 ベクレル（100 g あたり 10 Bq）程度以下の検出感度で測定しようとすると，統計学の性質上，また自然に存在する放射性カリウムなどのバックグラウンドと区別するために，長い測定時間がかかります．限られた機材ですべての食品を検査するのは非現実的です（高価なゲルマニウム半導体検出器のうち，国と都道府県が使っている検査機器は全国でも 200 台程度しかありません）．現実的な方法としては，それぞれの品目について産地ごとに代表的なサンプルを採って定期的に検査することになります．これとは別に，全国の食卓や給食で出された食事を3食分まるごとすりつぶして検出器にかけ，放射能を調べるというサンプル調査もなされており，福島においても内部被曝量は外部被曝量に比べて小さいことがわかってきました．ひとまずは安心材料ですが，調査されていない食材や，自家菜園などのものを日常的に食べている人のなかに，高い内部被曝をする人がいないという保証はありません．飛び抜けて高い放射能をもつ食材を除外するためには，スクリーニング検査といって，おおまかな精度でもよいので，あまりに高い放射能のものを確実にはじく検査を実施する方が理にかなっています．それなら安価な検出器で短い時間でも見極めが可能です．

> Q.36 食品に含まれる放射能の基準値がありますが,本来であればゼロで
> あるべきものではないでしょうか.

A.36 放射性セシウムに関しては,1960年代の米ソ冷戦時代の核実験の影響や,チェルノブイリ原発事故のときのヨーロッパからの輸入食品などにも見られました.放射性セシウム自体は人工の核種なので,そういう意味ではもともとはゼロだったはずですが,1章で述べたように,食品にはもともとキログラムあたり数十から数百ベクレルの放射性カリウム(^{40}K)が含まれています.そのほかに,放射性炭素(^{14}C)もあります.ですので,放射能がゼロということはありません.

> Q.37 2012年4月に食品中の放射性セシウムの基準値が引き下げられま
> した.これまでの甘い基準では健康に影響がでるということだった
> のでしょうか.

A.37 放射線防護の考え方は,一般公衆や放射線作業従事者が無用な放射線を浴びないように,できるだけ低い被曝量を基準にしようということです.安全をみて,健康被害が確認される量よりずっと低いところで基準を決めていますので,その基準を超えたからといって健康に被害がでるというものではありません.線量がまったくゼロということができるならそれを目指せばよいのでしょうが,第1章で述べたように,そもそもわれわれは自然環境中からもある程度の放射線を絶えず浴びています.それと比較して同程度の追加線量は社会的に許容しようということです.放射線源(放射性物質)はきちんと管理するのが本来の鉄則ですが,現実問題として,大量の放射性物質が環境中に存在してしまっている現状で,基準をゼロにすることは不可能です.実現不可能なほどの低い基準をはじめから設定していたとすると,極端な話,東日本の農作物や水はいっさい口にしてはいけないという非現実的な事態になっていたことでしょう.社会的,経済的に合理的に達成できる範囲でできるだけ基準を低くし(ALARAの原則),状況に合せてさらに低く切り下げるように努力していくことは,基準が低いことで有名なベラルーシでもとられた道筋でした.

参考文献

さらに深い理解を目指したい方のために，著者らが講義の準備や本書の執筆にあたって参考にした書籍，および一般的な放射線関連の教科書などを，以下に紹介します．
《 》内は対応する章番号と分野を示す．

放射線学全般

★ 図解 放射性同位元素等 取扱者必携，放射線取扱者教育研究会（オーム社，2007）．
  《2．放射線物理学，3．崩壊系列（原子核物理学），4．線量評価，5．放射線計測学，7．放射線生物学，8．放射線医学，10．放射線防護学，11．加速器科学》
★ 放射線概論―第1種放射線試験受験用テキスト（第7版），柴田徳思 編（通商産業研究社，2011）．
  《2．放射線物理学，3．原子核物理学，4．線量評価，5．放射線計測学，7．放射線生物学，8．放射線医学，10．放射線防護学，11．トレーサー利用（放射線の利用）・加速器科学》
★ 放射線 安全取扱の基礎（第三版），西澤邦秀・飯田孝夫編（名古屋大学出版会，2001）．
  《1．環境放射線，3．崩壊系列（原子核物理学），5．放射線計測学，7．放射線生物学，10．放射線安全管理学・安全取扱・法令，11．放射線の利用》
★ 原子力百科事典 ATOMICA（高度情報科学技術研究機構）．
  http://www.rist.or.jp/atomica/
  《網羅しているわけではないが，ほぼ全分野にわたる一般的な情報が参照できる》

分野複合（物理学中心）

★ 現代放射化学，海老原充（化学同人，2005）．
  《2．放射線物理学，3．原子核物理学，原子核工学，5．プラスチックシンチレーター（放射線計測学），11．年代測定（放射線の利用）・加速器科学》
★ Q & A 放射線物理（改訂新版），大塚徳勝・西谷源展（共立出版，2007）．
  《2．放射線物理学，3．原子核物理学，5．放射線計測学，Q & A》
★ わかりやすい 放射線物理学（改訂2版），多田順一郎（オーム社，2008）．
  《2．放射線物理学，3．原子核物理学，4．線量評価，11．加速器科学》
★ 放射線物理学（放射線技術学シリーズ），日本放射線技術学会監修，遠藤真広・西臺武弘共編（オーム社，2006）．
  《2．放射線物理学，3．原子核物理学》

224　参考文献

★ 基礎物理学実験（2012秋-2013春），東京大学教養学部基礎物理学実験テキスト編集委員会編（学術図書出版社，2012）．（毎年改訂）
《霧箱・GM 管（2. 放射線物理学，3. 原子核物理学，5. 放射線計測学）》
★ Techniques for Nuclear and Particle Physics Experiments —— A How-to Approach ——, William R. Leo（Springer-Verlag，1994，1987）．
《2. 放射線物理学，5. 放射線計測学》

特定分野

第 2 章：放射線物理学
★ Review of Particle Physics, K Nakamura *et al.*（Particle Data Group），Journal of Physics G **37** 075021（2010）．

第 3 章：原子核物理学
★ 原子核物理学（基礎物理科学シリーズ 4），八木浩輔（朝倉書店，1971）．
《2. 放射線物理学も少し載っている》
★ Table of Isotopes（Eighth Edition），Richard B. Firestone，Virginia S. Shirley（John Wiley & Sons Inc.，1996，1998，1999）．

第 3 章：原子力工学
★ 原子力 2010，経済産業省資源エネルギー庁編集（日本原子力文化振興財団発行，2010）．
http://www.jaero.or.jp/data/03syuppan/03syuppan.html より購入可能．
★ 原子力手帳（日本原子力文化振興財団，2006）．上記 URL 参照．
★ 日本の原子力施設全データ（ブルーバックス B-1345），北村行孝・三島勇著（講談社，2001）．

第 5 章：放射線計測学
★ 放射能測定シリーズ（日本分析センター）．2 放射性ストロンチウム分析法，3 放射性セシウム分析法，4 放射性ヨウ素分析法，6 NaI（Tl）シンチレーションスペクトロメータ機器分析法，7 ゲルマニウム半導体検出器によるガンマ線スペクトロメトリー，13 ゲルマニウム半導体検出器等を用いる機器分析のための試料の前処理法，15 緊急時における放射性ヨウ素測定法，16 環境試料採取法，20 空間 γ 線スペクトル測定法，23 液体シンチレーションカウンタによる放射性核種分析法．
すべてウェブサイト上で公開されている．
http://www.kankyo-hoshano.go.jp/series/pdf_series_index.html
★ 放射化分析ハンドブック―確度の高い多元素同時微量分析への実践，伊藤泰男・海老原充・松尾基之・放射化分析研究会（日本アイソトープ協会，2004）．
★ 実用ガンマ線計測ハンドブック，Gordon Gilmore，John D. Hemingway 著，米沢仲四郎ほか訳（日刊工業新聞社，2002）．
★ きちんと知りたい原発のしくみと放射能（Newton 別冊）（ニュートンプレス，2011）．

第6章：環境放射化学
- ★ 東日本大震災後の放射性物質汚染対策──放射線の基礎から環境影響評価，除染技術とその取り組み，齋藤勝裕 監修（エヌ・ティー・エス，2012）．
- ★ 文部科学省による放射線量等分布マップ（放射性セシウムの土壌濃度マップ）の作成について（文部科学省，2011）．
  http://radioactivity.mext.go.jp/ja/contents/6000/5043/24/11555_0830.pdf
- ★ 福島原発大事故 土壌と農作物の放射性核種汚染，浅見輝男（アグネ出版センター，2011）．

第7章：放射線生物学，第8章：放射線医学
- ★ 放射線生物学（放射線技術学シリーズ），日本放射線技術学会監修，江島洋介・木村博 共編（オーム社，2002）．
- ★ 理系総合のための生命科学（第2版），東京大学生命科学教科書編集委員会 編（羊土社，2010）．
- ★ 原子力災害に学ぶ放射線の健康影響とその対策，長瀧重信（丸善出版，2012）．
- ★ 虎の巻 低線量放射線と健康影響──先生，放射線を浴びても大丈夫？と聞かれたら，独立行政法人放射線医学総合研究所（土居雅広ほか）編著（医療科学社，2007）．
- ★ 放射線医が語る被ばくと発がんの真実（ベスト新書 358），中川恵一（ベストセラーズ，2012）．
- ★ 人は放射線になぜ弱いか（第3版）（ブルーバックス B-1238），近藤宗平（講談社，1998）．
- ★ 世界の放射線被曝地調査（ブルーバックス B-1359），高田純（講談社，2002）．
- ★ がんはなぜ生じるか（ブルーバックス B-1581），永田親義（講談社，2007）．
- ★ がん治療の常識・非常識（ブルーバックス B-1597），田中秀一（講談社，2008）．

第9章：植物栄養学・土壌肥料学
- ★ 植物の膜輸送システム──ポンプ・トランスポーター・チャネル研究の新展開（植物細胞工学シリーズ 18），加藤潔・島崎研一郎・前島正義・三村徹郎 監修（秀潤社，2003）．

第10章：放射線防護学
- ★ 国際放射線防護委員会の2007年勧告（ICRP Publication 103），日本アイソトープ協会（丸善，2009）．

第11章：放射線の利用
- ★ 放射線利用の基礎知識（ブルーバックス B-1518），東嶋和子（講談社，2006）．
- ★ 放射線の世界 2008，日本原子力文化振興財団（2008）．上記URL参照．
- ★ 知っていますか？放射線の利用，岩崎民子（丸善，2003）．
  http://pub.maruzen.co.jp/index/kokai/ より無償公開中．

第11章：加速器科学
- ★ 加速器科学（パリティ物理学コース），亀井亨・木原元央（丸善，1993）．

あとがき

　原発事故後のエネルギー政策をどうするのか，日本の社会をどうしていくのか，国のありかたが問われています．それを判断するには，原子力発電のより詳しい理解や，持続可能な新しいエネルギー技術，あるいはこれまでの原子力政策の歴史なども知る必要があるかもしれません．

　しかし，本書は，そういったエネルギー問題については詳しく触れることをせず，あくまで放射線について科学的理解を目指すことを目的として編集しました．原子力の話と，放射線の話を切り分けて考えたいという意図です．原子力利用の是非は別として，事故が起きてしまった以上，いまそこにある放射性物質や放射線についてどう考え，どう向き合っていくべきか，その判断材料となるべき基礎知識について，あるいは少し専門的に難しいことまで含めて執筆したつもりです．

　震災後，「絆」の大切さが説かれ，2011年の「今年の漢字」にも選ばれました．被災地の人々に暖かい支援の輪が広がる一方で，放射性物質に対する心配から，被災した松を送り火で燃やす計画が中止になったり，震災がれきの広域処理に強い反対の声が挙がるなど，絆をつなげられないニュースにも翻弄された1年でした．放射線の危険を説く，場合によってはあおる意見と，安全を説く意見との激しい対立も随所で見られました．

　食品による内部被曝の懸念が，子をもつ母親を中心に叫ばれ，市民の不安が払拭できないなか，国の基準よりもさらに厳しい独自基準で検査をする流通業者もあります．放射線測定について理解してもらおうと，現場の様子を交えながら科学的解説をしました．物理分野の章では，難解なのを承知で，かなり具体的な線量計算にまで踏み込みました．著者の脳裏にあるのは，放射能ゼロを求める市民の心理と，絶対的なゼロということはありえないから相対的なリスクを判断して定量的に考えようとする科学者とのあいだの，ギャップを埋めたいという思いです．

　本書では取り上げる余裕がありませんでしたが，今回の問題では，リスクを判

断するためのリスク学や，それを人に伝えるリスクコミュニケーション，また広く科学コミュニケーションの重要性と課題が浮き彫りになりました．

　われわれ日本人はこれまで，水と安全はただという意識をもっていました．しかし，リスクゼロを追い求めるあまり安全神話に陥ることの怖さも，原発事故で経験しました．じつは放射線に限らないことですが，どれだけ以下の線量なら絶対安全ということはありません．かといって，少量でも危険というわけでもありません．ゼロでないリスクといかに向き合い，どこで折り合いをつけるのか．その基準をどこに置くかは，科学ではなくて社会が決めることですが，それは十分な科学的知識に裏打ちされていなくてはいけません．基礎的な知識と考え方を身につけたうえで，皆さん一人ひとりが，放射線について自分なりに判断できるようになること．本書がその一助となることを願っております．

　最後に，物理学者の寺田寅彦が1935年に記したことばを引用して，ごあいさつに代えたいと思います．

「ものをこわがらな過ぎたり，こわがり過ぎたりするのはやさしいが，正当にこわがることはなかなかむつかしい（ことだと思われた）.」

索　引

【核　種】

^{10}B　ホウ素10　　*57, 196*
^{137}Ba　バリウム137　　*46, 48, 49, 92*
^{137m}Ba　バリウム137m　　*46, 48*
^{9}Be　ベリリウム9　　*195*
^{210}Bi　ビスマス210　　*48, 91*
^{11}C　炭素11　　*183*
^{12}C　炭素12　　*51, 188*
^{13}C　炭素13　　*51, 188*
^{14}C　炭素14　　*14, 188, 191, 221*
^{113}Cd　カドミウム113　　*57*
^{60}Co　コバルト60　　*58, 91, 150, 184, 187, 193*
Cs　セシウム　　*157, 216*
^{133}Cs　セシウム133　　*40, 96*
^{134}Cs　セシウム134　　*96, 105, 213*
^{137}Cs　セシウム137　　*40, 46, 47, 49, 54, 78, 92, 96, 104, 145, 173, 213*
　　——の崩壊図式　　*47*
^{18}F　フッ素18　　*183*
^{56}Fe　鉄56　　*54*
^{1}H　水素　　*41, 54*
^{2}H　重水素　　*41, 54*
^{3}H　三重水素　　*54*
^{4}He　ヘリウム4　　*54*
I　ヨウ素　　*216*
^{127}I　ヨウ素127　　*172*

^{131}I　ヨウ素131　　*35, 43, 49, 54, 69, 97, 104, 146, 171, 213*
　　——の崩壊図式　　*70*
^{135}I　ヨウ素135　　*213*
^{137}I　ヨウ素137　　*49*
^{40}K　カリウム40　　*8, 13, 71, 80, 97, 221*
　　——の崩壊図式　　*71*
^{85}Kr　クリプトン85　　*213*
^{13}N　窒素13　　*183*
^{22}Na　ナトリウム22　　*46*
^{15}O　酸素15　　*183*
^{206}Pb　鉛206　　*48*
^{208}Pb　鉛208　　*53*
^{210}Pb　鉛210　　*48, 91*
Pm　プロメチウム　　*52*
^{147}Pm　プロメチウム147　　*186*
Po　ポロニウム　　*190*
^{238}Pu　プルトニウム238　　*215*
^{239}Pu　プルトニウム239　　*57, 215*
^{241}Pu　プルトニウム241　　*215*
Ra　ラジウム　　*10, 12, 48, 190, 202*
^{226}Ra　ラジウム226　　*49*
^{87}Rb　ルビジウム87　　*14*
Rn　ラドン　　*22, 92, 202*
^{222}Rn　ラドン222　　*10, 49, 92*
^{131}Sb　アンチモン131　　*49*
^{89}Sr　ストロンチウム89　　*100, 213, 214*

^{90}Sr　ストロンチウム 90　　49, 54, 100, 213, 214
Tc　テクネチウム　52
^{131}Te　テルル 131　49
^{131m}Te　テルル 131m　49
Th　トリウム　8, 12, 48, 190
U　ウラン　190
^{235}U　ウラン 235　54, 96
^{238}U　ウラン 238　8, 48, 49, 55
^{131}Xe　キセノン 131　43, 49, 106
^{133m}Xe　キセノン 133m　213
^{135}Xe　キセノン 135　57, 213
^{137}Xe　キセノン 137　49
^{90}Y　イットリウム 90　49
^{90}Zr　ジルコニウム 90　49, 101

【欧文】

α 線　10, 18, 21
α 崩壊　44, 48, 215
β 線　18, 22
β 線熱傷　22
β 崩壊　44, 49
β^+ 崩壊　46
β^- 崩壊　46
γ 線　18, 22
γ 崩壊　45
δ 線　25
μ 粒子　9, 20
π 中間子　9, 20, 196

ALARA の原則　177, 221
AMS　191
BWR　58
Ci　6
CsI(Tl)シンチレーションカウンター　77, 217
CT スキャン　66, 183, 205
DDREF　207
DL　94
DNA　126, 129
DNA 損傷　35, 128
EC　47
eV　19, 39
Ge 半導体検出器　76, 83
GM 管　76, 217
Gy　62, 63, 141
IC　47
ICRP　143, 177, 178, 202, 207
IT　45
keV　19
LET　26, 28
LNT　143, 176, 202
MeV　19, 39
MOX 燃料　57
NaI(Tl)シンチレーションカウンター　76
p53 タンパク質　134
PET　46, 183
PWR　58
R　62
rad　63
RBE　65
rem　65
RFQ　192
RI　41, 52
Sv　5, 7, 65, 141, 201, 210
U-8 容器　87

W値　26
X線　18, 22
X線検査（レントゲン検査）　183, 205

【和　文】

あ　行

アイソトープ　38, 40
アクチニウム系列　48
厚さ計　182
アトム　37
アポトーシス　135
アマランサス　165
アルカリ金属　157
アルファ線　10, 18, 21
アルファ線スペクトロメトリー　99
泡箱　75
アンチモン　49
安定ヨウ素剤　172
イオン　25
イオン化　17, 24
イオン化エネルギー　25, 27, 32
イオン交換樹脂　101
移行係数　159
イットリウム　49
遺伝子情報　128
遺伝的影響　143, 206, 208
稲わら　122
イネ　157, 164, 173, 187
陰極線　190
宇宙線　8, 20, 125
ウラン　8, 48, 49, 54, 55, 96, 190
ウラン系列　48

永続平衡　50
疫学調査　13, 143, 206, 208, 209
疫学データ　145, 204
液体シンチレーションカウンター　99
エックス線　18, 22
エネルギースペクトル　45, 81
エネルギー損失　26
エネルギー付与　63
エネルギーフルエンス　61
エネルギーフルエンス率　62
エネルギー分解能　82
塩基　126
塩基喪失　129
塩基損傷　129
オゾン層　126
親核種　48
温泉　12, 202, 206

か　行

加圧水型原子炉　58
カーマ　62
灰化　90
ガイガー-ミュラー管　76, 217
害虫駆除　187
外部被曝　2, 23, 72, 167, 210
外部被曝線量換算係数　105
壊変　43
壊変図式　47
化学結合　17, 38
核異性体　42
核異性体転移　45
核子　44
核種　40

232 索 引

核図表　40
確定的影響　139, 140, 206
核燃料サイクル　57, 59
核分裂　53, 54, 212
核分裂生成物　44, 49, 96
核分裂反応　54
核変換処理　59, 200
殻模型　54
核融合反応　53, 54
確率的影響　142, 143, 206
核力　52
花崗岩　11, 206
ガスクロマトグラフ　184
ガスフローカウンター　100
加速器　191, 200
加速器質量分析　191
荷電粒子　24
過渡平衡　50
カドミウム　57
ガラスバッジ　77
カリウム　8, 13, 71, 80, 97, 221
カリウム40の崩壊図式　71
カリウムイオン　158
瓦礫　118
環境保全技術　185
間接作用　35
ガンマ線　18, 22
ガンマナイフ　193
がんリスク　143, 147, 203, 209, 219
基準値　85, 163, 175, 221
キセノン　43, 49, 57, 106, 213
軌道電子捕獲　47
吸収線量　63
給食検査　87, 220

急性障害　139, 206
急性被曝　139
キュリー　6
キュリー夫妻　7, 190
鏡映核　42
胸部間接撮影　183
距離　167
霧箱　75
空間線量率　11, 74, 78, 104
クリプトン　213
グレイ　62, 63, 141
警戒区域　103
蛍光X線分析法　185
経根吸収　153, 162
軽水　41, 96
軽水素　41, 54
軽水炉　56
煙探知機　181
ゲルマニウム半導体検出器　76, 83
健康診断　148
原子　17, 37
原子核　17, 37, 190
検出限界　94
検出効率　77, 78, 97
原子力発電　58
減衰長　33
元素　38
減速材　56
原爆　55, 140, 144, 207
高LET放射線　27, 35
航空機モニタリング　109
高周波四重極加速器　192
公衆被曝　178
甲状腺　35, 66, 69, 172

甲状腺がん　　146, 171, 206
甲状腺ホルモン　　172
光速　　21
高速増殖炉　　59
光電効果　　31, 76
光電ピーク　　82
国際放射線防護委員会　　143, 177, 178, 202, 207
個人線量計　　77
コバルト　　58, 91, 150, 184, 187, 193
コンプトン・エッジ　　83
コンプトン散乱　　32, 73, 82, 98

さ 行

サーベイメーター　　77
サイクロトロン　　193
再結合　　25
再処理　　57
サイバーナイフ　　193
細胞周期　　133
殺菌処理　　184
サッチ層　　164
三重水素　　54
三体崩壊　　45
暫定基準値　　85, 163, 175
シーベルト　　5, 7, 65, 201, 210
シーマ　　62
紫外線　　20, 126, 208
閾値　　141, 204, 209
自然放射線　　8, 201
実効線量　　65, 78, 201
実効線量係数　　69, 211
質量数　　38

質量阻止能　　28
質量分析　　101, 191
磁場　　126
芝生　　164
写真作用　　77
遮蔽　　22, 23, 91, 168
周期表　　154, 157
重水素　　41, 54
重水炉　　56
修復　　130
重粒子線　　20, 30, 195
寿命　　43
照射線量　　62
除去修復　　130
職業被曝　　178
食品照射　　187
除染　　74, 114, 116, 200
ジルコニウム　　49, 101
シンクロトロン　　193
シンクロトロン放射　　194
新素材　　185
シンチレーションカウンター　　76
森林　　165
水素　　41, 54
水素ラジカル　　35
水和電子　　35
ストロンチウム　　49, 54, 100, 213, 214
生活要因　　147
制御棒　　57
静電加速器　　191
静電型イオン蓄積リング　　197
制動放射　　19, 29, 91, 194
生物学的効果比　　64
生物学的半減期　　68, 219

ゼオライト　121
積算放射線量　168
セシウム　40, 46, 47, 49, 54, 78, 92, 96, 104, 105, 145, 157, 173, 213, 216
セシウム 137 の崩壊図式　47
セシウムイオン　120, 157, 216
切断　129
線エネルギー付与　26
線形加速器　192
線形閾値なし仮説　143, 176, 202, 205
線スペクトル　100
選択性　156
線量　5
線量計測量　62
線量限度　178
線量・線量率効果係数　207
線量率　5
臓器親和性　171
早期発見　137
相対性理論　21
相同組換え　132
相補性　127
測定誤差（σ）　94
組織加重係数　66
阻止能　26

た 行

胎児被曝　209
体内診断　183
脱励起　25
炭素　14, 51, 183, 188, 191, 221
タンデム加速器　191
チェックポイント　134
チェルノブイリ原子力発電所事故　66, 115, 145, 169, 172, 206, 210, 215, 216
チェレンコフ放射　29
地層処分　59
チャネル　155
中性子　19, 38, 56
中性子過剰核　44, 49, 55
中性子線　19, 23
超重元素　199
直接作用　35
対消滅　46
低 LET 放射線　27
定期健診　137
低線量　13, 143, 206
低線量被曝　143, 176, 205
低線量率　13, 143, 207
テクネチウム　52
鉄　54
テルル　49
電子　25, 199
電磁シャワー　20, 33
電子衝突阻止能　29
電子線　193
電子対生成　32
電磁波　18
電子ボルト　18, 38
電離　17, 24
電離作用　17
電離箱　62, 76
電離放射線　20
転流　162
同位体　38, 40
等価線量　65, 78, 201

透過力　21
同重体　42, 49
同中性子体　42
同調体　42
同余体　42
特性X線　19, 98
土壌　106, 153, 216
突然変異　143, 186
トムソン　190
トランスポーター　155
トリウム　8, 12, 190
トリウム系列　48
トレーサー　183, 189

な 行

内部転換　47
内部被曝　2, 22, 68, 87, 167, 210, 211, 219
ナトリウム　46
鉛　48, 53, 91
二次電子　25
ニュートリノ　44, 45
熱中性子　56, 96
ネプツニウム系列　48
年代測定　188, 191
燃料棒　57
濃縮（放射性物質の）　107, 109, 117, 118, 120, 200
濃縮ウラン　55

は 行

灰化　90

パイ中間子　9, 20, 196
発がんリスク　143, 147, 203, 209, 219
バックグラウンド　80
バリウム　46, 48, 49, 92
半減期　43
反転耕　159
反陽子　196
反粒子　46, 196
ビスマス　91
非相同末端結合　132
飛程　30, 218
比電離　26
非電離放射線　20
ヒドロキシルラジカル　35
非破壊検査　182
被曝　2
被曝時間　168
ピリミジン二量体　35
ビルドアップ　66, 73
比例計数管　76
品種改良　186
ファイトレメディエーション　164
フォールアウト　106, 166, 169, 213
福島第一原子力発電所事故　2, 6, 22, 35, 66, 72, 73, 103-123, 139, 172, 178, 199-221
不確かさ　79, 204
沸騰水型原子炉　58
物理学的半減期　68
プラウ　159
フラックス　62
ブラッグ・ピーク　30
プルーム　72, 213
フルエンス　61

236 索引

プルサーマル 57
プルシアンブルー 121
プルトニウム 57, 215
プロメチウム 52, 186
分岐比 47
分子 17, 38
分子標的薬 150
粉塵計 181
平均寿命 147
ベータ線 18, 22
ベクレル 5, 7, 190
ヘリウム 54
ベリリウム 195
崩壊 43, 168
崩壊系列 48
崩壊図式 47
崩壊熱 35, 56
放射化 57, 96
放射化生成物 58, 96
放射性核種 43, 51
放射性カリウム 13, 71
放射性ストロンチウム 99
放射性セシウム 14, 71, 73, 96, 106, 145, 171
放射性同位体 41, 52
放射性廃棄物 59
放射性物質 1, 2, 199
　——の除染 74, 114, 116, 200
　——の濃縮 107, 109, 117, 118, 120, 200
放射性ヨウ素 66, 69, 146, 171
放射線 1, 2
放射線育種 186
放射線加重係数 65
放射線計測量 61
放射線診断 46, 183
放射線治療 31, 150, 195, 203
放射線ホルミシス効果 143, 202
放射能 1, 2, 37, 92, 190
放射平衡 49
放出率 48, 70, 93
ホウ素 57, 196
ホウ素中性子捕捉療法 196
ホールボディーカウンター 71, 218
牧草 164
ポケット線量計 77
ホットスポット 111, 203
ポロニウム 190
ポンプ 155

ま 行

魔法数 54
マリネリ容器 87
慢性被曝 139
ミュー粒子 9, 20
娘核種 48
免疫 136, 203
もみ殻 122

や 行

夜光塗料 186
陽子 19, 38, 190
陽子線 20
ヨウ素 35, 43, 49, 54, 69, 97, 104, 146, 171, 172, 213, 216
ヨウ素131の崩壊図式 70

ヨウ素剤　　170
陽電子　　33, 46, 196
陽電子断層撮影法　　46, 183
葉面吸収　　162, 163
預託線量　　67, 174

ら　行

ライナック　　192
ラザフォード　　190
ラジウム　　10, 12, 48, 49, 190, 202
ラジカル　　25
ラド　　63
ラドン　　10, 22, 49, 92, 202
リスク　　177, 179, 205, 207

リニアック　　192
粒子線治療　　30, 195
粒子フルエンス　　61
粒子フルエンス率　　62, 73
臨界　　55, 96
リンパ球　　136
ルビジウム　　14
励起　　17
冷却材　　57
レム　　65
錬金術　　38
連続スペクトル　　45, 100, 101
レントゲン　　62, 190
レントゲン検査（X線検査）　　183, 205

執筆者紹介

執筆者

鳥居寛之(とりい　ひろゆき)
東京大学大学院総合文化研究科助教．博士（理学）．
1970年生．東京大学大学院理学系研究科博士課程修了後，スイスのCERN研究所にて在外研究員．専門は粒子線物理学，とくに反陽子やミュー粒子を含む原子の実験研究．東京大学教養学部の放射線講義の企画責任者．

小豆川勝見(しょうずがわ　かつみ)
東京大学大学院総合文化研究科助教．博士（学術）．
1979年生．東京大学大学院総合文化研究科博士課程修了．専門は環境分析化学．福島第一原子力発電所事故以来，原発周辺を含め各地で環境試料のサンプリング，核種の解析を行っている．

渡辺雄一郎(わたなべ　ゆういちろう)
東京大学大学院総合文化研究科教授．理学博士．
1958年生．東京大学大学院理学系研究科博士課程修了．専門は生命環境応答学，植物が環境の変化に適応する機構についての遺伝子研究．現在，東京大学教養学部の放射線取扱主任者．

執筆協力

中川恵一(なかがわ　けいいち)
東京大学医学部附属病院放射線科准教授，緩和ケア診療部部長．
1960年生．東京大学医学部医学科卒業後，スイスのポール・シェラー研究所に客員研究員として留学．著書に『放射線のひみつ』（朝日出版社），『被ばくと発がんの真実』（ベスト新書）ほか多数．

放射線を科学的に理解する
──基礎からわかる東大教養の講義

平成 24 年 10 月 10 日　発　　　行
令和 元 年 10 月 15 日　第 8 刷発行

	鳥　居　寛　之
著作者	小豆川　勝　見
	渡　辺　雄一郎

発行者　　池　田　和　博

発行所　　丸善出版株式会社

〒101-0051　東京都千代田区神田神保町二丁目17番
編集：電話（03）3512-3267／ FAX（03）3512-3272
営業：電話（03）3512-3256／ FAX（03）3512-3270
https://www.maruzen-publishing.co.jp

© Hiroyuki A. Torii, Katsumi Shozugawa, Yuichiro Watanabe, 2012

組版印刷・製本／藤原印刷株式会社

ISBN 978-4-621-08597-4 C1040　　　Printed in Japan

JCOPY 〈(一社)出版者著作権管理機構　委託出版物〉
本書の無断複写は著作権法上での例外を除き禁じられています．複写
される場合は，そのつど事前に，(一社)出版者著作権管理機構（電話
03-5244-5088, FAX 03-5244-5089, e-mail : info@jcopy.or.jp）の許諾
を得てください．